浙江省高职院校"十四五"重点立项建设教材

高等职业教育计算机系列教材

网络设备配置项目化教程

史振华　主　编
宣凯新　谢森祥　胡翔洋　副主编

电子工业出版社
Publishing House of Electronics Industry
北京·BEIJING

内 容 简 介

本书以"配置基础网络、搭建数字网络、建设网络强国"为理念，以学生的能力提升为核心，对接网络工程师岗位标准，融入 1+X 证书、职业院校技能大赛等内容，围绕"部门级网络构建""小型企业网络构建""中型企业网络构建"三大模块，设计了 15 个能力递进的项目化教学项目，同时将"网络强国、职业道德、工匠精神、浙江精神"融入教学内容。通过一系列精心设计的项目案例，让学生在解决实际问题的过程中，掌握网络配置的原理、方法和技巧，通过模拟真实工作场景，助力学生将所学知识转化为解决实际问题的能力，为学生快速成长为网络领域的专业人才奠定坚实基础。

本书图文表并茂，版式设计新颖，配有大量图表和实验指导，直观展示配置过程与关键要点，建有配套的浙江省精品在线开放课程，为教师备课和开展教学创新提供强大支持，也很好地满足了学生自主学习的需要。

本书可作为高等职业院校及中等职业院校计算机网络技术及相关专业的教材，也可作为从事网络管理专业人员及网络爱好者的参考用书。

未经许可，不得以任何方式复制或抄袭本书之部分或全部内容。
版权所有，侵权必究。

图书在版编目（CIP）数据

网络设备配置项目化教程 / 史振华主编. -- 北京：电子工业出版社，2025. 6. -- ISBN 978-7-121-50327-6
Ⅰ.TN915.05
中国国家版本馆 CIP 数据核字第 2025W2S392 号

责任编辑：徐建军
印　　刷：大厂回族自治县聚鑫印刷有限责任公司
装　　订：大厂回族自治县聚鑫印刷有限责任公司
出版发行：电子工业出版社
　　　　　北京市海淀区万寿路 173 信箱　　邮编：100036
开　　本：787×1092　1/16　　印张：18　　字数：438 千字
版　　次：2025 年 6 月第 1 版
印　　次：2025 年 6 月第 1 次印刷
印　　数：1 200 册　　定价：59.00 元

凡所购买电子工业出版社图书有缺损问题，请向购买书店调换。若书店售缺，请与本社发行部联系，联系及邮购电话：（010）88254888，88258888。
质量投诉请发邮件至 zlts@phei.com.cn，盗版侵权举报请发邮件至 dbqq@phei.com.cn。
本书咨询联系方式：（010）88254570，xujj@phei.com.cn。

前言

在数字化高速发展的时代，网络已成为连接世界、驱动创新的核心基础设施。无论是企业的日常运营、远程办公的普及，还是智慧城市的建设，都离不开稳定、高效、安全的网络环境。因此，掌握网络设备的配置与管理技能，对于 IT 从业者、网络工程师乃至所有涉及信息技术领域的专业人士，都是一项至关重要的能力。

本书以"配置基础网络、搭建数字网络、建设网络强国"为理念，以学生的能力提升为核心，坚持正确政治方向和价值导向，符合"三教改革"的新常态和新要求，体现课程思政的创新发展，使学生了解网络设备配置技术在建设数字家庭、智慧城市等领域的重要作用。通过完成项目任务掌握网络设备原理、配置方法及场景应用。本书紧贴网络技术行业的发展趋势，与计算机网络技术相关职业标准、工作岗位要求有机衔接，匹配度高。本书具有以下特点。

课程内容体系采用模块化设计

本书的课程内容体系以学生掌握网络设备配置技术和网络系统集成技术为主线，采用模块化设计，包括"部门级网络构建""小型企业网络构建""中型企业网络构建"三大模块，如图 1 所示。本书融入了 1+X 证书、"网络设备安装与维护"标准、锐捷网络工程师认证标准、全国职业院校技能大赛和行业大赛内容，拓宽了学生的专业知识，提高了学生的专业能力。本书以完成企业真实项目为目标，以典型工作任务为驱动，进行教学内容的组织，将三大模块分为 15 个项目，同时将"网络强国、职业道德、工匠精神、浙江精神"融入教学内容。根据学生的认知规律和学习能力，按照项目教学法，依据网络设备配置技术的知识要点和学生的逻辑思维能力将学习内容项目化、学习要点任务化。

"四思聚焦、四维融合"的课程思政教学体系

本书结合课程思政优秀教学案例、岗位人才技能标准、1+X 证书标准，挖掘提炼课程蕴含的思政元素，将课程思政元素聚焦"网络强国、职业道德、工匠精神、浙江精神"四个主题。探索课程内容与思政元素融入契合点，实现课程与思政元素的深度有机融合，构建"四思聚焦、四维融合"的课程思政教学体系，如图 2 所示，将学生的个人素养提升、职业道德培育与我国当下的网络强国战略、我省干到实处的浙江精神紧密结合，实现全方位润物细无声的育人效果。

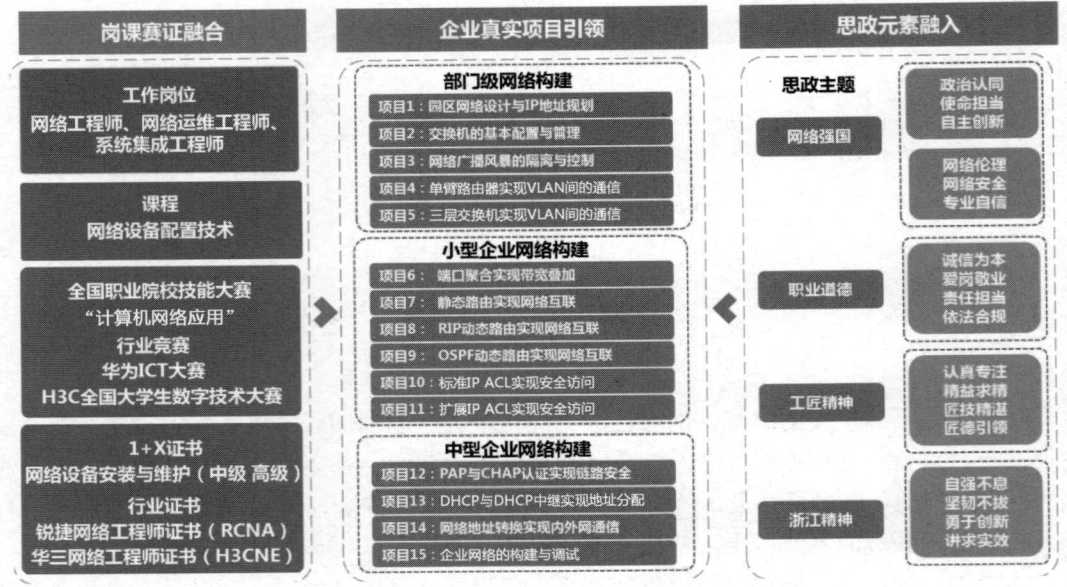

图 1　课程内容体系

图 2　"四思聚焦、四维融合"的课程思政教学体系

教学内容编排科学合理，适用性强

本书遵循学生的认知规律，按照由简单到复杂、循序渐进的思路编排教学内容，使学生在学习过程中目标明确，通过完成项目任务，掌握网络设备的原理、配置方法及场景应用。本书的知识点选取力求突出重点，详略得当，配套的教学资源亦完全沿承重点突出、详略得当的教学风格，为教师提供多维视角和教学设计思路，能够很好地辅助教师备课。

项目化的编排形式

本书在版式设计上对标题、图题、表题、问题思考及重点内容进行了黑色加粗标识，对重要配置命令进行了详细的注释，便于学生内化理解。本书层级清楚、逻辑清晰，有详细的图表设计，对提升学生的学习兴趣和对重点内容的把握有良好的帮助。

本书由史振华担任主编并统稿，由宣凯新、谢森祥、胡翔洋担任副主编，参与本书编写工作的还有朱雯曦、蔡青青、郑公望，企业工程师胡翔洋参与了本书案例的测试，在此一并表示感谢。

立体化教学资源

为方便教师教学，本书除了提供课件、配置命令、习题解答等常规教学资源，还建设了浙江省"十四五"在线精品课程和浙江省课程思政示范课程"网络设备配置技术"，可登录浙江省高等学校在线开放课程共享平台浏览。本书配套的立体化、数字化教学资源，极大地拓展了课程本身的内容，课程资源持续更新，大大方便了教师备课和学生的自主学习。本书的电子教学资源可登录华信教育资源网，注册后免费下载。如有问题，可在网站留言板留言或与电子工业出版社（hxedu@phei.com.cn）、编者（shizh@sxvtc.com）联系。

本书中各项目的案例均在锐捷网络设备和 Packet Tracer 模拟器上通过验证，附录中介绍了 Packet Tracer 模拟器的使用方法。

由于编者水平有限，书中难免存在疏漏之处，敬请读者批评指正。

编　者

目录

项目 1　园区网络设计与 IP 地址规划 1

  1.1　项目背景 2

  1.2　项目相关知识 3

      1.2.1　网络层次化拓扑结构设计 3

      1.2.2　网络设备选型 4

      1.2.3　IP 地址与子网掩码 5

      1.2.4　IP 地址的分类 5

      1.2.5　子网掩码划分网络的方法 7

      1.2.6　子网掩码划分网络示例 8

      1.2.7　IP 地址规划原则 9

  1.3　项目实施 10

  1.4　项目拓展 13

  1.5　项目小结 14

  1.6　思考与练习 14

项目 2　交换机的基本配置与管理 16

  2.1　项目背景 17

  2.2　项目相关知识 17

      2.2.1　初识交换机 18

      2.2.2　交换机的工作原理 19

      2.2.3　交换机的管理方式 23

      2.2.4　交换机的基本配置命令 27

  2.3　项目实施 32

  2.4　项目拓展 35

	2.5	项目小结	35
	2.6	思考与练习	36

项目 3　网络广播风暴的隔离与控制 38

	3.1	项目背景	39
	3.2	项目相关知识	39
		3.2.1　冲突域与广播域的概念	40
		3.2.2　VLAN 的概念	41
		3.2.3　VLAN 的优点	43
		3.2.4　VLAN 的划分方法	43
		3.2.5　VLAN Trunk 的概念	43
		3.2.6　VLAN 的基本配置命令	45
	3.3	项目实施	46
	3.4	项目拓展	50
	3.5	项目小结	50
	3.6	思考与练习	50

项目 4　单臂路由器实现 VLAN 间的通信 53

	4.1	项目背景	54
	4.2	项目相关知识	54
		4.2.1　VLAN 间的通信原理	54
		4.2.2　单臂路由器的工作原理	55
		4.2.3　单臂路由器的基本配置命令	57
	4.3	项目实施	58
	4.4	项目拓展	62
	4.5	项目小结	62
	4.6	思考与练习	63

项目 5　三层交换机实现 VLAN 间的通信 64

	5.1	项目背景	65
	5.2	项目相关知识	65
		5.2.1　三层交换的概念	66
		5.2.2　三层交换机的工作原理	66
		5.2.3　交换机虚拟接口的概念	67
		5.2.4　三层交换机与路由器的区别	68
		5.2.5　三层交换机的基本配置命令	69
	5.3	项目实施	69

  5.4 项目拓展 73
  5.5 项目小结 74
  5.6 思考与练习 74

项目 6 端口聚合实现带宽叠加 76

  6.1 项目背景 77
  6.2 项目相关知识 77
    6.2.1 端口聚合的概念 77
    6.2.2 端口聚合的特点 78
    6.2.3 端口聚合的基本配置命令 79
  6.3 项目实施 82
  6.4 项目拓展 86
  6.5 项目小结 87
  6.6 思考与练习 87

项目 7 静态路由实现网络互联 89

  7.1 项目背景 90
  7.2 项目相关知识 90
    7.2.1 路由器的基本概念 91
    7.2.2 路由表的基本概念 92
    7.2.3 路由器的工作原理 93
    7.2.4 静态路由与默认路由 94
    7.2.5 路由器的基本配置命令 95
  7.3 项目实施 97
  7.4 项目拓展 102
  7.5 项目小结 103
  7.6 思考与练习 104

项目 8 RIP 动态路由实现网络互联 106

  8.1 项目背景 107
  8.2 项目相关知识 107
    8.2.1 动态路由的概念 108
    8.2.2 静态路由与动态路由的区别 108
    8.2.3 动态路由协议的分类 108
    8.2.4 RIP 的基本概念 109
    8.2.5 RIP 的工作原理 109
    8.2.6 RIPv1 与 RIPv2 的区别 111

8.2.7　RIP 的配置命令 112
　8.3　项目实施 113
　8.4　项目拓展 118
　8.5　项目小结 119
　8.6　思考与练习 120

项目 9　OSPF 动态路由实现网络互联 122

　9.1　项目背景 123
　9.2　项目相关知识 123
　　9.2.1　OSPF 路由协议的基本概念 124
　　9.2.2　OSPF 路由协议的工作原理 124
　　9.2.3　OSPF 路由协议与 RIP 的区别 126
　　9.2.4　OSPF 路由协议的配置命令 128
　9.3　项目实施 129
　9.4　项目拓展 134
　9.5　项目小结 135
　9.6　思考与练习 135

项目 10　标准 IP ACL 实现安全访问 137

　10.1　项目背景 138
　10.2　项目相关知识 138
　　10.2.1　ACL 的概念 138
　　10.2.2　ACL 的工作原理 139
　　10.2.3　ACL 的分类 140
　　10.2.4　标准 IP ACL 的配置命令 141
　10.3　项目实施 144
　10.4　项目拓展 149
　10.5　项目小结 150
　10.6　思考与练习 151

项目 11　扩展 IP ACL 实现安全访问 152

　11.1　项目背景 153
　11.2　项目相关知识 153
　　11.2.1　扩展 IP ACL 的概念 154
　　11.2.2　常见网络服务的端口号 154
　　11.2.3　扩展 IP ACL 的配置命令 156
　11.3　项目实施 158

11.4	项目拓展	169
11.5	项目小结	170
11.6	思考与练习	170

项目 12　PAP 与 CHAP 认证实现链路安全 172

12.1	项目背景	173
12.2	项目相关知识	173
	12.2.1　PPP 的概念	174
	12.2.2　PPP 的特点	174
	12.2.3　PPP 的组成	174
	12.2.4　PPP 的会话过程	175
	12.2.5　PAP 的认证过程	176
	12.2.6　PAP 认证的基本配置命令	177
	12.2.7　CHAP 的认证过程	179
	12.2.8　PAP 与 CHAP 认证的区别	180
	12.2.9　CHAP 认证的基本配置命令	180
12.3	项目实施	184
12.4	项目拓展	193
12.5	项目小结	194
12.6	思考与练习	195

项目 13　DHCP 与 DHCP 中继实现地址分配 197

13.1	项目背景	198
13.2	项目相关知识	198
	13.2.1　DHCP 的概念	199
	13.2.2　DHCP 的特点	199
	13.2.3　DHCP 的工作原理	199
	13.2.4　DHCP 的基本配置命令	201
	13.2.5　DHCP 中继的工作原理	205
	13.2.6　DHCP 中继的基本配置命令	206
13.3	项目实施	210
13.4	项目拓展	215
13.5	项目小结	216
13.6	思考与练习	216

项目 14　网络地址转换实现内外网通信 218

14.1	项目背景	219

14.2 项目相关知识 ... 219
   14.2.1 NAT 的概念 ... 220
   14.2.2 NAT 的工作过程与基本术语 ... 220
   14.2.3 NAT 的实现方式 ... 222
   14.2.4 NAT 的特点 ... 223
   14.2.5 NAT 的基本配置命令 ... 223
   14.2.6 NAPT 的概念与工作过程 ... 225
   14.2.7 NAPT 的基本配置命令 ... 227
14.3 项目实施 ... 230
14.4 项目拓展 ... 239
14.5 项目小结 ... 240
14.6 思考与练习 ... 240

项目 15 企业网络的构建与调试 ... 243

15.1 项目背景 ... 244
15.2 项目实施 ... 246
15.3 项目小结 ... 263

附录 A Packet Tracer 模拟器的使用方法 ... 265

一、Packet Tracer 模拟器的介绍 ... 265
二、Packet Tracer 模拟器的安装与设置 ... 265
三、Packet Tracer 模拟器的基本界面与使用 ... 268

参考文献 ... 274

项目 1

园区网络设计与 IP 地址规划

学习目标

知识目标

- 了解网络层次拓扑结构的概念。
- 了解园区网络的组成结构和特点。
- 了解园区网络设备选型的原则。
- 理解 IP 地址与子网掩码的概念。

能力目标

- 掌握园区网络设备选型的方法。
- 掌握子网掩码划分网络的方法。
- 掌握园区网络系统的设计和 IP 地址规划的方法。

素质目标

- 培养学生良好的学习态度和学习习惯。
- 培养学生的团队合作精神和精益求精的专业精神。
- 通过"IPv4 和 IPv6 根服务器"的思政案例,激发学生的科技报国之志,培养学生勇于创新的精神。

1.1 项目背景

某公司占地 200 多亩，设有经理部、行政部、财务部、人事部、业务部、生产部等部门，共有员工 1000 多人。为了加快信息化建设，需要建设一个能支持办公自动化、电子商务、业务综合管理、多媒体视频会议、远程通信、信息发布及查询等核心业务应用，能将各种办公室、多媒体会议室、PC 终端设备、应用系统通过网络连接起来，实现内外沟通的现代化园区网络系统，作为支持办公自动化、供应链管理及各应用系统运行的基础设施。

为了确保公司的关键应用系统能安全、正常地运行，园区网络必须满足以下功能要求。

（1）确保园区内所有区域均能实现网络覆盖；提供稳定的网络连接速度，满足公司各种业务需求；实现网络负载均衡，确保在高并发场景下网络的稳定性和可用性。

（2）具备高可靠性，确保公司业务连续运行，不因单点故障导致网络中断；采用冗余设计，如冗余路由、冗余电源、冗余存储等，提高系统的容错能力；实施定期维护和监控，确保网络设备稳定运行。

（3）采用模块化设计，方便增加新设备和新业务；设计网络结构时需要考虑采用多层次的安全防护措施，如防火墙、入侵检测系统等，确保网络安全；同时考虑未来业务发展和设备增长的需求，保证网络易于扩展。

本项目的内容是分析公司网络的各种功能需求，科学合理地设计出公司网络的总体结构、网络设备的选型、服务器的部署，以及 IP 地址规划，并以拓扑结构的形式将公司网络的总体架构设计出来。同时，设计出公司网络的 IP 地址规划方案。

教学导航

知识重点	1. 网络层次化拓扑结构的设计方法。 2. 网络设备的选型方法。 3. IP 地址与子网掩码的概念。 4. 子网掩码划分网络的方法。
知识难点	1. 园区网络的组成结构。 2. 网络设备的选型方法。 3. IP 地址的分类。 4. 子网掩码划分网络的方法。 5. IP 地址规划的原则。 6. 园区网络的设计与 IP 地址规划
推荐教学方式	1. 教师通过知识点讲解，使学生了解园区网络的概念、网络层次化拓扑结构的概念、网络设备的选型方法、IP 地址与子网掩码的概念。 2. 教师通过课堂操作，演示子网掩码划分网络的方法，以及园区网络设计和 IP 地址规划。 3. 学生通过动手实践，掌握子网掩码划分网络的方法，以及园区网络设计和 IP 地址规划。 4. 采用任务驱动、自主学习、小组探究学习等多种教学方法，让学生通过观察、思考、交流，提高其动手操作能力和团队协作能力
建议学时	4 学时

1.2 项目相关知识

园区网络拓扑结构设计与 IP 地址规划是网络系统集成工作中的第一项任务，也是进行网络设备配置的原始依据和工作基础。园区网络拓扑结构的设计和 IP 地址规划的合理性关系到公司网络运行的稳定性、高效性和安全性，关系到公司网络能否为公司的各种应用程序和服务提供支持，能否让用户访问公司业务运作所需的各种资源。为此，我们需要先了解网络层次化拓扑结构及其特点、网络设备选型、IP 地址与子网掩码的划分、IP 地址规划原则等相关知识。

1.2.1 网络层次化拓扑结构设计

为了使网络工作更有效率，便于管理，普遍采用"核心层、汇聚层、接入层"的层次化拓扑结构来组建各类高速园区网络系统。在此类系统中，用不同的图标表示各类网络设备，用直线表示网络设备之间的逻辑连接关系，用这种方法将网络系统表示出来的图被称为网络层次化拓扑结构图，如图 1.1 所示。

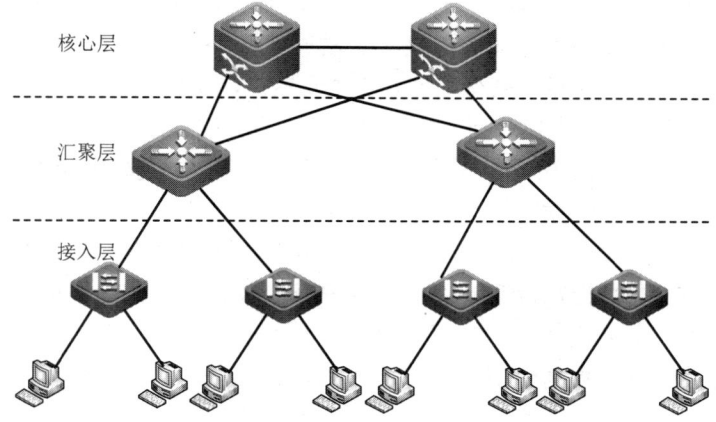

图 1.1 网络层次化拓扑结构图

核心层：主要完成网络中的数据高速转发任务，同时核心设备承担着整个网络的转发任务，因此核心层具有高可靠、可冗余、能快速升级等特点，以保证网络数据的高速转发和网络的稳定性。

汇聚层：可以通过 VLAN 划分广播域，更重要的是，能够利用三层功能实现接入层中不同网段间的通信，以减轻核心层转发不同网段数据的压力，并且汇聚层可以采用访问控制列表（Access Control List，ACL）等安全技术实现某一个网段或多个网段的安全访问策略，即工作组级的安全访问控制。

接入层：提供网络端口使终端用户能够接入网络，并且可以运用 ACL、优先级设定、带宽交换和端口安全等安全技术来部署接入、优化网络资源，同时建立工作组主机和汇聚层的联系。

在网络层次化拓扑结构中，每层设备都实现特定的功能，同时为其他层提供服务，互相协调工作带来最高的网络性能，这是设计各种规模的园区网络，并实施高效管理的首选方法。网络层次化拓扑结构设计具有以下优点。

（1）结构简单：将网络分成许多小单元，降低了网络的整体复杂性，使故障排除或扩展更容易，能隔离广播风暴的传播、防止路由循环等潜在问题。

（2）升级灵活：网络容易升级到最新的技术，升级任意层的网络不会对其他层造成影响，无须改变整个环境。

1.2.2 网络设备选型

网络设备选型与各网络层次需要提供的功能有关。因此，确定了网络层次化拓扑结构后，在相应的网络层次选择合适的网络设备显得非常重要。在网络设备选型时要尽量选择性能稳定、可靠，知名度和性价比高的产品。

接入层设备通常需要提供二层数据的快速转发，支持多用户的接入，提供和数据链路层设备连接的高带宽设备，支持 ACL、端口安全等安全技术，保证安全接入，支持网络远程管理；汇聚层设备通常需要提供不同 IP 网络间的数据转发、高效的安全策略管理能力，提供高带宽链路，支持提供数据负载均衡和自动冗余链路，支持远程网络管理；核心层设备通常需要提供高速数据交换、高稳定性、路由功能，以及数据负载均衡和自动冗余链路。

交换机（Switch）的三大性能指标：转发速率、端口吞吐量、背板带宽。

（1）转发速率：通常以"Mpps"表示，即每秒能够处理数据包的数量。转发速率体现了交换引擎的转发功能，转发速率越大，交换机的性能越强劲。

（2）端口吞吐量：反映了交换机端口的分组转发能力，通常可以通过两个相同速率的端口进行测试，吞吐量是指在没有帧丢失的情况下，设备能够接受的最大速率。

（3）背板带宽：交换机接口处理器或接口卡和数据总线间所能吞吐的最大数据量。背板带宽体现了交换机总的数据交换能力，单位为 Gbit/s，也叫作交换带宽。

路由器的三大性能指标：吞吐量、路由表能力、背板能力。

（1）吞吐量：路由器的数据包转发能力。吞吐量与路由器的端口数量、端口速率、数据包长度、数据包类型、路由计算模式（分布或集中）及测试方法有关，一般指处理器处理数据包的能力。

（2）路由表能力：路由器通常依靠所建立及维护的路由表来决定数据包的转发。路由表能力是指路由表所能容纳的路由表项数量的极限。

（3）背板能力：背板是指输入端口与输出端口间的物理通路，背板能力通常是指路由器的背板容量或总线带宽能力，对于保证整个网络间的连接速度非常重要。

1.2.3　IP 地址与子网掩码

微课：IP 地址
与子网掩码

在网络中，网络设备连接好以后，此时网络还不能投入运行，需要对网络设备参数进行设置。在设置网络设备参数时，必须用到的参数就是 IP 地址与子网掩码。下面介绍 IP 地址与子网掩码的概念及计算方法。

IP 地址由 32 位的二进制数组成，用于在 TCP/IP 协议中标记每台计算机的地址。每台联网的计算机都需要有 IP 地址，才能正常通信。我们可以把"计算机"比作"一台电话"，那么"IP 地址"就相当于"电话号码"。

通常我们把 IP 地址每 8 位二进制数（1 字节）分为一组，用一个十进制数表示，中间用点隔开，这种表示方法称为点分十进制，如 192.168.1.100。

IP 地址有两种表示形式：二进制和点分十进制，即 11000000 10101000 00000001 01100100 和 192.168.1.100。由于 1 字节所表示的最大十进制数为 255，因此 IP 地址中的每字节所表示的十进制数的范围都是 0～255。0 和 255 有特殊含义：255 代表广播地址，0 代表网络地址（0 在地址末端）或主机地址（0 在地址首端）。例如，192.168.1.0 表示网络地址为 192.168.1.0，而 0.0.0.100 表示主机地址为 100。

子网掩码以 4 字节表示，是 32 位的二进制数，对应 IP 地址的 32 位二进制数。在子网掩码中，1 表示网络号，0 表示主机号。

子网掩码用于区分网络上的主机是否在同一网段内，或者用于区分 IP 地址的网络号和主机号。例如，IP 地址为 192.168.10.118，子网掩码为 255.255.255.0，表示其网络地址为 192.168.10.0，主机地址为 118。

如果要查看 IP 地址，可以在命令行中输入 ipconfig 命令，如图 1.2 所示，该主机的 IP 地址为 192.168.3.7。

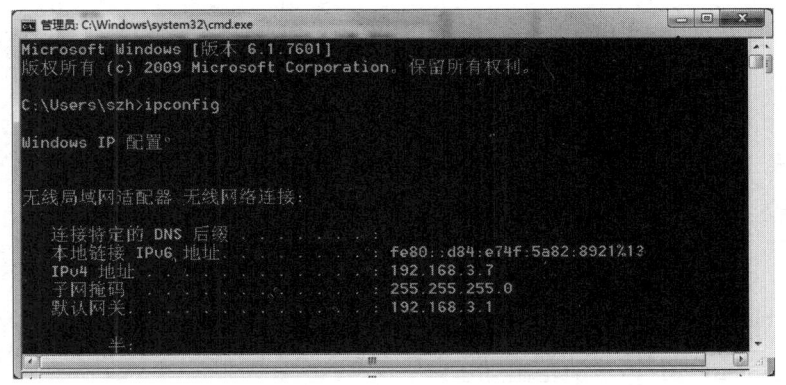

图 1.2　查看 IP 地址

1.2.4　IP 地址的分类

IP 地址根据网络 ID 的不同分为 A、B、C、D、E 五类，如图 1.3 所示。

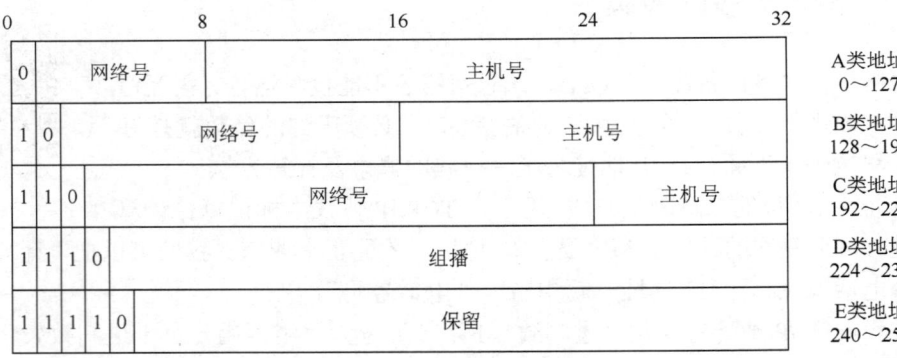

图 1.3　IP 地址的分类

（1）A 类地址：第 1 个字节的范围为 0～127，0 是保留的并且表示所有 IP 地址，而 127 也是保留的地址，用于环回测试。因此，A 类地址的范围其实是 1～126。例如，IP 地址为 10.0.0.1，第 1 个字节为网络号，剩下的 3 个字节为主机号。一个 A 类地址由 1 字节的网络地址和 3 字节的主机地址组成，网络地址的最高位必须是 0。地址范围从 1.0.0.1 到 126.255.255.254。可用的 A 类网络有 126 个，每个网络都能容纳 1 亿多个主机（主机数量为 2^{24}），子网掩码为 255.0.0.0。

（2）B 类地址：第 1 个字节的范围为 128～191，如 172.168.1.1，前 2 个字节为网络号，剩下的 2 个字节为主机号。一个 B 类地址由 2 字节的网络地址和 2 字节的主机地址组成，网络地址的最高位必须是 10。地址范围从 128.0.0.1 到 191.255.255.254。可用的 B 类网络有 16382 个，每个网络都能容纳 6 万多个主机，子网掩码为 255.255.0.0。

（3）C 类地址：第 1 个字节的范围为 192～223，如 192.168.1.1，前 3 个字节为网络号，剩下的 1 个字节为主机号。一个 C 类地址由 3 字节的网络地址和 1 字节的主机地址组成，网络地址的最高位必须是 110。地址范围从 192.0.0.1 到 223.255.255.254。可用的 C 类网络有 209 万余个，每个网络都能容纳 254 个主机，子网掩码为 255.255.255.0。

（4）D 类地址：第 1 个字节的范围为 224～239，网络地址的最高位必须是 1110，它是一个专门保留的地址，并不指向特定的网络，目前这类地址被用在多点广播（Multicast）中。多点广播地址可以用来一次寻址一组计算机。

（5）E 类地址：第 1 个字节的范围为 240～254，第 1 个字节以 11110 开始，保留为将来使用。

国际规定有一部分 IP 地址是专门留给内网（局域网）使用的，称为私网 IP 地址，不能在公网中使用。私网 IP 地址的范围如下：

- 10.0.0.0～10.255.255.255。
- 172.16.0.0～172.31.255.255。
- 192.168.0.0～192.168.255.255。

还有一些特殊的 IP 地址，如全 0 地址 0.0.0.0 表示任意的 IP 地址，通常用在默认路由中，全 1 地址 255.255.255.255 表示全网广播。

1.2.5 子网掩码划分网络的方法

微课：子网掩码划分网络的方法

子网掩码划分网络的原因是在早期设计 Internet 时工程师没有考虑到网络技术发展得如此迅猛，认为 32 位的 IP 地址是足够用的，因为 32 位的 IP 地址大概有 43 亿个，但是随着连入 Internet 的设备越来越多，现在 IP 地址并不够用。分配给大公司的一般是 A 类、B 类网段，IP 地址众多，如果不进行合理的规划，将浪费大量的 IP 地址。

划分子网的目的是提高 IP 地址的使用效率。采用借位的方式，从主机位最高位开始借位变为新的子网位，剩余的部分仍为主机位。这使得 IP 地址的结构分为三级：网络位、子网位和主机位。

划分子网前，IP 地址为网络号、主机号的二级结构。

网络号	主机号

划分子网后，IP 地址为网络号、子网号、主机号的三级结构。

网络号	子网号	主机号

子网掩码划分网络首先要确定划分的子网数量或主机数量；其次利用公式 $2^n \geq x$（n 为子网位，x 为子网数量）或 $2^n-2 \geq x$（n 为主机位，x 为主机数量）求出子网位或主机位；最后算出子网掩码和每个子网能够容纳的主机数量。

例 1：有一个 C 类网段 192.168.20.0，要划分 7 个子网，每个子网要求容纳尽可能多的主机，请问子网掩码是多少？每个子网能够容纳多少台主机？

解析：确定要划分 7 个子网，利用公式 $2^n \geq 7$，求出 $n \geq 3$，每个子网要求容纳尽可能多的主机，则取 $n=3$，意味着子网位为 3。因为是 C 类网段，主机位为 8，所以新的主机位为 8-3=5。

子网掩码为 1111111.11111111.11111111.11100000=255.255.255.224。主机位为 5，每个子网能够容纳 $2^5-2 \geq 30$ 台主机。减 2 是因为主机位全 0 和全 1 不能使用，全 0 代表网段，全 1 代表广播。

例 2：有一个 C 类网段 192.168.30.0 需要划分子网，每个子网要求至少容纳 12 台主机，请问最多可以划分多少个子网？子网掩码是多少？

解析：利用公式 $2^n-2 \geq 12$（注意主机位是要减去全 0 和全 1），求出 $n \geq 4$，要求划分的子网尽可能多，则取 $n=4$，意味着主机位为 4。因为是 C 类网段，主机位为 8，所以子网位为 8-4=4。

子网掩码为 1111111.11111111.11111111.11110000=255.255.255.240。子网位为 4，最多可以划分 $2^4=16$ 个子网。

1.2.6 子网掩码划分网络示例

微课：子网掩码划分网络示例

若某公司有 5 个部门 A～E，其中 A 部门有 10 台主机，B 部门有 20 台主机，C 部门有 30 台主机，D 部门有 15 台主机，E 部门有 25 台主机。请使用 192.168.10.0/24 为各部门划分单独的网段。

解析：192.168.10.0/24 是一个 C 类网段，/24 表示子网掩码中 1 的数量是 24，也就是 255.255.255.0。要划分子网，必须制定每个子网的掩码规划，也就是要确定每个子网能够容纳最多的主机数量。显然，要以拥有主机数量最多的部门为准。

本例中 C 部门拥有的主机数量最多，为 30 台，使用公式 $2^n-2 \geqslant 30$，求出 $n=5$，即主机位为 5，子网位为 8−5=3。

子网掩码为 11111111.11111111.11111111.11100000，转换成十进制数为 255.255.255.224。在确定了子网掩码后，就要确定每个子网的具体地址段。

（1）确定子网号。子网号的位数为 3，3 位子网号共有 8 种组合（000、001、010、011、100、101、110、111）可以使用。

因此，我们可以为 A 部门分配的网络号为 192.168.10.0/27，为 B 部门分配的网络号为 192.168.10.32/27，为 C 部门分配的网络号为 192.168.10.64/27，为 D 部门分配的网络号为 192.168.10.96/27，为 E 部门分配的网络号为 192.168.10.128/27。

网段 192.168.10.160/27、192.168.10.192/27、192.168.10.224/27 保留为以后使用。

（2）确定子网地址范围。注意主机号全 0 和全 1 不能使用，主机号全 0 代表网络号，全 1 代表广播。

A 部门主机地址范围为 192.168.10.**000**00001～192.168.10.**000**11110，即 192.168.10.1～192.168.10.30，子网掩码为 255.255.255.224，网段共有 30 个地址，可以满足 A 部门 10 台主机的需要。

B 部门主机地址范围为 192.168.10.**001**00001～192.168.10.**001**11110，即 192.168.10.33～192.168.10.62，子网掩码为 255.255.255.224，网段共有 30 个地址，可以满足 B 部门 20 台主机的需要。

C 部门主机地址范围为 192.168.10.**010**00001～192.168.10.**010**11110，即 192.168.10.65～192.168.10.94，子网掩码为 255.255.255.224，网段共有 30 个地址，可以满足 C 部门 30 台主机的需要。

D 部门主机地址范围为 192.168.10.**011**00001～192.168.10.**011**11110，即 192.168.10.97～192.168.10.124，子网掩码为 255.255.255.224，网段共有 30 个地址，可以满足 D 部门 15 台主机的需要。

E 部门主机地址范围为 192.168.10.**100**00001～192.168.10.**100**11110，即 192.168.10.129～192.168.10.158，子网掩码为 255.255.255.224，网段共有 30 个地址，可以满足 E 部门 25 台主机的需要。

网段 192.168.10.160/27～192.168.10.254/27 未分配，可以保留为以后使用。

1.2.7 IP 地址规划原则

随着公网 IP 地址的日趋紧张，中小企业往往只能得到一个或几个公网 C 类地址。在企业内部网络中，只能使用私有 IP 地址段。在选择私有 IP 地址时，应当注意以下几点。

（1）为每个网段都分配 C 类地址，建议使用网段 192.168.2.0～192.168.254.0 的 IP 地址。由于某些网络设备（如宽带路由器或无线路由器）或应用程序（如 DHCP）拥有自动分配 IP 地址的功能，而且默认的 IP 地址池往往位于网段 192.168.0.0 和 192.168.1.0，所以在采用该 IP 地址时，容易导致 IP 地址冲突或其他故障。因此，应当尽量避免使用上述两个 C 类地址。

（2）可采用 C 类地址的子网掩码，如果有必要，可以采用变长子网掩码。通常情况下，不要采用过大的子网掩码，每个网段的主机数量不要超过 250 台。同一网段的主机数量越多，广播包的数量越多，有效带宽损失得越多，网络传输效率越低。

（3）即使选用网段 10.0.0.1～10.255.255.254 或 172.16.0.1～172.31.255.254 的 IP 地址，也建议采用 255.255.255.0 作为子网掩码，以获取更多的 IP 网段，并使得每个子网能够容纳的主机数量较少。

（4）建议为网络设备的管理 VLAN 分配一个独立的 IP 地址，以免与网络设备管理的 IP 地址发生冲突，从而影响远程管理的实现。基于同样的原因，建议将所有的服务器都划分为一个独立的网段。

【网络强国】

 **IPv4 和 IPv6 根服务器**

随着社会的发展，互联网已经渗透到我们生活的方方面面，我国是世界互联网用户数量最多的国家，但很多人不知道的是，因为我国互联网起步较晚，全球共 13 台 IPv4 根服务器，我国一台也没有。IPv4 根服务器其实就是全球互联网的总站，可以掌握全球网络服务。全球共 13 台 IPv4 根服务器，唯一一台主根服务器部署在美国，其余 12 台辅根服务器有 9 台在美国，2 台在欧洲，1 台在日本。这个治理体系一方面造成了全球互联网关键资源管理和分配极不均衡；另一方面缺乏根服务器使各国抵御大规模"分布式拒绝服务"攻击能力不足，为各国互联网安全带来了隐患。

随着互联网接入设备数量的增长，原有 IPv4 体系已经不能满足需求，IPv6 开始在全球普及。我国"下一代互联网工程中心"抓住了这个历史机遇，于 2013 年联合日本、欧洲相关运营机构和专业人士发起了"雪人计划"，提出以 IPv6 为基础，面向新兴应用、自主可控的一整套根服务器解决方案和技术体系，此计划获得了日本、印度、俄罗斯、德国、法国等多国支持。

"雪人计划"于 2016 年在日本、印度、俄罗斯、德国、法国等全球 16 个国家完成 25

台 IPv6 根服务器架设（共 3 台主根），其中 1 台主根服务器和 3 台辅根服务器部署在中国。打破了我国过去没有根服务器的困境，打破了美国在互联网领域的长期制霸地位，也是中国网络自主化最重要的一步，为我国网络安全提供了强大的保障，同时为建立多边、民主、透明的国际互联网治理体系打下了坚实基础。

网络信息传输涉及国家安全，习近平总书记多次强调，核心技术是国之重器，是我们最大的命门，核心技术受制于人是我们最大的隐患。不掌握核心技术，我们就会被卡脖子、牵鼻子，不得不看别人脸色行事。而真正的核心技术是花钱买不来的、市场换不到的。我们必须争这口气，下定决心、保持恒心、找准重心，增强核心技术突破的紧迫感和使命感。

1.3 项目实施

微课：园区网络设计工作任务示例

某公司占地 200 亩，设有经理部、行政部、财务部、人事部、业务部、生产部等部门。公司总部共有员工 1000 多人。为了加快信息化建设，公司需要建设一个能支持办公自动化、电子商务、业务综合管理、多媒体视频会议、远程通信、信息发布及查询等核心业务应用，能将公司的办公室、多媒体会议室、PC 终端设备、应用系统通过网络连接起来，实现内外沟通的现代化园区网络系统，作为支持办公自动化、供应链管理及各应用系统运行的基础设施。公司信息点分布表如表 1.1 所示。

表 1.1 公司信息点分布表

地点	信息点	备注
经理部	20	保证速度、流量和可靠性
行政部	150	保证速度、流量和可靠性
账务部	100	保证速度、流量和安全性
人事部	30	保证速度和可靠性
业务部	200	保证速度和可靠性
生产部	200	保证速度和可靠性
职工宿舍	800	保证速度和流量
总　计	1500	

为了确保公司的关键应用系统能安全、正常地运行，公司网络必须满足以下功能要求。

（1）能够满足信息化的要求，为各类应用系统提供方便、快捷的信息通路。

（2）实现所有部门的办公自动化，提高工作效率和管理服务水平。

（3）实现资源共享、产品信息共享、实时新闻发布。

（4）具有良好的性能，能够支持大容量和实时性的各类应用。

（5）能够可靠运行，具有较低的故障率和维护要求。

（6）提供网络安全机制，满足信息安全的要求，具有较高的性价比，未来升级扩展容易，保护用户投资。

任务目标

1. 根据功能需求设计公司网络拓扑结构图和完成设备选型。
2. 根据公司网络的功能和信息点分布情况设计 IP 地址规划方案。

具体实施步骤

步骤 1：设计公司网络拓扑结构图。

按照层次化拓扑结构模型的方法设计公司网络拓扑结构图，即"核心层、汇聚层、接入层"。采用层次化拓扑结构模型之后，每个层次各司其职，可使网络中的每个层次都能够很好地利用带宽，减少了对系统资源的浪费。层次化设计使得网络结构清晰明了，可以在不同的层次实施不同的管理，降低了管理成本。按照这个思路设计出的公司网络拓扑结构图如图 1.4 所示。

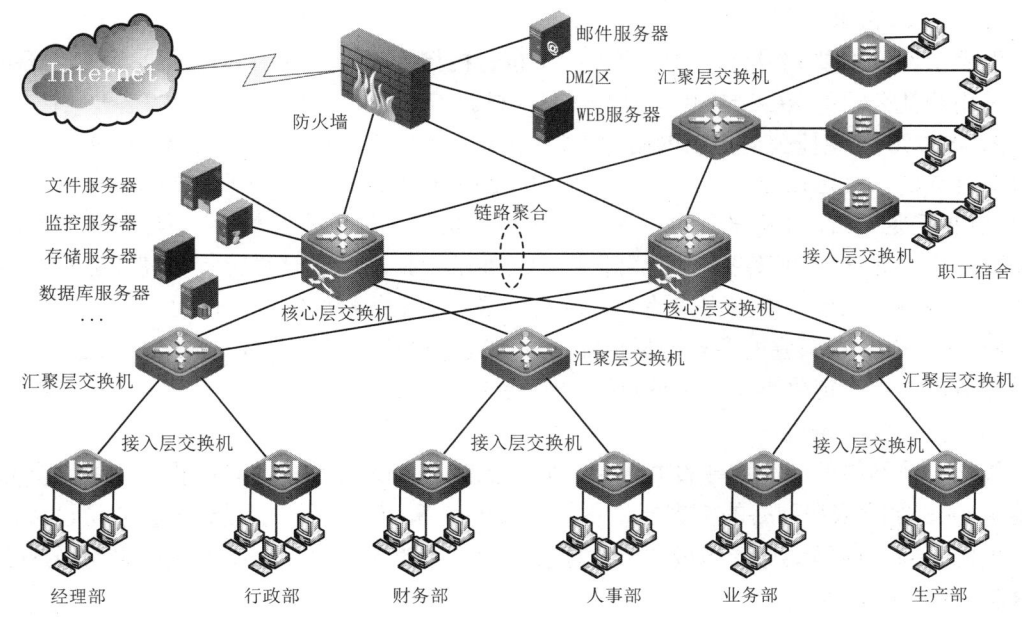

图 1.4　公司网络拓扑结构图

（1）核心层网络设计。

核心层网络主要完成整个公司内部的高速数据交换和路由转发，以及维护全网路由的计算。传统解决方案一般采用"骨干路由器+核心交换机"的方式，但这种方式受限于核心交换机的性能，在提供 MPLS VPN 的业务能力方面较弱，不适合公司网络的建设需求，因此本方案核心层网络设备采用锐捷公司的 RG-S9600 作为公司生产办公网络的核心交换设备。

RG-S9600 是锐捷公司推出的面向十万兆平台设计的超高密度多业务 IPv6 核心交换机，可满足未来以太网和城域网的应用需求，支持下一代的以太网 100GB 速率接口。RG-S9600 提供 9.6TB/4.8TB 背板带宽，并支持将来更高带宽的扩展能力，高达 3571Mpps/1786Mpps 的二/三层数据包转发速率可为用户提供高密度端口的高速无阻塞数据交换。

RG-S9600 具有强大的业务和路由处理交换能力，能提供如 MPLS VPN、QoS、策略路由、NAT、PPPoE/Web/802.1x/L2TP 认证等丰富的业务能力，并可通过内置防火墙模块实现各种强大的网络安全策略，可以充分满足公司网络的高速数据交换和支持多业务功能的要求，并能够提供完善的安全防御策略，保障公司网络稳定运行。

在核心层网络设计中，公司采用两台 RG-S9600 组成一个环形多机热备份的系统解决方案。为提高核心层网络的稳定性，实现链路的安全保障，核心层环网中可以采用 VRRP（虚拟路由器冗余协议）技术。对于各个业务，VLAN 可以指向这个虚拟的 IP 地址作为网关，因此应用 VRRP 技术为核心交换机提供一个可靠的网关地址，从而在核心交换机间进行设备的硬件冗余，一主一备，公用一个虚拟的 IP 地址和 MAC 地址。通过内部的协议传输机制可以自动进行工作角色的切换，双引擎、双电源的设计为网络高效处理大的集中数据提供了可靠的保障。

（2）汇聚层网络设计。

汇聚层网络主要完成公司办公楼和职工宿舍内接入交换机的汇聚及数据交换，在本方案中采用锐捷公司的 RG-S5750 作为汇聚交换机。

RG-S5750 是锐捷公司推出的硬件支持 IPv6 的万兆多层交换机，其提供的接口形式和组合非常灵活，既可以提供 24 个或 48 个 10/100/1000MB 自适应的千兆电口，又可以提供 24 个 SFP 千兆光口，还可以提供 PoE 远程供电的接口，满足网络建设中不同传输介质的连接需要。全千兆的端口形态，加上可扩展的万兆端口，特别适合高带宽、高性能和灵活扩展的大型网络汇聚层、中型网络核心，以及数据中心服务器群的接入使用。

RG-S5750 具备较强的多业务提供能力，可支持包括智能的 CCL、MPLS、组播在内的各种业务，为用户提供丰富、高性价比的组网选择。

（3）接入层网络设计。

传统公司网络的接入层建设并不关注安全控制和 QoS 提供能力，而将网络的安全防御措施和 QoS 保障依赖网络的汇聚层设备或核心层设备，这给汇聚层设备和核心层设备带来了巨大的压力，内网病毒泛滥成灾后往往导致核心层设备宕机，在本方案中采用锐捷公司的 RG-S2900 作为接入交换机。

RG-S2900 是锐捷公司推出的全千兆安全智能二层交换机，适用于公司网络的接入层，提供千兆到桌面的解决方案。凭借高性能、高安全、多业务、易用性的特点，以及融入 IPv6 的特性，RG-S2900 可广泛应用于各行业的千兆网络。在提供高性能、高带宽的同时，RG-S2900 可以提供智能的流分类、完善的 QoS 和组播应用管理特性，并可以根据网络的实际使用环境，实施灵活多样的安全控制策略，有效防止、控制病毒传播和网络攻击，控制非法用户接入和使用网络，保证合法的用户合理化地使用网络资源，充分保障网络高效安全、网络合理化使用和运营。

（4）外网接入设计。

在外网接入设计中，选用了锐捷公司的 RG-WALL 1600，其是面向云计算、数据中心和园区及企业网出口用户开发的新一代高性能防火墙设备。RG-WALL 1600 广泛应用于政府、运营商、金融、教育、医疗、军队、企业等行业的万兆及千兆网络。

RG-WALL 1600 支持深度状态检测、外部攻击防范、内网安全、流量监控、邮件过滤、网页过滤、应用层过滤等功能，能够有效地保证网络安全；提供多种智能分析和管理手段，支持邮件告警和多种日志，提供网络管理监控，协助网络管理员完成网络的安全管理；支持 GRE、L2TP、IPSec 和 SSL 等多种全面的 VPN 业务，可以构建多种形式的 VPN；提供强大的路由能力，支持 NAT、静态/RIP/OSPF/路由策略及策略路由；支持双机状态热备，支持 Active/Active 和 Active/Standby 两种工作模式，以及丰富的 QoS 特性，满足公司对网络高可靠性的要求。

步骤 2：设计 IP 地址规划方案。

IP 地址分配表如表 1.2 所示。

表 1.2　IP 地址分配表

部门名称	数量	VLAN 编号	IP 地址范围	子网掩码	网关
经理部	20	VLAN10	192.168.10.1～192.168.10.254	255.255.255.0	192.168.10.254
行政部	150	VLAN20	192.168.20.1～192.168.20.254	255.255.255.0	192.168.20.254
账务部	100	VLAN30	192.168.30.1～192.168.30.254	255.255.255.0	192.168.30.254
人事部	30	VLAN40	192.168.40.1～192.168.40.254	255.255.255.0	192.168.40.254
业务部	200	VLAN50	192.168.50.1～192.168.50.254	255.255.255.0	192.168.50.254
生产部	100	VLAN60	192.168.60.1～192.168.60.254	255.255.255.0	192.168.60.254
服务器	100	VLAN100	192.168.100.1～192.168.100.254	255.255.255.0	192.168.100.254
男职工宿舍	600	VLAN70	172.16.10.1～172.16.30.254	255.255.0.0	172.16.30.254
女职工宿舍	200	VLAN80	192.168.80.1～192.168.80.254	255.255.255.0	192.168.80.254

1.4　项目拓展

随着教育信息化程度的不断提高，某大学原有的校园网已无法满足日益增长的教学、科研和管理需求。为了进一步升级学校的网络基础设施，提高网络服务的稳定性和安全性，某大学决定进行智慧校园网升级改造。

要求校园网在核心层采用高性能、高可靠性的核心交换机，构建高速、稳定的网络核心。通过冗余设计和负载均衡技术，确保网络的高可用性和可扩展性。在各教学楼、宿舍楼等区域设置汇聚交换机，负责将各接入层的网络流量汇聚并转发至核心层。汇聚交换机采用千兆或万兆接口，以满足高带宽需求。在各教室、办公室、实验室等场所设置接入交换机，提供网络接入服务。接入交换机采用智能管理功能，支持用户认证、访问控制等安全策略。

本次校园网建设的主要目标如下。

（1）提升网络带宽，满足高清视频教学、在线考试等应用需求。

（2）加强网络安全防护，保障师生个人信息和学校数据安全。

（3）实现学校网络全覆盖，提高师生网络使用的便捷性。

（4）整合校园网资源，实现资源共享和高效管理。

若该大学为你就读的学校，请根据校园网升级改造的需求和目标，设计校园网络拓扑结构图，合理选择网络设备，设计 IP 地址规划方案。

1.5 项目小结

网络基础设施是园区网络稳定性和安全性的基石。首先，应选择高性能、高可靠性的网络设备，如路由器、交换机、防火墙等，以确保网络的稳定运行。其次，对于关键设备和链路，应采用冗余设计，如双机热备、负载均衡等，以应对单点故障。最后，应定期对网络设备进行维护和升级，及时发现并修复潜在的安全隐患。园区网络拓扑结构应按照核心层、汇聚层和接入层进行设计。核心层主要实现冗余能力、可靠性和高速的传输。汇聚层提供和核心层连接的线路冗余，以及大的带宽。接入层提供本地与远程工作组和用户网络接入，应该具备即插即用的特性及易于维护的特点。

1.6 思考与练习

（一）选择题

1. C 类地址的网络位是（   ）。
   A．24   B．23   C．22   D．18
2. 下面哪项是 IP 地址的表示形式？（   ）
   A．二进制   B．八进制   C．十六进制   D．以上都不正确
3. 关于 IP 地址的分类，B 类地址为（   ）。
   A．0~127   B．128~191   C．192~223   D．224~239
4. 192.168.10.0/30 是一个 C 类网段，其子网掩码是（   ）。
   A．255.255.255.249   B．255.255.255.252
   C．255.255.255.255   D．255.255.255.256
5. 设置一个子网掩码将 C 类网络 211.110.10.0 划分为最少 10 个子网，请问可以采用多少位的子网掩码进行划分？（   ）
   A．25   B．26   C．27   D．28
6. 园区网络拓扑结构通常分为（   ）。
   A．核心层、聚合层、接入层   B．核心层、汇聚层、接入层
   C．核心层、汇聚层、接口层   D．双核层、汇聚层、接入层
7. IP 地址 172.16.22.38/27 的广播地址为（   ）。

A. 172.16.22.61　　　　　　B. 172.16.22.62
C. 172.16.22.63　　　　　　D. 172.16.22.64

8. 现要对 C 类网络 192.168.10.0 划分 13 个子网，可以容纳的主机数量为（　　）。
A. 12　　　B. 13　　　C. 14　　　D. 15

（二）填空题

1. 子网掩码中用_____表示网络号，_____表示主机号。

2. 二进制表示的子网掩码 1111111.11111111.11111111.11110000 用点分十进制表示为_____。

3. 写出 172.16.22.38/27 地址的子网掩码为_____，该子网可容纳的最大主机数为_____。

4. IP 地址 202.112.14.137，子网掩码为 255.255.255.224 的广播地址为_____。

（三）问答题

1. 采用网络层次化拓扑结构的优点有哪些？

2. 若 IP 地址 202.128.72.130 和 202.128.72.166 为同一个子网，请问子网掩码是多少？

3. 某公司有 10 个部门 A～J，使用 192.168.100.0/24 划分网段，A 部门有 6 台主机，B 部门有 8 台主机，C 部门有 10 台主机，D 部门有 9 台主机，E 部门有 12 台主机，F 部门有 13 台主机，G 部门有 10 台主机，H 部门有 5 台主机，I 部门有 3 台主机，J 部门有 8 台主机，请问如何分配地址段？

项目 2

交换机的基本配置与管理

学习目标

知识目标
- 了解交换机的工作原理。
- 了解交换机的管理方式。
- 理解交换机的基本配置方法。

能力目标
- 掌握交换机各配置模式间的切换方法。
- 掌握交换机全局参数的配置方法。
- 掌握交换机端口常用参数的配置方法。
- 掌握交换机端口安全的配置方法。
- 学会交换机的基本配置和查看交换机的各种状态参数。

素质目标
- 培养学生良好的学习态度和学习习惯。
- 培养学生的团队合作精神和精益求精的专业精神。
- 通过"华为打破思科垄断市场局面"的思政案例，激发学生的爱国情怀和民族自豪感，培养学生的创新精神、竞争意识和国际视野。

2.1 项目背景

某公司内网主要由多台桌面型以太网交换机连接而成。受桌面型以太网交换机性能所限，公司内网的网速和安全性较差。随着公司业务发展和规模逐渐扩大，需要对公司网络进行升级改造。为此，公司新购入了一批可网管交换机。若你是该公司的网络管理员，请对交换机进行合理配置和管理，使其尽快投入使用。

本项目的内容是通过使用交换机的基本配置命令，实现交换机的配置与管理。

教学导航

知识重点	1．交换机的工作原理。 2．交换机的管理方式。 3．交换机的基本配置方法
知识难点	1．交换机各配置模式间的切换方法。 2．交换机全局参数的配置方法。 3．交换机端口常用参数的配置方法。 4．交换机端口安全的配置方法。 5．学会交换机的基本配置和查看交换机各种状态参数
推荐教学方式	1．教师通过知识点讲解，使学生了解交换机的概念、工作原理、转发方式。 2．教师通过课堂操作，演示交换机的基本配置方法、交换机配置模式的切换方法、全局参数配置、端口参数配置，以及交换机端口安全接入配置等。 3．学生通过动手实践，掌握交换机全局及端口参数的配置方法、交换机端口安全接入的配置方法，以及学会查看交换机各种状态参数和基本的管理交换机方法。 4．采用任务驱动、自主学习、小组探究学习等多种教学方法，让学生通过观察、思考、交流，提高其动手操作能力和团队协作能力
建议学时	4学时

2.2 项目相关知识

为了对新购入的交换机进行合理配置和管理，需要了解桌面型以太网交换机与可网管交换机的区别，理解交换机的工作原理，掌握交换机配置模式的切换方法，交换机全局参数和端口参数的配置方法，交换机端口安全接入的配置方法等，以及学会查看交换机各种状态参数和基本的管理交换机方法。

2.2.1 初识交换机

微课：初识交换机

在了解内网中的交换机之前，不得不提早期的以太网联网设备——集线器（Hub）。交换机和集线器虽然都属于内网连接设备，但两者的工作原理和性能差异很大。集线器属于共享带宽设备，在收到数据后不会检测数据类型和校验其正确性，也不具备判断数据包目标地址的功能，只是简单地将数据包广播到所有端口。例如，一个带宽为 100Mbit/s 的 8 口集线器，其带宽将被 8 个端口共享使用。

交换机属于独享带宽设备，在收到数据后首先将其进行存储，然后根据数据帧目的地址查找地址表，并将数据包发送到指定的端口。例如，一个带宽为 1000Mbit/s 的 24 口交换机，其每个端口都享有独立的 1000Mbit/s 带宽。

桌面型以太网交换机功能简单、价格便宜，主要用于普通办公室和家庭用户，如图 2.1 所示。

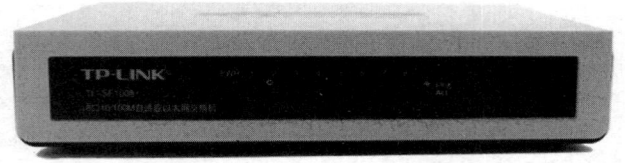

图 2.1　桌面型以太网交换机

可网管交换机的形状与桌面型以太网交换机的形状基本相同，不同的是可网管交换机具有端口监控、划分 VLAN 等许多桌面型以太网交换机不具备的特性。可网管交换机可以提供端到端的服务，通过多种内在的安全机制有效防止和控制病毒传播，控制非法用户使用网络，保证合法用户合理使用网络等许多桌面型以太网交换机不具备的功能。一台交换机是否为可网管交换机，也可从外观上分辨出来。

为了便于连接计算机，可网管交换机的正面或背面一般有一个串口或并口，通过串口电缆或并口电缆把交换机和计算机连接起来。可网管交换机的任务就是使所有的网络资源都处于良好的状态。可网管交换机提供了基于终端控制口（Console）、基于 Web 页面及支持 Telnet 远程登录网络等多种网络管理方式，网络管理员可以选择任意一种方式对交换机进行参数配置，对它的工作状态、网络运行状况进行实时监控。图 2.2 所示为可网管交换机。

图 2.2　可网管交换机

【科技创新】

 华为打破思科垄断市场局面

在互联网发展初期，思科（CISCO）成为全球互联网市场的霸主。2000 年，思科达到了鼎盛时期，占据了当时全球 80%以上路由交换的市场份额，在全球上市公司的舞台上，思科市值冲破了 5792 亿美元，登顶世界第一。

在中国市场上，思科的统治地位受到了华为的挑战。作为一家国内创新型科技企业，华为投入了大量的研发资金，推出了自主研发的国产交换机和路由器产品。华为的产品性价比极高，同样质量的产品，价格比思科的低 20%左右，而且拥有更加先进的技术，很快就吸引了消费者，抢占了思科的大部分市场份额。

思科面对这种来自华为的挑战，并没有选择通过自主研发和持续创新来提高产品竞争力，反而将华为告上法庭，指控其"抄袭"。这场官司在全球范围内引起了轰动，检验结果表明，华为的产品与思科的专利重合度不到 1%，侵权指控无法成立。最终，思科只得低头认错，与华为达成了私下和解协议。

华为赢得了公正的胜利后，紧跟市场需求，每年投入超过上千亿的研发资金，积累了大量核心技术专利，持续提供更加先进、高质量的科技产品。华为也注重与全球合作伙伴的合作，通过开放式创新，共同推动整个科技行业的发展。与此同时，思科陷入了衰落的困境，曾经的霸主地位早已逝去，市场份额不断被华为、中兴通讯等国内企业蚕食，在中国的市场占有率不到 10%。

科技兴则民族兴，科技强则国家强。华为的崛起和思科的衰落给我们带来了深刻的启示，只有通过自主研发、持续创新和坚持不懈的努力，我们才能在科技领域中取得更大的突破和成就。

2.2.2 交换机的工作原理

以太网交换机是工作在 OSI 参考模型数据链路层中的设备，它通过判断数据帧（DLC）的目的 MAC 地址，选择合适的端口，并将数据帧从所选端口发送出去。交换机可以将网络分割成多个冲突域，交换机的冲突域仅局限于交换机的一个端口上。

交换机的主要功能：地址学习、帧的转发/过滤、消除回路。

（1）地址学习：以太网交换机了解每个端口下连设备的 MAC 地址，将地址映射到相应端口后一起存放在交换机缓存的 MAC 地址表中。

（2）帧的转发/过滤：当一个数据帧的目的地址在 MAC 地址表中有映射时，它会被转发到连接目的节点的端口而不是所有端口（若该数据帧为广播/组播帧，则转发到所有端口）。

（3）消除回路：当交换机包括一个冗余回路时，以太网交换机通过生成树协议可避免回路的产生，同时允许存在后备路径。这部分内容将在后续项目中进行讲解。

1. 交换机的 MAC 地址学习过程

交换机中有一个 MAC 地址表，其功能主要如下。

（1）跟踪连接到交换机上的设备，建立设备与交换机间的对应关系。

（2）当收到一个数据帧后，通过 MAC 地址表可以决定将该数据帧转发到哪个端口。

对于一台刚刚接入网络的交换机，它的 MAC 地址表是空白的，这种工作状态的交换机称为初始化状态交换机，如图 2.3 所示。

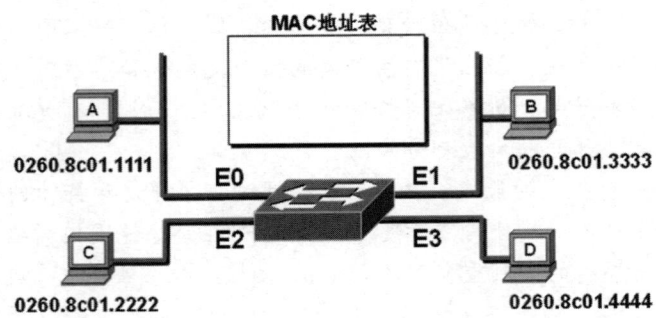

图 2.3　初始化状态交换机

如果 MAC 地址为 0260.8c01.1111 的主机 A 要向 MAC 地址为 0260.8c01.2222 的主机 C 发送数据，这时交换机需要执行以下操作。

（1）交换机从与主机 A 相连的 E0 端口收到数据帧，并暂时保存在交换机的缓存中。

（2）因为交换机此时还处于初始化状态，并不知道要将数据帧发送到哪个端口，所以这时交换机只能将该数据帧转发到除 E0 端口外的其他所有端口。

（3）交换机已经知道主机 A 连接在 E0 端口上，并在 MAC 地址表中保存一个主机 A 与 E0 端口的映射关系，如图 2.4 所示。

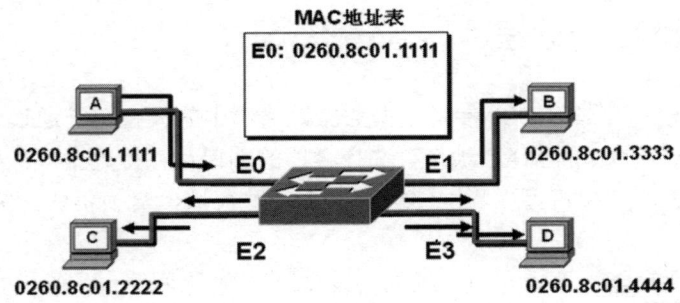

图 2.4　交换机学习主机 A 的 MAC 地址

通过学习，交换机在 MAC 地址表中建立了一条设备 MAC 地址与端口的映射关系。交换机的学习过程将继续，MAC 地址为 0260.8c01.4444 的主机 D 要向 MAC 地址为 0260.8c01.2222 的主机 C 发送数据，这时交换机需要执行以下操作。

（1）交换机从与主机 D 相连的 E3 端口收到数据帧，并暂时保存在交换机的缓存中。

（2）交换机在 MAC 地址表中查找有没有与主机 C 相对应的地址映射。这时因为交换机中只有一个与主机 A 相对应的地址映射，所以此时交换机还无法利用 MAC 地址表将数据帧转发给主机 C，只能通过泛洪过程将数据帧转发给除 E3 端口外的其他所有端口。

（3）当该数据帧转发到主机 C 时，因该数据帧的目的地址与 MAC 地址是完全吻合的，所以它会接收此数据帧，而其他主机都不会接收此数据帧。这时交换机学习到了主机 D 的 MAC 地址，并在 MAC 地址表中建立了主机 D 的 MAC 地址与 E3 端口的映射关系，如图 2.5 所示。

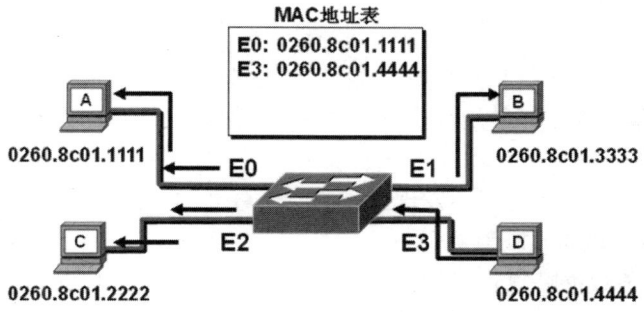

图 2.5 交换机学习主机 D 的 MAC 地址

如果学习过程继续下去，并且每个端口连接的设备都至少发送了一次数据帧，这时交换机的 MAC 地址表将会全部建立起来，即交换机的每个端口与所连接设备 MAC 地址的映射关系会全部建立在交换机的 MAC 地址表中，如图 2.6 所示。

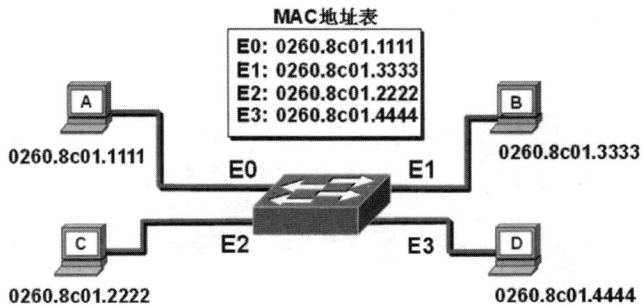

图 2.6 交换机学习到完整的 MAC 地址表

2．交换机帧的转发/过滤过程

当交换机收到一个数据帧，经过查询交换机的 MAC 地址表找到对应的目的地址时，数据帧将被转发到相应的主机接口。例如，MAC 地址为 0260.8c01.1111 的主机 A 要向 MAC 地址为 0260.8c01.2222 的主机 C 发送数据帧时，会先查看该数据帧中目的设备的 MAC 地址信息，然后在 MAC 地址表中查找该 MAC 地址，当发现该 MAC 地址信息后，便会根据映射关系将数据帧通过对应的端口发送给主机 C，其他端口对该数据帧不进行任何操作，如图 2.7 所示。

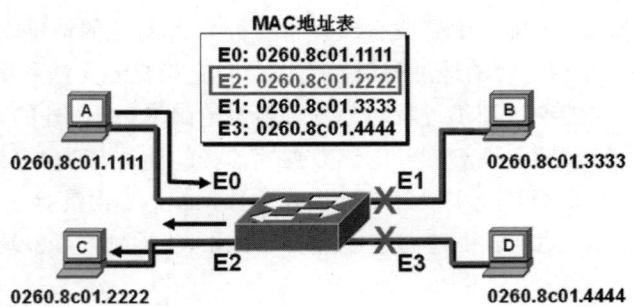

图 2.7　交换机帧的转发/过滤过程

（1）交换机从 E0 端口收到由主机 A 发送的数据帧。

（2）交换机查看该数据帧的地址信息，发现该数据帧的目的 MAC 地址为 0260.8c01.2222（主机 C 的 MAC 地址）。

（3）交换机在 MAC 地址表中发现已经有 MAC 地址 0260.8c01.2222 的信息，并且该 MAC 地址与 E2 端口建立了映射关系。

（4）交换机将该数据帧直接转发给 E2 端口，并且保证该数据帧没有转发给其他端口（如 E1 和 E3 端口），这个过程称为数据帧的过滤。交换机只会将收到的数据帧转发给与目的设备连接的端口，而不会转发给其他端口。

广播和组播是网络中除单播外的另外两种通信方式，当交换机收到这两类数据帧时，会通过泛洪过程转发给除发出端口外的其他所有端口，如图 2.8 所示。这是因为交换机从来不学习广播地址和组播地址，或者说交换机的 MAC 地址表中不存在广播地址和组播地址。广播地址是一种特殊形式的地址：FFFF.FFFF.FFFF。

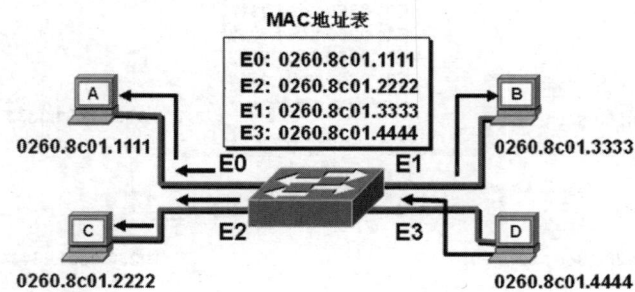

图 2.8　交换机的广播数据帧

3．交换机的三种交换方式

（1）直通式：直通式的以太网交换机可以理解为在各端口间是纵横交叉的线路矩阵电话交换机。它在输入端口检测到一个数据包时，检查该数据包的包头，获取该数据包的目的地址，启动内部的动态查找表转换成相应的输出端口，在输入端口与输出端口交叉处接通，把数据包直接转发到相应的端口，实现交换功能。

直通式的优点是不需要存储、延迟非常小、交换非常快。直通式的缺点是因为数据包内容并没有被以太网交换机保存下来，所以无法检查所传输的数据包是否有误，不能提供错误检测能力。由于没有缓存，不能将具有不同速率的输入端口和输出端口直接接通，而且容易丢包。

（2）存储转发：存储转发是计算机网络领域应用最为广泛的交换方式。它把输入端口的数据包先存储起来，然后进行循环冗余码校验（CRC）检查，在对错误包进行处理后才取出数据包的目的地址，通过查找表转换成输出端口送出数据包。

存储转发在数据处理时延迟大，这是它的不足，但是它可以对进入交换机的数据包进行错误检测，有效地改善网络性能。最重要的是，存储转发可以支持不同速率的端口间的转换，保持高速端口与低速端口间的协同工作。

（3）碎片隔离：这是介于前两者之间的一种交换方式，用于检查数据包的长度是否够64 字节。如果小于 64 字节，说明是假包，则丢包；如果大于 64 字节，则发送该包。这种方式也不提供数据校验，它的数据处理速度比存储转发的数据处理速度快，但比直通式的数据处理速度慢。

2.2.3 交换机的管理方式

交换机的管理方式主要有通过 Console 端口、利用 Telnet 远程登录和 Web 页面管理三种。本项目主要介绍通过 Console 端口和利用 Telnet 远程登录两种管理方式。

如图 2.9 所示，可网管交换机一般都有一个 Console 端口，它是我们对一台新出厂的交换机进行初次配置时必须使用的端口。连接 Console 端口与 COM 端口间的线缆被称为 Console 电缆，如图 2.10 所示。

图 2.9　交换机的 Console 端口

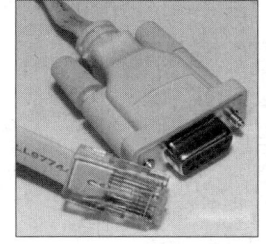

图 2.10　Console 电缆

使用 PC 通过 Console 端口配置交换机的具体操作步骤如下。

（1）利用 Console 电缆将 PC 的 COM 端口和交换机的 Console 端口进行连接，如图 2.11 所示。

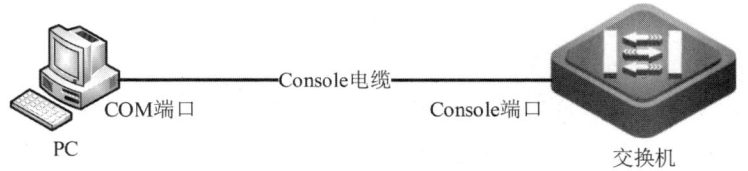

图 2.11　PC 通过 Console 电缆与交换机相连的示意图

（2）打开 PC 上的设备管理器，在端口里查看当前使用的串口号，如图 2.12 所示，本次使用的串口为 COM3。

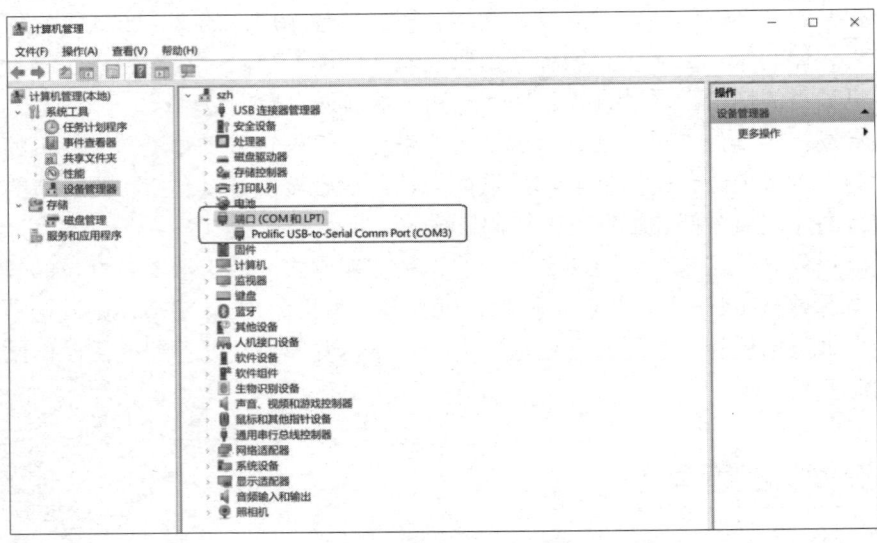

图 2.12　查看 PC 使用的串口号

（3）下载 Secure CRT 工具，单击"快速连接"按钮，弹出"快速连接"对话框，设置"协议"为"Serial"，"端口"为"COM3"，"波特率"为"9600"，"数据位"为"8"，"奇偶校验"为"None"，"停止位"为"1"，"流控"为"XON/XOFF"，如图 2.13 所示。

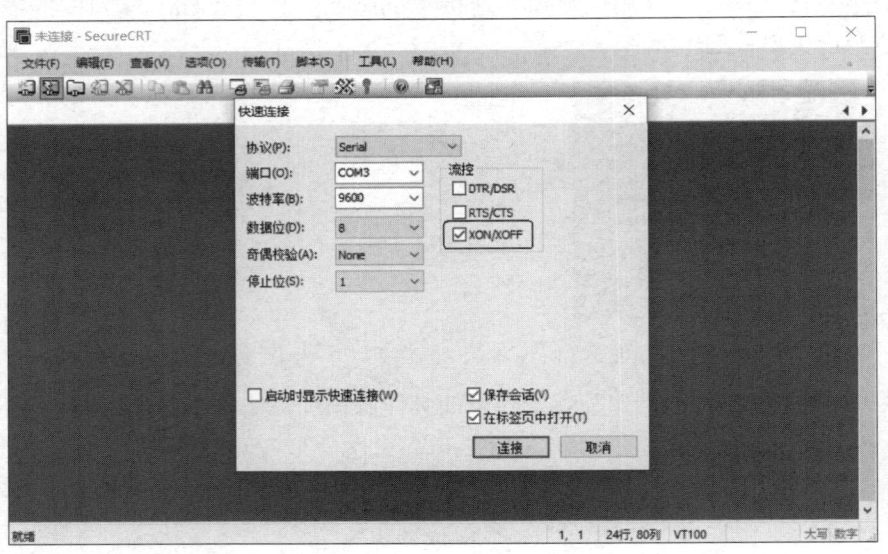

图 2.13　设置 COM 端口参数

（4）在"快速连接"对话框中单击"连接"按钮，进入交换机配置界面，如图 2.14 所示。在该界面里输入配置命令，就可以对交换机进行配置。

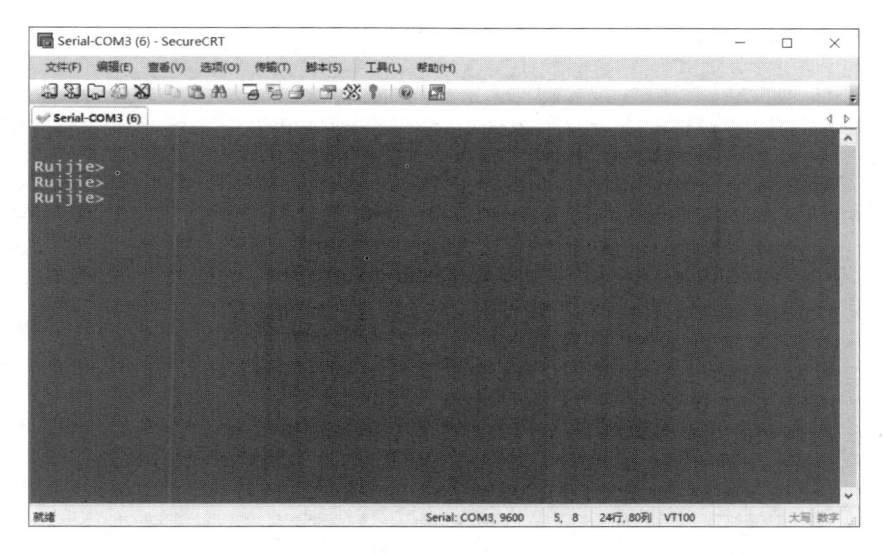

图 2.14　交换机配置界面

目前几乎所有的交换机、路由器等都是通过 Console 端口进行管理和配置的，也被称为异步口登录配置。如果是在实训室中做配置训练，由于做一次网络实训，可能要涉及多台交换机、路由器等网络设备，每次都要把连接在 PC 的 COM 端口上的控制线插到涉及的网络设备的 Console 端口上，非常不方便。因此需要一种好的方法，能够同时控制和管理多台网络设备，且在做完一次网络实训后，还能把网络设备上的配置全部清空。

针对这些实训需求，锐捷公司推出了网络实验室机架控制和管理服务器——RG-RCMS。RG-RCMS 很好地满足了上述要求，其包含两款设备：RG-RCMS-8 和 RG-RCMS-16，可以同时管理和配置 8 台和 16 台网络设备，RG-RCMS-8 如图 2.15 所示。

RG-RCMS-8 提供 8 条控制台线缆，俗称八爪线，如图 2.16 所示。将八爪线中的每条线缆连接到每台网络设备的 Console 端口，PC 只要通过网络登录到 RG-RCMS-8，便可以同时管理和配置 8 台网络设备。这样就不需要来回插拔 Console 线缆，使用起来简单方便。同时，由于减少了线缆在网络设备的 Console 端口上插拔的次数，可以增加网络设备的使用寿命。

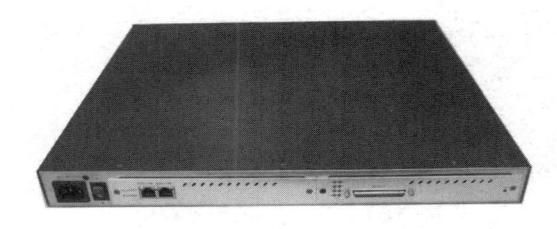

图 2.15　RG-RCMS-8 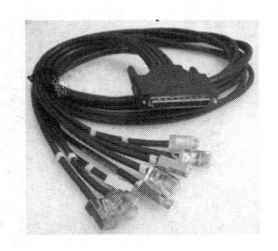　　　　　　　　图 2.16　八爪线

RG-RCMS 采用反向 Telnet 方式，能够灵活地对一组实验设备进行配置和管理，并提供一个 Web 页面来显示集中控制的网络设备。在浏览器的地址栏上，输入 RG-RCMS 的管理 IP 地址，并且指定访问的端口为 8080，就可以访问 RG-RCMS 页面。在该页面上，列出了 RG-RCMS 上所有的异步线路及其所连接的网络设备。如果一个网络设备是可以访问的，

则会在图标及名称上出现超链接，单击需要登录的网络设备就可以弹出一个 Telnet 客户端。如果已经有用户连接到该设备，则该设备变为灰色，不可单击。

下面通过示例来说明 PC 通过 RG-RCMS 配置和管理网络设备的具体操作过程。

（1）PC 在浏览器的地址栏上输入 RG-RCMS 的管理 IP 地址，端口设为 8080，如 http://192.168.1.18:8080，如图 2.17 所示。

图 2.17　登录 RG-RCMS

（2）单击需要登录的网络设备，弹出提示符显示登录该网络设备，如图 2.18 所示。在实验中可以同时登录多个网络设备，但是如果在 RG-RCMS 页面上有的网络设备显示的超链接为灰色，则不可以登录，表示该设备已被其他用户控制。当设备配置完成后，需要关闭设备的配置窗口，释放相关设备，以便其他用户使用。

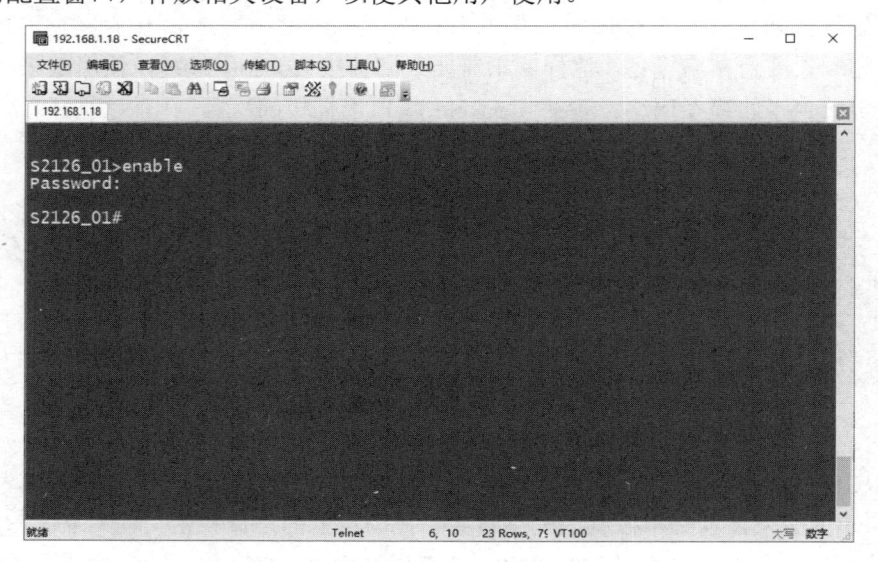

图 2.18　利用 RG-RCMS 登录交换机

2.2.4　交换机的基本配置命令

交换机在配置状态下，根据所配置参数的作用权限，分为用户模式、特权模式、全局配置模式、端口配置模式四种。各种模式下所能进行的配置动作和输入的参数是有严格限制的。各种模式间存在"层次递进"关系，可以通过命令相互转换。具体的配置命令以命令行的方式输入。

（1）用户模式：登录交换机后进入的第一个操作模式。在用户模式下，可以简单查看交换机的软/硬件版本信息，并进行简单的测试。

用户模式的提示符为 Switch>。

（2）特权模式：在用户模式下，使用 enable 命令进入的下一级模式。在特权模式下，可以对交换机的配置文件进行管理，查看交换机的配置信息，进行网络的测试和调试等操作。

操作示例：交换机从用户模式进入特权模式。

```
Switch>enable
```

特权模式的提示符为 Switch#。

（3）全局配置模式：在特权模式下，使用 configure terminal 命令进入的下一级模式。在全局配置模式下，可以配置交换机的全局参数，如主机名、登录信息等。

操作示例：交换机从用户模式进入全局配置模式。

```
Switch>enable
Switch#configure terminal
```

全局配置模式的提示符为 Switch(config)#。

（4）端口配置模式：在全局配置模式下，可使用不同命令进入的下一级模式，实现对交换机各种具体的功能配置。端口配置模式只对指定的端口进行操作，因此，在进入端口配置模式的命令中必须指明端口的类型。

在全局配置模式下，使用 interface type mod/port 命令进入端口配置模式的命令格式如下。

```
Switch(config)#interface type mod/port
```

其中，"type"代表类型："ethernet"代表标准以太网，"fastethernet"代表快速以太网；"mod"代表模块号："0"代表第一个模块，"1"代表第二个模块，以此类推，固定模块用"0"表示；"port"代表端口号："1"代表第一个端口，"2"代表第二个端口，以此类推。

操作示例：从用户模式进入 fastethernet 0/1 端口配置模式。

```
Switch>enable
Switch#configure terminal
Switch(config)#interface fastethernet 0/1
```

端口配置模式的提示符为 Switch(config-if)#。

另外，在全局配置模式下，使用 interface range type mod/startport-endport 命令可同时配置多个端口，其命令格式如下。

```
Switch(config)#interface range type mod/startport-endport
```
其中，"range"代表要同时配置用一个连续的端口号区间表示的多个端口；"startport"代表开始端口号；"endport"代表结束端口号，它们之间用"-"连接。

操作示例：从用户模式进入可同时对 fastethernet 0/11 到 fastethernet 0/20 配置的多端口配置模式。

```
Switch>enable
Switch#configure terminal
Switch(config)#interface range fastethernet 0/11-20
```

多端口配置模式的提示符为 Switch(config-if-range)#。

exit 命令可以从各配置模式返回前一级模式。

操作示例：从端口配置模式返回全局配置模式。

```
Switch(config-if)#exit
```

end 命令可以从各配置模式直接返回特权模式。

操作示例：从端口配置模式返回特权模式。

```
Switch(config-if)#end
```

使用"?"可以获得帮助，当只记得某个命令的一部分时，在记得的部分后输入"?"，就可以查看以此字母开头的所有可能的命令；当不清楚在此模式下使用什么命令时，可以输入"?"查看在该模式下所有可使用的命令列表。

操作示例：在特权模式下查看以"c"开头的所有命令。

```
Switch>enable
Switch#c?
clear    clock    configure
```

显示在特权模式下以"c"开头的命令有"clear""clock""configure"。

命令简写指的是在输入一条命令时，只输入命令的前面几个字符，省略其后的其他字符的操作方式。命令简写是在实际配置工作中常用的方式，使用这种方式可以大大提高配置效率。但需要注意的是，简写后的命令字符在网络设备配置命令集中具有唯一性特征，不与任何其他命令的简写形式相同。

操作示例：使用命令简写方式，从用户模式进入 fastethernet 0/20 端口配置模式。

```
Switch>en                      //完整命令为 enable
Switch#config t                //完整命令为 configure terminal
Switch(config)#int f 0/20      //完整命令为 interface fastethernet 0/20
```

如果要使用 Telnet 命令远程管理交换机，则需要配置交换机的管理 IP 地址。

操作示例：配置交换机的管理 IP 地址为 192.168.100.254，子网掩码为 255.255.255.0。

```
Switch>enable
Switch#config t
Switch (config)#int vlan 1              //配置交换机的管理 IP 地址需要进入 Vlan 1
Switch (config-if)#ip add 192.168.100.254 255.255.255.0
Switch (config-if)#end                  //返回特权模式
```

在需要远程登录交换机的计算机上配置 IP 地址为 192.168.100.0 网段的地址，如 192.168.100.5，通过 telnet 192.168.100.254 命令可以远程登录（telnet）进入交换机的操作系统。

配置交换机名称可以方便地管理交换机。当有多台交换机需要配置时，交换机的名称可以区分各台交换机。交换机的默认主机名称为 Switch，可以通过 hostname 命令配置交换机名称。

操作示例：将交换机名称设置为 MySwitch。

```
Switch>enable
Switch#config t
Switch(config)#hostname MySwitch
MySwitch(config)#
```

对交换机端口参数进行设置，如单/双工通信方式、端口速率等。

设置交换机端口的单/双工通信方式使用 duplex 命令。

```
Switch(config-if)#duplex  auto | full | half
```

其中，"auto"代表全双工自适应或半双工自适应；"full"代表全双工；"half"代表半双工。

设置交换机的端口速率使用 speed 命令。

```
Switch(config-if)#speed 10 | 100 | auto
```

其中，"10"代表端口速率为 10Mbit/s；"100"代表端口速率为 100Mbit/s；"auto"代表端口速率为自适应。

操作示例：将交换机 F0/1 端口的通信方式设置为全双工，端口速率设置为 100Mbit/s。

```
Switch>enable
Switch#config t
Switch(config)#int f 0/1            //完整命令为 interface fastethernet 0/1
Switch (config-if)#duplex full      //通信方式设置为全双工
Switch (config-if)#speed 100        //端口速率设置为 100Mbit/s
Switch (config-if)#end
```

在端口配置模式下执行 shutdown 命令可以将一个端口关闭，执行 no shutdown 命令可以将一个端口打开。默认情况下，交换机的所有端口处于开启状态。

操作示例：将交换机 F0/10 端口关闭。

```
Switch>enable
Switch#config t
Switch(config)#int f 0/10
Switch (config-if)#shutdown         //关闭交换机 F0/10 端口
```

在特权模式下通过 show interface type mod/port 命令可以查看端口配置信息。

操作示例：查看二层交换机 F0/1 端口配置信息。

```
Switch>enable
Switch#show int f 0/1               //完整命令为 show interface fastethernet 0/1
```

操作结果显示如下。

```
Interface: fastethernet100BaseTX 0/1
Description:
AdminStatus: up
```

```
OperStatus: down
Hardware: 10/100BaseTX
Mtu: 1500
LastChange: 0d:0h:0m:0s
AdminDuplex: Full                    //通信方式为全双工
OperDuplex: Unknown
AdminSpeed: 100                      //端口速率为100Mbit/s
OperSpeed: Unknown
FlowControlAdminStatus: Off
FlowControlOperStatus: Off
Priority: 0
Broadcast blocked: DISABLE
Unknown multicast blocked: DISABLE
Unknown unicast blocked: DISABLE
```

交换机端口安全设置是指对交换机的端口进行安全属性的配置，从而控制用户的安全接入。交换机端口的最大连接数可以控制交换机端口下连的主机数，限制用户非法下连交换机。

设置端口安全要通过 switchport port-security 命令开启端口安全功能，通过 switchport port-security maximum value 命令设置端口安全的连接数。"value"的范围为 1～128，代表端口可以下连的主机数，默认值为 128。通过 show port-security 命令可以查看端口安全的最大连接数配置。

操作示例：若你是公司的网络管理员，发现有员工在交换机的办公室端口上接入交换机后又连入多台主机。现需要通过对网管中心的交换机进行配置，实现不允许用户端口下连交换机，只允许连入一台主机的要求。假设网管中心的交换机 F0/20 端口连接了该员工办公室网络的端口。

```
Switch>enable
Switch#config t
Switch(config)#interface f 0/20                 //进入交换机 F0/20 端口配置模式
Switch(config-if)#switchport mode access        //将端口设置为 Access
Switch(config-if)#switchport port-security      //开启交换机端口安全功能
Switch(config-if)#switchport port-security maximum 1
                                                //配置参数限制该端口的连接主机数为1
Switch (config-if)#end
Switch#show port-security                       //查看端口安全配置信息
```

操作结果显示如下。

```
Secure Port     MaxSecureAddr(count)    CurrentAddr(count)    Security Action
--------------------------------------------------------------------------------
Fa0/10                  1                       0                   Protect
```

交换机端口还可以进行 IP 地址与 MAC 地址的绑定，对用户进行严格的控制，从而保证用户的安全接入和防止常见内网中的网络攻击。

操作示例：若你是公司的网络管理员，发现经常有员工私自将个人计算机接入公司网络下载电影，导致公司网络速度变慢。现需要在交换机上进行设置，禁止将个人计算机随意接入公司网络。

采用 IP 地址与 MAC 地址绑定的方法来实现，假设交换机 F0/20 端口连入的合法主机 IP 地址为 192.168.20.20，MAC 地址为 00-24-7e-6f-2f-88。

```
Switch>enable
Switch#config t
Switch(config)#int f 0/20                    //进入交换机 F0/20 端口配置模式
Switch(config-if)#switchport mode access     //将端口设置为 Access
Switch(config-if)#switchport port-security   //开启交换机端口安全功能
Switch(config-if)#switchport port-security mac-address 0024.7e6f.2f88 ip-address
192.168.20.20                                //将端口与 IP/MAC 地址进行绑定
Switch (config-if)#end
Switch#show port-security address            //查看端口安全地址配置信息
```

操作结果显示如下。

```
  Vlan  Mac Address      IP Address      Type       Port    Remaining Age(mins)
--------------------------------------------------------------------------------
   1    0024.7e6f.2f88   192.168.20.20   Configure  Fa0/20         -
```

配置完交换机的端口安全功能后，当实际应用中违反了配置的要求时，会产生一个安全违例。对安全违例的处理方式有以下 3 种。

（1）protect：当产生安全违例时，丢弃违例的报文。

（2）restrict：当产生安全违例时，发送一个 Trap 通知。

（3）shutdown：当产生安全违例时，关闭端口并发送一个 Trap 通知。

操作示例：交换机 F0/20 端口已开启端口安全功能，如果 F0/20 端口产生了安全违例，则交换机将关闭该端口并发送一个 Trap 通知。

```
Switch#config t
Switch(config)#int f 0/20
Switch(config-if)#switchport port-security violation shutdown
                                      //若 F0/20 端口产生了安全违例，则关闭该端口
Switch(config-if)#end
Switch#show port-security                    //查看端口安全配置信息
```

操作结果显示如下。

```
Secure Port  MaxSecureAddr(count)   CurrentAddr(count)      Security Action
--------------------------------------------------------------------------------
  Fa0/10              1                      1                  Shutdown
```

当端口因为产生安全违例而被关闭时，可以在全局配置模式下使用 errdisable recovery 命令将端口从错误状态中恢复过来。

```
Switch(config)#errdisable recovery
```

交换机中保存着一张端口 MAC 地址表，交换机可以根据数据帧的目的 MAC 地址转发数据帧。在特权模式下使用 show mac-address-table 命令可以查看交换机当前的 MAC 地址表信息。

```
Switch#show mac-address-table
```

操作结果显示如下。

```
Vlan        MAC Address          Type         Interface
---------------------------------------------------------------
1           00d0.f800.1001       STATIC       Fa0/1
```

在特权模式下使用 show running-config 命令可以查看交换机当前的所有配置信息。在特权模式下使用 show version 命令可以查看交换机的版本信息。

当交换机配置完成后，若要将所配置的参数保存起来，以便交换机下次启动时自动加载，需要使用交换机保存命令。

```
Switch#copy running-config startup-config
```

交换机保存命令可以简写为 copy run start 或直接使用 write 命令，注意这些命令都在特权模式下完成。

```
Switch#write
```

若要重启交换机，则需要在特权模式下使用 reload 命令。

```
Switch#reload
```

2.3 项目实施

某公司内网主要由多台桌面型以太网交换机连接而成，随着公司业务的发展和规模的逐渐扩大，现需要对公司网络进行升级改造。为此，公司新购入了一批可网管交换机。若你是该公司的网络管理员，要求对交换机进行合理配置和管理。假设交换机名称设置为 SwitchA，交换机 F0/3 端口连接了一台主机，主机的 MAC 地址为 001c.25cd.f72d，IP 地址为 192.168.10.10。F0/3 端口速率设置为 100Mbit/s，通信方式为自适应。为提高公司网络安全性，F0/3 端口不允许下连交换机，只允许连接一台主机，并且不允许员工私自将个人计算机通过 F0/3 端口连入公司网络，如图 2.19 所示。

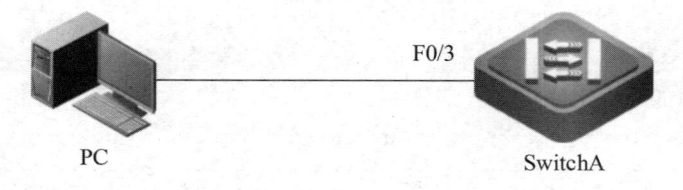

图 2.19 交换机配置图 1

任务目标

1．设置交换机在各配置模式间进行切换。
2．配置交换机名称和端口参数。
3．配置交换机端口安全和 IP/MAC 地址绑定。
4．查看并保存交换机配置信息。

项目 2 交换机的基本配置与管理

➡ 具体实施步骤

步骤 1：交换机在各配置模式间进行切换。

```
Switch>enable                              //从用户模式进入特权模式
Switch#configure terminal                  //从特权模式进入全局配置模式
Switch(config)#interface fastethernet 0/3  //进入F0/3端口配置模式
Switch(config)#end                         //直接返回特权模式
```

步骤 2：配置交换机名称。

```
Switch#config t
Switch(config)#hostname SwitchA            //将交换机命名为SwitchA
SwitchA(config)#
```

步骤 3：配置交换机端口参数。

```
SwitchA(config)#interface f 0/3            //进入F0/3端口配置模式
SwitchA(config-if)#speed 100               //端口速率设置为100Mbit/s
SwitchA(config-if)#duplex auto             //端口的双工模式设置为自适应
SwitchA(config-if)#no shutdown             //默认下交换机所有端口都已开启
```

步骤 4：查看交换机端口配置信息。

```
SwitchA#show interface fastethernet 0/3
Interface: FastEthernet100BaseTX 0/3
Description:
AdminStatus: up
OperStatus: up                             //查看交换机端口状态
Hardware: 10/100BaseTX
Mtu: 1500
LastChange: 0d:0h:5m:41s
AdminDuplex: Auto                          //查看端口配置的通信方式
OperDuplex: Unknown
AdminSpeed: 100                            //查看端口速率
OperSpeed: Unknown
FlowControlAdminStatus: Off
FlowControlOperStatus: Off
Priority: 0
Broadcast blocked: DISABLE
Unknown multicast blocked: DISABLE
Unknown unicast blocked: DISABLE
```

步骤 5：配置交换机 F0/3 端口的最大连接数限制。

```
SwitchA#config t
SwitchA(config)#interface f0/3                       //进入F0/3端口配置模式
SwitchA(config-if)#Switchport mode access            //将端口设置为Access
SwitchA(config-if)#switchport port-se                //开启交换机端口安全功能
SwitchA(config-if)#switchport port-security maximum 1
//限制F0/3端口的最大连接数为1
SwitchA(config-if)#switchport port-security violation shutdown
//配置安全违例方式为shutdown，如有端口产生了安全违例，交换机将自动关闭该端口
```

验证测试：查看交换机端口安全配置。

```
SwitchA#show port-security
Secure Port    MaxSecureAddr(count)    CurrentAddr(count)    Security Action
  Fa0/3              1                       0                   Shutdown
```

步骤 6：在交换机 **F0/3** 端口上配置地址绑定。

查看连入交换机 F0/3 端口的 PC 的 IP/MAC 地址信息，在 PC 上打开 CMD 命令提示符窗口，执行 ipconfig/all 命令，其执行结果如图 2.20 所示。

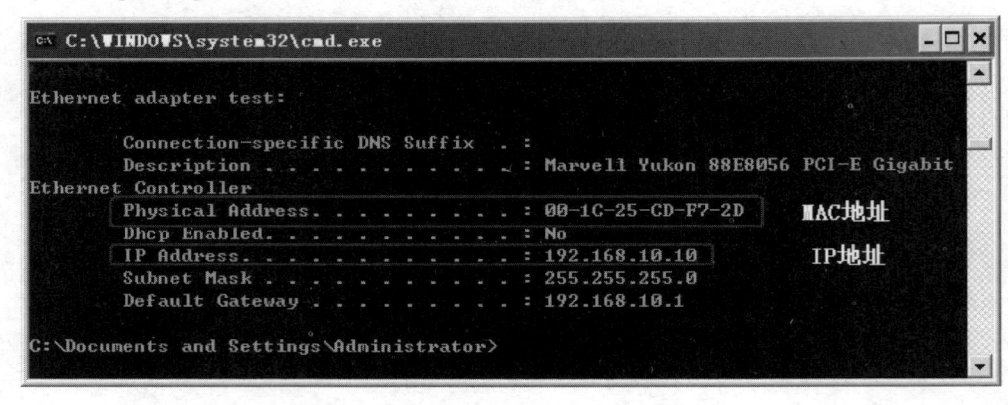

图 2.20　ipconfig/all 命令的执行结果

配置交换机端口的地址绑定。

```
SwitchA#configure terminal
SwitchA(config)#int f0/3                              //进入 F0/3 端口配置模式
SwitchA(config-if)#switchport mode access             //将端口设置为 Access
SwitchA(config-if)#switchport port-security           //开启交换机端口安全功能
SwitchA(config-if)#switchport port-security mac-address 001c.25cd.f72d ip-address
192.168.10.10                                         //配置 IP/MAC 地址的绑定
```

验证测试：查看地址安全绑定配置。

```
SwitchA#show port-security address
Vlan     MacAddress         IP Address         Type          Port
 1       001c.25cd.f72d     192.168.10.10      Configured    Fa0/3
```

步骤 7：查看交换机各项信息。

```
SwitchA#show version                                           //查看交换机的版本信息
System description : Red-Giant Gigabit Intelligent Switch(S2126S) By
Ruijie Network                                                 //系统描述信息
System uptime: 0d:0h:8m:12s                                    //系统运行时间
System hardware version : 3.33                                 //硬件版本信息
System software version : 1.7 Build Nov 12 2007 Release        //软件版本信息
System BOOT version: RG-S2126G-BOOT   03-03-02
System CTRL version : RG-S2126G-CTRL   03-11-02                //操作系统版本信息
Running Switching Image : Layer2                               //交换机为二层交换机
SwitchA#show mac-address-table                                 //查看交换机的 MAC 地址表
```

```
SwitchA#show running-config              //查看交换机当前生效的配置信息
SwitchA#copy run start                   //保存当前配置信息
```

注意事项

1. 命令行操作进行自动补齐或命令简写时，要求所简写的字母必须能够唯一区别该命令。例如，Switch#conf 可以代表 configure，但 Switch#c 无法代表 configure，因为以"c"开头的命令有 clear、clock 和 configure，设备无法区别。

2. 交换机端口在默认情况下是开启的，AdminStatus 是 up 状态，如果该端口没有实际连接其他设备，则 OperStatus 是 down 状态。

3. 交换机端口安全功能只能在 Access 端口进行配置。

4. 交换机最大连接数限制范围是 1～128，默认是 128。

2.4 项目拓展

若你是该公司的网络管理员，要求对交换机进行合理配置和管理。请将交换机名称设置为自己姓名的拼音，F0/16 端口速率配置为 100Mbit/s，通信方式为全双工，并开启该端口。F0/16 端口连接了一台主机，主机的 IP/MAC 地址需要通过 ipconfig/all 命令进行查询，并将 F0/16 端口与 IP/MAC 地址进行绑定。配置交换机安全接入功能，将 F0/16 端口的最大连接数设置为 3，安全违例的处理方式为 restrict。查看并保存交换机的配置参数，重启交换机，如图 2.21 所示。

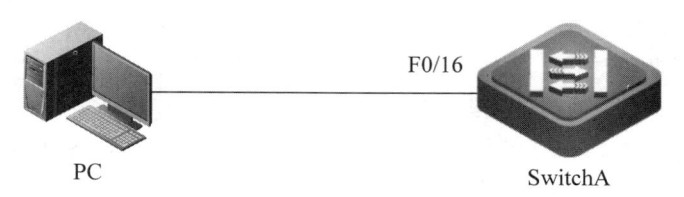

图 2.21 交换机配置图 2

2.5 项目小结

交换机在数据传输中起到转发和过滤的作用。当数据帧的目的地址在 MAC 地址表中有映射时，交换机只会将该数据帧转发到连接目的节点的端口，而不是所有端口。这样做不仅提高了网络效率，还避免了不必要的网络拥堵。然而，对于广播帧或组播帧，交换机会将它们转发到所有端口，确保网络中的所有设备都能收到这些帧。

2.6 思考与练习

（一）选择题

1. 在下列提示符中，表示"全局配置模式"的是（　　）。
   A．Switch>　　　　　　　　　　B．Switch#
   C．Switch(config)#　　　　　　　D．Switch(config-if)#
2. 当交换机从用户模式进入特权模式时，应使用（　　）命令。
   A．Start　　　B．enable　　　C．exit　　　D．outset
3. 当连接两台不同的设备时，应选择用（　　）来连接。
   A．直通线　　　B．交叉线　　　C．光纤　　　D．闪电线
4. 交换机属于（　　）设备。
   A．共享带宽　　B．独享带宽　　C．网络层　　D．以上都不是
5. 下面不属于桌面型以太网交换机特点的是（　　）。
   A．功能简单
   B．价格便宜
   C．主要用于普通办公室和家庭用户
   D．主要用于大型企业
6. 可网管交换机具有哪些桌面型以太网交换机不具有的特性？（　　）
   A．端口开放　　　　　　　　　　B．端口监控
   C．聚集 VALN　　　　　　　　　D．划分 VLAN
7. 下列哪项不是交换机的交换方式？（　　）
   A．直通式　　　B．交叉式　　　C．存储转发　　　D．碎片隔离
8. 交换机的管理方式主要有（　　）。
   A．通过 Console 端口　　　　　　B．利用 Telent 远程登录
   C．Web 页面管理　　　　　　　　D．以上都是
9. 使用（　　）命令可以返回前一级模式。
   A．end　　　B．restart　　　C．shutdown　　　D．exit
10. 要配置 11 端口到 20 端口，下列哪些配置是正确的？（　　）
    A．interface f0/11-20　　　　　　B．inter f0/11-20
    C．interface range f0/11-20　　　D．int range f0/11-20

（二）填空题

1. 交换机属于＿＿＿＿＿＿设备，使用＿＿＿＿＿＿地址转发数据。
2. 配置交换机进入 F0/1 端口时，应输入的完整命令是＿＿＿＿＿＿。

3．集线器属于＿＿＿＿＿＿带宽设备。

4．在交换机中使用＿＿＿＿＿＿＿命令来检查网络间是否能够连通。

（三）问答题

1．如何进行命令补全？命令补全有什么好处？

2．exit 命令和 end 命令有什么区别？

3．请简述交换机的工作原理。

项目 3 网络广播风暴的隔离与控制

学习目标

知识目标

- 了解冲突域与广播域的概念。
- 了解 VLAN 的概念。
- 理解 VLAN 的工作原理。
- 理解 VLAN Trunk 的概念。

能力目标

- 掌握交换机 VLAN 的基本配置命令。
- 掌握交换机 VLAN 的配置方法。
- 学会在多台交换机上合理划分 VLAN 隔离广播风暴。

素质目标

- 培养学生良好的学习态度和学习习惯。
- 培养学生的团队合作精神和精益求精的专业精神。
- 通过"冲突域与六尺巷的故事"的思政案例,培养学生谦和礼让、和谐文明、平等待人的道德品质。

3.1 项目背景

某公司分为行政部、财务部、人事部、物流部等部门，这些部门通过多台交换机及相应的线路连接到网络中心，与网络中心的服务器子网组成了一个内网。其中，服务器子网由公司采用的各种服务器，如邮件服务器、数据库服务器等组成。由于网络病毒或网络设计等原因，难免产生很多不必要的广播数据流量，在公司网络中有可能出现广播风暴。

广播风暴会消耗宝贵的网络带宽，降低网络的性能。网络管理员希望如果某个部门里有主机中了毒，产生了广播风暴，那么其只影响该部门网络，而不会影响其他部门网络，即人事部网络中产生的广播风暴不会蔓延到行政部、财务部、物流部等网络。同时，保证同一部门的主机间能够相互通信，不同部门的主机间不能相互通信。

本项目的内容是通过对多台具有 VLAN 功能的交换机，在参数上进行一系列的技术配置来实现对网络广播风暴的隔离与控制。

➡ 教学导航

知识重点	1. 冲突域与广播域的概念。 2. 交换机 VLAN 的配置方法。 3. VLAN Trunk 的概念
知识难点	1. VLAN 的工作原理。 2. VLAN 的划分方法。 3. 学会在多台交换机上合理划分 VLAN 隔离广播风暴
推荐教学方式	1. 教师通过知识点讲解及课堂演示，使学生了解冲突域、广播域及 VLAN 的概念。 2. 学生通过动手实践，掌握 VLAN 的划分方法、VLAN Trunk 的基本配置、网络广播风暴的隔离与控制等。 3. 采用任务驱动、自主学习、小组探究学习等多种教学方法，让学生通过观察、思考、交流，提高其动手操作能力和团队协作能力
建议学时	4 学时

3.2 项目相关知识

要实现"同一部门的主机间能够相互通信，不同部门的主机间不能相互通信，以控制网络内广播风暴发生"这一功能要求，需要用到 VLAN（虚拟内网）的相关技术。为了便于掌握和理解具体的配置操作步骤，需要了解冲突域与广播域的概念、VLAN 的概念、VLAN 的优点、VLAN 的划分方法、VLAN Trunk 的概念、VLAN 的基本配置命令等知识。

39

3.2.1 冲突域与广播域的概念

广播是一种信息的传播方式，指网络中的某一设备同时向网络中所有其他设备发送数据，这个数据所能广播到的范围为广播域（Broadcast Domain）。简单来说，广播域就是指网络中所有能收到同样广播信息的设备的集合。例如，学校广播室播放的新闻，整个学校都能听见，这个广播域是"整个学校"；教室里老师在上课，只有在这间教室里可以听见，这个广播域是"这间教室"。

广播域并不是越大越好，因为广播域内的所有设备都必须监听所有的广播包，如果广播域太大，用户的带宽就小了，并且需要处理更多的广播，网络响应时间将会长到让人无法容忍。

在以太网中，如果某个 CSMA/CD 网络上的两台计算机在同时通信时会发生冲突，那么这个 CSMA/CD 网络就是一个冲突域（Collision Domain）。简单来说就是同一时间内只能有一台设备发送信息的范围。例如，教室里有两个人讲话声音很大，他们的声音相互干扰，导致大家都听不清楚他们在讲什么，这就产生了冲突，冲突域就是"这间教室"。显然，冲突域越小越好。

冲突域在同一个网段内，基于 OSI 参考模型的第一层（物理层），因物理层设备无法隔离冲突域，如集线器连接的网络，整个网络在同一个冲突域中。第二层（数据链路层）设备能隔离冲突域，如交换机。交换机可以划分冲突域，因此交换机的每个端口都是一个冲突域。

广播域可以跨网段，基于 OSI 参考模型的数据链路层，所以数据链路层设备无法隔离广播域，如交换机。第三层（网络层）设备可以隔离广播域，如路由器，路由器的每个端口都是一个广播域。

例1：如图 3.1 所示，1 台交换机连接 1 台集线器和 3 台主机，1 台集线器连接 2 台主机，请问网络中有几个冲突域，几个广播域？

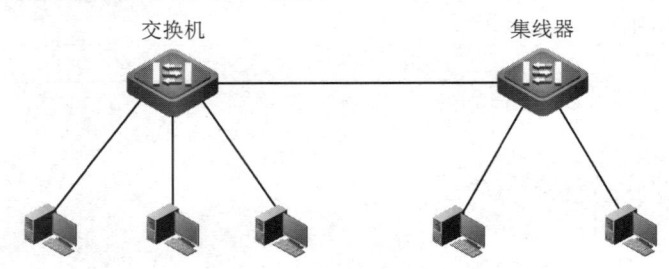

图 3.1 冲突域与广播域的划分

解析：因为只有网络层设备可以隔离广播域，而这里没有网络层设备，所以整个网络中只有 1 个广播域；交换机可以隔离冲突域，交换机有 4 个端口连接了设备，所以这里有 4 个冲突域。

例2：如图 3.2 所示，1 台路由器连接 2 台交换机和 1 台集线器，每台交换机连接 3 台主机，1 台集线器连接 2 台主机，请问网络中有几个冲突域，几个广播域？

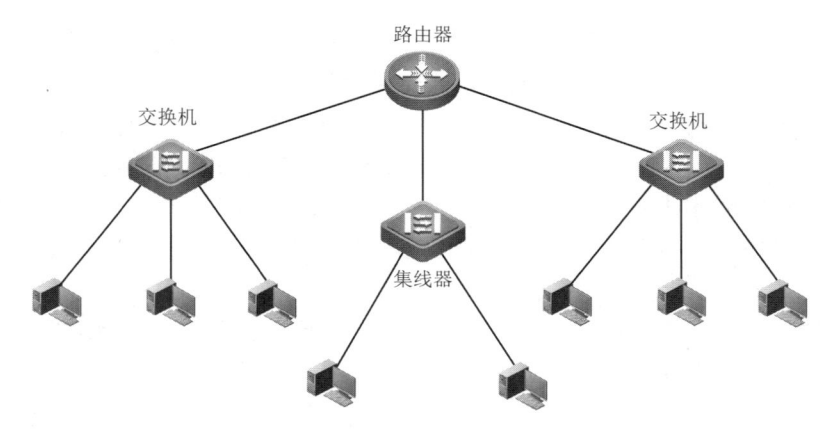

图 3.2 复杂网络中冲突域与广播域的划分

解析：因为路由器可以隔离广播域，路由器有 3 个端口连接了网络设备，所以有 3 个广播域；路由器和交换机都可以隔离冲突域，路由器有 3 个端口，交换机各有 3 个端口连接了主机，所以有 9 个冲突域。

【职业素养】

冲突域与六尺巷的故事

"千里来书只为墙，让他三尺又何妨。万里长城今犹在，不见当年秦始皇。"

这首让墙诗源于六尺巷这一段历史典故，清朝时在安徽桐城有一对著名的父子，两代为相，权势显赫，这就是张英、张廷玉。康熙年间，张英在朝廷担任文华殿大学士、礼部尚书。老家桐城的老宅与吴家为邻，两家府邸之间有个三尺空地，供双方来往交通使用，后来邻居吴家建房，要占用这个空地，张家不同意，双方将官司打到了县衙，县官考虑纠纷的双方都是官位显赫，名门望族，不敢轻易了断。在这期间，张家人写了一封信给张英，要求张英出面干涉此事。张英收到信件后，认为应该谦让邻里，于是给家里回信中写了开头的 4 句诗，家人阅罢，明白了其中意思，主动让出三尺空地。吴家见状，深受感动，也主动让出三尺房基地，这样就形成了一个六尺的巷子。两家礼让之举和张家不仗势欺人的做法被传为美谈。

六尺巷是一把人生的尺子，值得我们经常拿出来量一量，更是一种人生修养境地的隐喻，值得我们经常去走一走。常走六尺巷，修行正己，就会走出人生天地宽，走出人生的高天白云，走出无愧后人的历史评说。六尺巷谦和礼让、文明和谐、平等待人，作为一种美德，源远流长。

3.2.2 VLAN 的概念

VLAN 是将由多台支持 VLAN 功能交换机构成的内网在逻辑上划分为多个独立的网段，从而实现虚拟工作组的一种交换技术。

交换内网中主机的通信有时需要采用广播方式，如在主机启动后的网络参数初始化过程中需要通过广播方式获取本机 IP 参数，或者寻找目的主机 MAC 地址时都会采用广播方式发送数据。此外，不少网络病毒，如 ARP 病毒也会采用广播方式发送大量的垃圾数据。

广播方式是指一台主机同时向网段中的所有其他主机发送信息，会占用大量的资源。广播域是指广播能够到达的范围。集线器或交换机构成的内网，整个网络属于同一个广播域，集线器、网桥和交换机都会转发广播帧，因此任何一个广播帧或多播帧都将被广播到整个内网中的每台主机上。

在网络通信中，广播信息普遍存在，这些广播信息将占用大量的网络带宽，导致网络速度和通信效率下降，并额外增加了主机为处理广播信息所产生的负荷。当广播信息充斥网络且无法处理，并占用大量网络带宽时，将导致正常业务不能运行，甚至彻底瘫痪，这就发生了广播风暴。当一个内网的规模增大、所连主机数增大时，发生广播风暴的可能性会增大，且危害性会更大。交换网络中的广播域如图 3.3 所示。

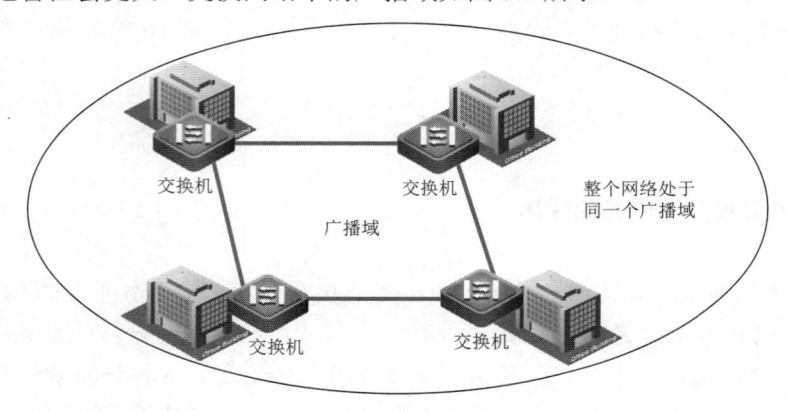

图 3.3　交换网络中的广播域

通过在交换机上划分 VLAN，可将一个大的内网划分成若干网段，一个 VLAN 就是一个网段，每个网段内所有主机间的通信和广播仅限于该 VLAN，广播帧不会被转发到其他网段，即一个 VLAN 就是一个广播域，VLAN 间是不能进行直接通信的，从而实现了对广播域的分割和隔离，控制了广播风暴的产生。交换机划分 VLAN 隔离广播域如图 3.4 所示。

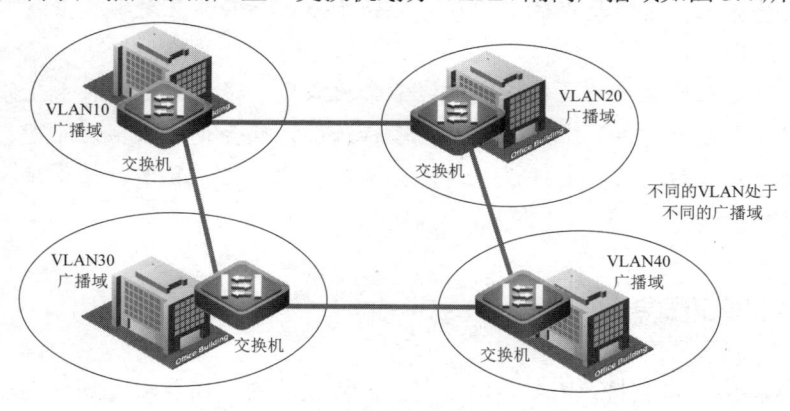

图 3.4　交换机划分 VLAN 隔离广播域

3.2.3　VLAN 的优点

（1）控制广播风暴：一个 VLAN 就是一个逻辑广播域，通过对 VLAN 的创建，隔离了广播域，缩小了广播范围，可以控制广播风暴的产生。

（2）提高网络整体安全性：通过 ACL 和 MAC 地址分配等 VLAN 划分原则，可以控制用户访问权限和逻辑网段大小，将不同用户划分在不同 VLAN 中，从而提高交换网络的整体性能和安全性。

（3）网络管理简单、直观：对于交换网络，如果对某些用户重新进行网段分配，则需要网络管理员对网络系统的物理结构重新进行调整，甚至需要追加网络设备，增大网络管理的工作量。而对于采用 VLAN 的网络，一个 VLAN 可以根据部门职能、对象组或应用将不同地理位置的网络用户划分为一个逻辑网段。在不改动网络物理连接的情况下，可以任意地将工作站在工作组或子网间移动。利用 VLAN，可以大大减轻网络管理和维护工作的负担，降低网络维护费用。

3.2.4　VLAN 的划分方法

（1）根据端口划分 VLAN。

根据端口划分 VLAN 是把一台或多台交换机上的几个端口划分为一个逻辑组，这是最简单、最有效的划分方法。该方法只需网络管理员对网络设备的交换端口进行重新分配，不用考虑该端口所连接的设备。默认状态下，所有端口都属于 VLAN 1。

（2）根据 MAC 地址划分 VLAN。

根据 MAC 地址划分 VLAN，即配置每个 MAC 地址的主机所属的组。优点是当用户物理位置移动，即从一台交换机移动到其他交换机时，VLAN 不用重新配置；缺点是初始化时，所有用户都必须进行配置，若有几百个甚至上千个用户，配置将十分困难。

（3）根据协议划分 VLAN。

根据协议划分 VLAN，如 IPv4 划分一个 VLAN，IPv6 划分一个 VLAN。优点是当用户物理位置移动，即从一台交换机移动到其他交换机时，VLAN 不用重新配置；缺点是效率低。

（4）根据 IP 子网划分 VLAN。

根据 IP 子网划分 VLAN。优点是当用户物理位置移动，即从一台交换机移动到其他交换机时，VLAN 不用重新配置；缺点是对交换芯片要求较高。

3.2.5　VLAN Trunk 的概念

微课：VLAN Trunk 的概念

通常在企业的实际应用中，不止使用一台交换机，而是由多台交换机共同作用，每台交换机上都划分 VLAN，而这些 VLAN 在多台交换机上可能是重复的，如图 3.5 所示，两台二层交换机分布在不同的楼层，交换机上划分有相同的 VLAN。

为了让连接在不同交换机上的相同 VLAN 的主机相互通信，就需要使用 VLAN Trunk。

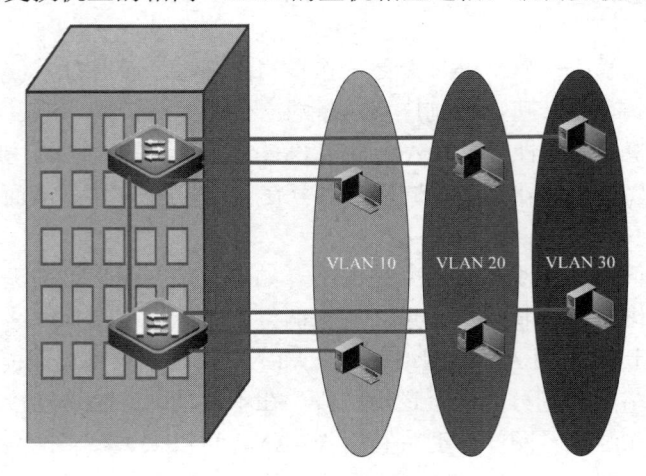

图 3.5　VLAN 的实际应用

VLAN Trunk 的作用是让连接在不同交换机上的相同 VLAN 的主机相互通信。交换机端口按用途分为 Access 端口和 Trunk 端口两种。

Access 端口通常用于连接客户 PC，以提供网络接入服务，该端口只属于某一个 VLAN，并且仅向该 VLAN 发送或接收数据帧。Trunk 端口通常用于交换机级联端口，它属于所有 VLAN，承载所有 VLAN 在交换机间的通信流量，如图 3.6 所示。

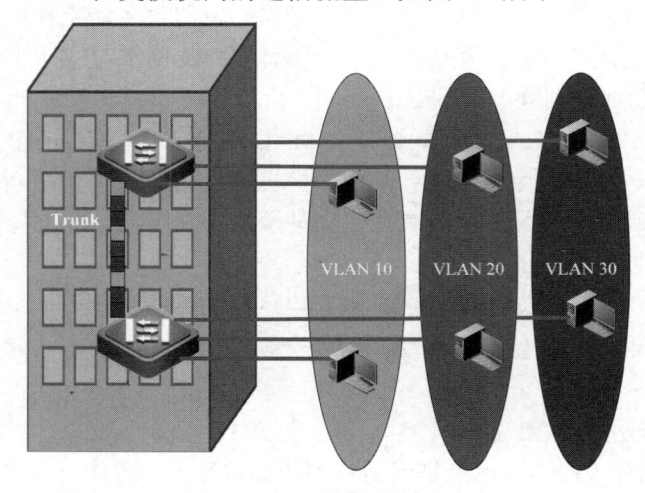

图 3.6　Trunk 端口

把两台交换机的级联端口设置为 Trunk，当交换机把数据帧从级联端口发出时，会在数据包中做一个标记（TAG），以使其他交换机识别该数据帧属于哪一个 VLAN。这样，其他交换机收到这样一个数据帧后，只会将该数据帧转发到标记中指定的 VLAN，从而完成跨越交换机的 VLAN 内部数据传输。

目前交换机支持的封装协议有 IEEE802.1Q 和 ISL（思科交换链路内协议）。其中 IEEE802.1Q 是经过 IEEE 认证的对数据帧附加 VLAN 识别信息的协议，属于国际标准协议，适用于各个厂商生产的交换机，简称 dot1q。

IEEE802.1Q 所附加的 VLAN 识别信息位于数据帧的"源 MAC 地址"和"类型域"之间，所添加的内容为 2 字节的 TPID 和 2 字节的 TCI，共计 4 字节。TPID 固定为 0x8100，交换机通过 TPID 来确定数据帧内附加了基于 IEEE802.1Q 的 VLAN 识别信息。而实质上的 VLAN ID 是 TCI 中的 12 位元。由于总共有 12 位，因此最多可供识别 4096 个 VLAN，其对数据帧的封装过程如图 3.7 所示。

以太网帧

目的MAC地址	源MAC地址	类型域	数据部分	CRC
6字节	6字节	2字节	46~1500字节	4字节

↓ IEEE802.1Q

IEEE802.1Q帧

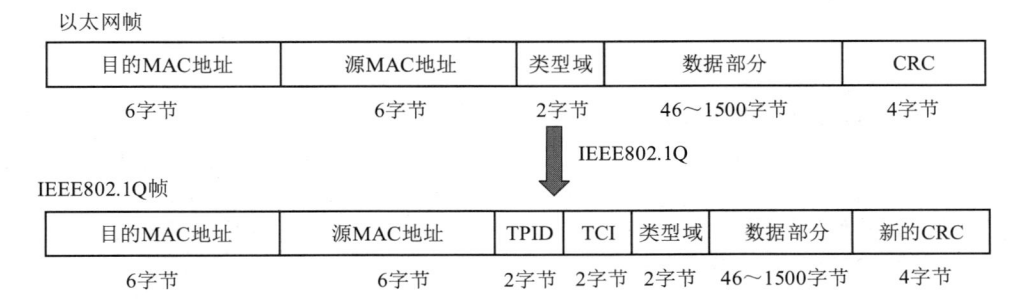

目的MAC地址	源MAC地址	TPID	TCI	类型域	数据部分	新的CRC
6字节	6字节	2字节	2字节	2字节	46~1500字节	4字节

图 3.7　IEEE802.1Q 对数据帧的封装过程

ISL 是思科系列交换机支持的一种与 IEEE802.1Q 类似的，用于在汇聚链路上附加 VLAN 识别信息的协议，可用于以太网和令牌环网。

ISL 对数据帧进行封装时，在数据帧的头部附加 26 字节的 ISL 包头（ISL Header），在数据帧的尾部带上对包括 ISL 包头在内的整个数据帧进行计算后得到的 4 字节的 CRC，即 ISL 保留数据帧原来的 CRC，附加一个新的 CRC，即封装时总共增加了 30 字节的信息。当数据帧离开汇聚链路时，ISL 只需简单地去除 ISL 包头和新的 CRC，由于数据帧原来的 CRC 被完整保留，因此无须重新计算。ISL 与 IEEE802.1Q 互不兼容，ISL 是思科独有的协议，只能用于思科网络设备之间的互联。

3.2.6　VLAN 的基本配置命令

1. 创建 VLAN 的命令

```
Switch(config)#vlan vlan-id
    // 输入一个 VLAN ID 并进入 VLAN 配置状态
Switch(config-vlan)#name vlan-name
    // 为 VLAN 取一个名字，这是一个可选命令
Switch(config-vlan)#end                        //返回特权模式
Switch#show vlan                               //查看 VLAN 配置信息
```

操作示例：创建一个 VLAN，其 VLAN ID 为 10，将它命名为 test。

```
Switch#configure terminal
Switch(config)#vlan 10                         //创建 VLAN 10
Switch(config-vlan)#name test                  //将 VLAN 10 命名为 test
Switch(config-vlan)#end                        //返回特权模式
Switch#show vlan                               //查看 VLAN 配置信息
```

微课：VLAN 的基本配置命令

2. 删除 VLAN 的命令

```
Switch(config)#no vlan vlan-id                    //删除 VLAN
Switch(config)#end                                //返回特权模式
Switch#show vlan                                  //查看 VLAN 配置信息
```

操作示例：删除上一个示例所创建的 VLAN 10。

```
Switch#configure terminal                         //从特权模式进入全局配置模式
Switch(config)#no vlan 10                         //删除 VLAN 10
Switch(config)#end
Switch#show vlan
```

3. 将端口加入 VLAN 的命令

```
Switch#configure terminal                         //从特权模式进入全局配置模式
Switch(config)#interface type number              //进入相应的端口配置模式
Switch(config-if)#switchport mode access          //将端口设置为 Access
Switch(config-if)#switchport access vlan vlan-id  //将端口加入 VLAN
Switch(config-if)#end                             //返回特权模式
Switch#show vlan                                  //查看 VLAN 配置信息
```

操作示例：将交换机 F0/10 端口加入 VLAN 10。

```
Switch#configure terminal
Switch(config)#interface  f0/10                   //进入 F0/10 端口配置模式
Switch(config-if)#switchport mode access          //将端口设置为 Access
Switch(config-if)#switchport access vlan 10       //将端口加入 VLAN
Switch(config-if)#end                             //返回特权模式
Switch#show vlan                                  //查看 VLAN 配置信息
```

4. 将端口设置为 Trunk 的命令

```
Switch#configure terminal                         //从特权模式进入全局配置模式
Switch(config)#interface type number              //进入相应的端口配置模式
Switch(config-if)#switchport mode trunk           //将端口设置为 Trunk
Switch(config-if)#end                             //返回特权模式
```

操作示例：两台交换机划分有多个 VLAN，使用 F0/24 端口相连，请将 F0/24 端口设置为 Trunk。

```
Switch#configure terminal
Switch(config)#interface f0/24                    //进入 F0/24 端口配置模式
Switch(config-if)#switchport mode trunk           //将端口设置为 Trunk
Switch(config-if)#end
```

3.3 项目实施

微课：网络广播风暴隔离与控制任务示例

若你是公司的网络管理员，公司有两幢办公楼，每幢办公楼中都有一台可设置的交换机，第一幢办公楼中的交换机为 SwitchA，第二幢办公楼中的交换机为 SwitchB。公司现有两个主要部门：经理部和人事部，经理部位于第一幢办公楼，人事部分散在两幢办公楼中。经理部的主机 PC1 连接在 SwitchA 的 F0/10 端口并属于 VLAN 10，人事部的主机 PC2 和 PC3 分别连接在 SwitchA 的 F0/20 端口和 SwitchB 的 F0/20 端口，属于 VLAN 20，两台交换机使用 F0/24 端口相连。公司领导要求人事部的主机 PC2 和 PC3 能够相互通信，经理部的主机 PC1 不能与人事部的主机 PC2 和 PC3 相互通信，请你在交换机上做适当配置来满足上述要求。公司网络拓扑结构图和 IP 地址规划表如图 3.8 和表 3.1 所示。

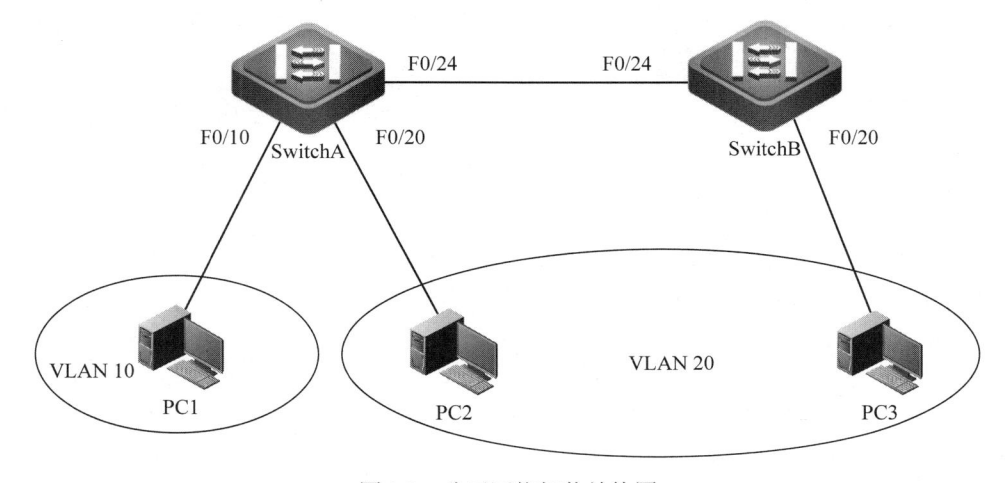

图 3.8　公司网络拓扑结构图

表 3.1　IP 地址规划表

设备名称	IP 地址	子网掩码	端口	VLAN ID
PC1	192.168.10.10	255.255.255.0	SwitchA F0/10	VLAN 10
PC2	192.168.10.20	255.255.255.0	SwitchA F0/20	VLAN 20
PC3	192.168.10.30	255.255.255.0	SwitchB F0/20	VLAN 20

任务目标

1．在多台交换机上创建 VLAN。
2．将端口加入相应的 VLAN。
3．将两台交换机间相连的端口设置为 Trunk。
4．在多台交换机上进行配置，实现相同 VLAN 的主机能够相互通信。

具体实施步骤

步骤 1：在 SwitchA 上创建 VLAN 10，将 F0/10 端口加入 VLAN 10。

```
Switch#configure terminal
Switch(config)#hostname SwitchA
SwitchA(config)#vlan 10
SwitchA(config-vlan)#exit
SwitchA(config)#interface fastethernet 0/10
```

```
SwitchA(config-if)#switchport mode access
SwitchA(config-if)#switchport access vlan 10
SwitchA(config-if)#end
```

验证测试：验证已创建了 VLAN 10，并将 F0/10 端口加入 VLAN 10。

```
SwitchA#show vlan id 10
VLAN    Name                    Status      Ports
-------------------------------------------------------------------------
10      VLAN0010                active      Fa0/10
```

步骤 2：在 **SwitchA** 上创建 **VLAN 20**，将 **F0/20** 端口加入 **VLAN 20**。

```
SwitchA#configure terminal
SwitchA(config)#vlan 20
SwitchA(config-vlan)#exit
SwitchA(config)#interface fastethernet 0/20
SwitchA(config-if)#switchport mode access
SwitchA(config-if)#switchport access vlan 20
SwitchA(config-if)#end
```

验证测试：验证已创建了 VLAN 20，并将 F0/20 端口加入 VLAN 20。

```
SwitchA#show vlan
VLAN    Name                    Status      Ports
-------------------------------------------------------------------------
1       default                 active      Fa0/1 ,Fa0/2 ,Fa0/3
                                            Fa0/4 ,Fa0/5 ,Fa0/6
                                            Fa0/7 ,Fa0/8 ,Fa0/9
                                            Fa0/11,Fa0/12,Fa0/13
                                            Fa0/14,Fa0/15,Fa0/16
                                            Fa0/17,Fa0/18,Fa0/19
                                            Fa0/21,Fa0/22,Fa0/23
                                            Fa0/24
10      VLAN0010                active      Fa0/10
20      VLAN0020                active      Fa0/20
```

步骤 3：将 **SwitchA** 与 **SwitchB** 相连的 **F0/24** 端口设置为 **Trunk**。

```
SwitchA (config)#interface fastethernet 0/24
SwitchA (config-if)#switchport mode trunk
SwitchA (config-if)#end
```

验证测试：验证 F0/24 端口已被设置为 Trunk。

```
SwitchA #show interfaces fastEthernet 0/24 switchport
Interface   Switchport   Mode    Access   Native    Protected   VLAN lists
-------------------------------------------------------------------------
Fa0/24      Enabled      Trunk      1        1      Disabled    All
```

步骤 4：在 **SwitchB** 上创建 **VLAN 20**，将 **F0/20** 端口加入 **VLAN 20**。

```
Switch#configure terminal
Switch (config)#hostname SwitchB
SwitchB (config) #vlan 20
```

```
SwitchB (config-vlan)#exit
SwitchB (config)#interface fastethernet 0/20
SwitchB (config-if)#switchport mode access
SwitchB (config-if)#switchport access vlan 20
SwitchB (config-if)#end
```

验证测试：验证已创建了 VLAN 20，并将 F0/20 端口加入 VLAN 20。

```
SwitchB #show vlan id 20
VLAN    Name                    Status    Ports
------------------------------------------------------------
20      VLAN0020                active    Fa0/20
```

步骤 5：将 SwitchB 与 Switch A 相连的 **F0/24** 端口设置为 **Trunk**。

```
SwitchB#configure terminal
SwitchB(config)#interface fastethernet 0/24
SwitchB(config-if) #switchport mode trunk
SwitchB(config-if)#end
```

验证测试：验证 F0/24 端口已被设置为 Trunk。

```
SwitchB #show interfaces fastEthernet0/24 switchport
Interface  Switchport  Mode   Access  Native  Protected  VLAN lists
----------------------------------------------------------------------
Fa0/24     Enabled     Trunk   1       1      Disabled   All
```

步骤 6：验证 **PC2** 与 **PC3** 能够相互通信，但 **PC1** 与 **PC3** 不能够相互通信。

```
C:\>ping 192.168.10.30          //在 PC2 的命令行方式下验证能 ping 通 PC3
Pinging 192.168.10.30 with 32 bytes of data;
Reply from 192.168.10.30: bytes=32 time<10ms TTL=128
Reply from 192.168.10.30: bytes=32 time<10ms TTL=128
Reply from 192.168.10.30: bytes=32 time<10ms TTL=128
Reply from 192.168.10.30: bytes=32 time<10ms TTL=128
```

验证结果显示 PC2 与 PC3 能够相互通信，即相同 VLAN 间能够相互通信。

```
C:\>ping 192.168.10.30          //在 PC1 的命令行方式下验证不能 ping 通 PC3
Pinging 192.168.10.30 with 32 bytes of data;
Request timed out.
Request timed out.
Request timed out.
Request timed out.
```

验证结果显示 PC1 与 PC3 不能够相互通信，即不同 VLAN 间不能够相互通信。

注意事项

1. VLAN 可以不设置名称，如果设置了名称，则相同 VLAN 的名称必须相同。
2. 两台交换机间相连的端口应该设置为 Trunk。
3. Trunk 端口在默认情况下支持所有 VLAN 的传输。

3.4 项目拓展

如图 3.9 所示，某学校有三幢办公楼，每幢办公楼中都有一台可设置的交换机 SW1、SW2 和 SW3。SW1 和 SW2 分别连接了 PC1 和 PC2，SW3 连接了 PC3 和 PC4。其中，PC1 和 PC3 属于 VLAN 10，PC2 和 PC4 属于 VLAN 20。请你在交换机上做适当配置来实现相同 VLAN 的主机能够相互通信，不同 VLAN 的主机不能够相互通信。

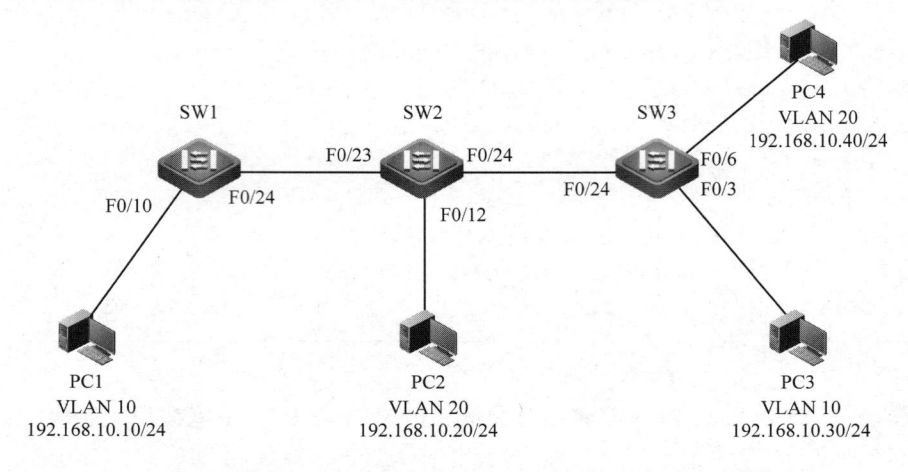

图 3.9　多台交换机实现相同 VLAN 的主机能够相互通信

3.5 项目小结

VLAN 是一个逻辑上的概念，可以把连接在不同交换机上的主机根据功能等组织成新的网段，相同 VLAN 的主机属于同一个广播域，不同 VLAN 的主机属于不同广播域。通过将一个大的内网划分为多个小的 VLAN，从而控制内网中的广播问题。在交换机间连接 VLAN 需要使用 VLAN Trunk，VLAN Trunk 采用帧标记技术，实现了在单一链路上传送不同 VLAN 的数据帧，大大提高了链路的利用率。

3.6 思考与练习

（一）选择题

1. 网络中的某一设备同时向所有其他设备发送数据，这个数据所能广播到的范围为（　　）。

A．冲突域 B．广播域
C．组播 D．以上都不是
2．创建一个 VLAN 20 的命令是（　　）。
A．vlan 20 B．int vlan 20
C．out vlan 20 D．exit vlan 20
3．查看 VLAN 配置的命令是（　　）。
A．show vlan B．display vlan
C．play vlan D．no vlan
4．Switch# configure terminal 是（　　）的命令。
A．从特权模式进入全局配置模式
B．端口加入 VLAN
C．将端口设置为 Access
D．返回特权模式
5．如何将端口设置为 Access？（　　）
A．mode access B．switchport access
C．switchport mode access D．access
6．如何将端口加入 VLAN 10？（　　）
A．switchport access vlan 10 B．switchport vlan 10
C．vlan 10 D．vlan10
7．在思科模拟器中，PC 与交换机间要用（　　）线相连。
A．直通线 B．交叉线 C．配置线 D．光纤
8．用下面哪个命令可以同时查看 IP/MAC 地址？（　　）
A．ipconfig B．ipconfig/all C．ip D．configip

（二）填空题

1．交换机根据_____地址转发数据帧。
2．交换机可以划分_____域，VLAN 可以划分_____域。
3．在默认状态下，所有端口都属于_____。
4．连接在不同交换机上，属于同一个 VLAN 的数据帧需要通过_____链路传输。

（三）问答题

1．什么情况下需要划分 VLAN？

2. 在网络中使用 VLAN 有哪些优点？

3. 简述数据帧通过中继链路的变化过程。

项目 4

单臂路由器实现 VLAN 间的通信

学习目标

知识目标

- 了解 VLAN 间的通信原理。
- 理解路由器子接口的概念。
- 理解单臂路由器的工作原理。

能力目标

- 了解 VLAN 间的通信原理。
- 理解路由器子接口的概念。
- 理解单臂路由器的工作原理。

素质目标

- 培养学生良好的学习态度和学习习惯。
- 培养学生的团队合作精神和精益求精的专业精神。
- 通过"安全漏洞和数据泄露"的思政案例，培养学生的信息安全意识、法律法规意识、技术伦理和社会责任感。

4.1 项目背景

某公司现有行政部、财务部、人事部、物流部等部门,各部门的主机通过多台交换机连接组成了公司内网。为了提高网络的安全性,减少广播风暴对网络的不利影响,要求网络管理员将内网划分为多个 VLAN,使得相同 VLAN 间的主机可以相互通信、不同 VLAN 间的主机不能够相互通信。同时,随着公司业务的发展,要求各个部门的主机都能够相互通信。要实现不同 VLAN 间的通信,需要使用三层网络设备(单臂路由器或三层交换机)。

本项目内容是通过对单臂路由器进行配置,实现不同 VLAN 间的主机能够相互通信。

教学导航

知识重点	1. VLAN 间的通信原理。 2. 路由器子接口的概念。 3. 单臂路由器的工作原理
知识难点	1. 单臂路由器的工作原理。 2. 路由器子接口的配置方法。 3. 学会在路由器上进行合理配置实现 VLAN 间的通信
推荐教学方式	1. 教师通过知识点讲解,使学生了解 VLAN 间的通信原理、路由器子接口的概念及单臂路由器的工作原理。 2. 教师通过课堂操作,演示单臂路由器实现 VLAN 间通信的配置方法。 3. 学生通过动手实践项目案例和项目拓展,掌握路由器子接口的划分、路由器子接口的封装、单臂路由器的配置实现 VLAN 间的通信等。 4. 采用任务驱动、自主学习、小组探究学习等多种教学方法,让学生通过观察、思考、交流,提高其动手操作能力和团队协作能力
建议学时	4 学时

4.2 项目相关知识

要实现"不同 VLAN 间的主机能够相互通信",需要使用三层网络设备(单臂路由器或三层交换机),本项目利用单臂路由器划分子接口来实现不同 VLAN 间的通信。为了便于掌握和理解具体的配置操作步骤,需要了解 VLAN 间的通信原理、路由器子接口的概念、单臂路由器的工作原理、路由器子接口的配置方法、单臂路由器的配置命令等知识。

4.2.1 VLAN 间的通信原理

通过前一个项目的学习,我们已经知道连接在不同交换机上的两台计算机,只要它们属于相同的 VLAN 就能够相互通信,但是如果两台计算机不属于同一个 VLAN,即使是连接在同一台交换机上也不能够相互通信。要使不同 VLAN 间的主机能够相互通信，必须为 VLAN 指定路由，这可以通过配置单臂路由器或三层交换机来实现。

不同 VLAN 间的主机不能够相互通信是因为在内网中的通信必须在数据帧头中指定通信目标的 MAC 地址，而为了获取 MAC 地址，需要使用 TCP/IP 协议中的地址解析协议（ARP），ARP 通过广播解析 MAC 地址。也就是说，如果广播报文无法到达，就无法解析 MAC 地址，即不能直接通信。

一个 VLAN 就是一个独立的广播域，不同 VLAN 属于不同的广播域。为了能够在不同 VLAN 间通信，需要利用 OSI 参考模型的网络层的信息（IP 地址），在两个广播域之间架起桥梁，为 VLAN 间的通信建立路由通道，最终实现 VLAN 间的通信。

4.2.2　单臂路由器的工作原理

路由器工作在 OSI 参考模型的网络层，其基本功能是路径选择和将数据包从一个网段转发到另一个网段。如图 4.1 所示，路由器配置端口 IP 地址，主机 PC1 和 PC2 配置 IP 地址和网关，不需要做其他路由配置，PC1 和 PC2 就可以相互通信，这就是利用了路由器的数据包转发功能。

图 4.1　路由器的数据包转发功能

利用路由器的数据包转发功能，可以为每个 VLAN 配置网关，网关为路由器端口的 IP 地址，这样就可以实现 VLAN 间的路由。如图 4.2 所示，路由器 F0/1 端口的 IP 地址为 VLAN 10 的网关，F0/2 端口的 IP 地址为 VLAN 20 的网关，F0/3 端口的 IP 地址为 VLAN 30 的网关，利用路由器的数据包转发功能，VLAN 10、VLAN 20 和 VLAN 30 中的主机能够相互通信。

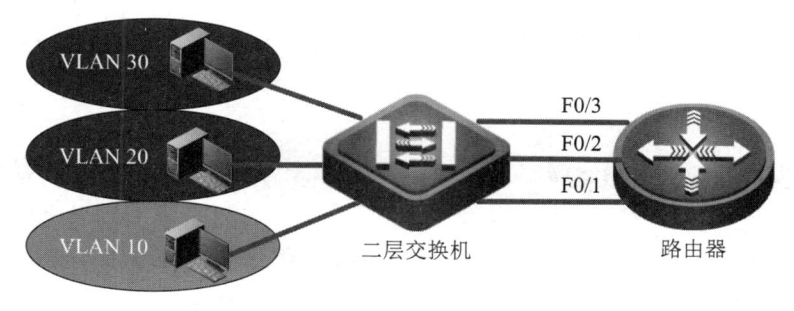

图 4.2　路由器实现不同 VLAN 间的通信

传统路由器的一个物理端口只能作为一个 VLAN 的网关。如果需要连接多个 VLAN，就必须有多个物理端口。若二层交换机连接了 10 个不同的 VLAN，则路由器需要有 10 个物理端口进行连接。显然这是不可行的，因为路由器的物理端口并不多，这就产生了"在一个物理端口下划分多个逻辑子接口，每个逻辑子接口作为 VLAN 的网关"的方法。这种方法实现了一个物理端口连接多个 VLAN 的网络结构。单臂路由器实现不同 VLAN 间的通信如图 4.3 所示。

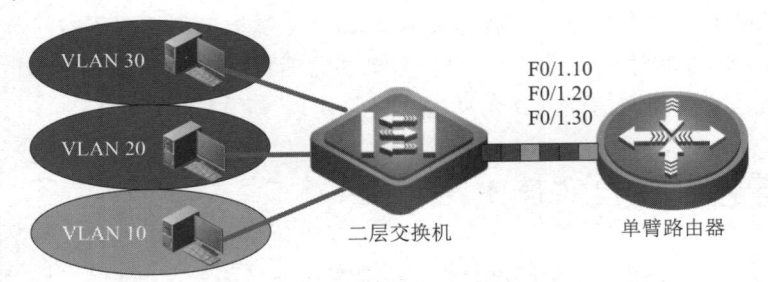

图 4.3 单臂路由器实现不同 VLAN 间的通信

如图 4.4 所示，路由器的物理端口可以划分多个子接口。子接口是基于软件的虚拟接口，为每个子接口配置 IP 地址和子网掩码，并封装相应的 VLAN 编号，这个 IP 地址就成为该 VLAN 的默认网关。单臂路由器可以从一个 VLAN 接收数据包并且将这个数据包转发到另外的 VLAN 中。各子接口的数据在物理链路上传输时要进行标记封装（IEEE802.1q 或 ISL）。

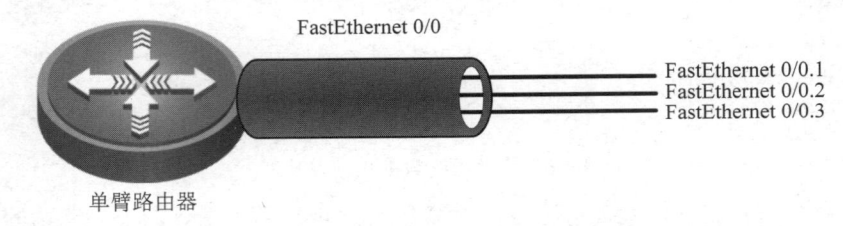

图 4.4 单臂路由器的子接口

使用单臂路由器的缺点是非常消耗路由器 CPU 与内存的资源，在一定程度上影响了网络数据包传输的效率。单臂路由器仅仅是对现有网络升级时采取的一种策略，当在公司网络中划分了 VLAN，不同 VLAN 间有部分主机需要通信，但接入交换机使用的是二层交换机时，可使用单臂路由器实现 VLAN 间的通信。

【网络安全】

安全漏洞和数据泄露

从互联网时代兴起至今，人们的生活方式发生了很大的变化，很多服务只需通过一个账户就能轻松享受，尤其是在当前几乎所有网络服务的账号都必须在绑定手机号甚至更多隐私信息的情况下才能使用，这些数据信息的价值大幅提升，成为攻击者眼中的"肥肉"，因此我们也看到数据泄露事件时有发生。

雅虎数据泄露事件发生在 2013 年，当时黑客攻击导致约 30 亿个账号信息被盗，这些账号信息包括用户姓名、密码、电子邮箱、电话、地址、出生日期等数据，该数据占据了全球 80%的网民用户数据，大半个世界都面临着数据安全威胁，堪称史上最大的安全漏洞案。但当时雅虎的安全团队并没有发现这个漏洞。直到 2016 年，雅虎才披露数据被盗的消息，此案给雅虎造成了巨大震荡。本来能以 48.3 亿美元被美国运营商 Verizon（威瑞森）收购的雅虎，不得不将出售价格降低 3.5 亿美元，以弥补其品牌受损及此次泄漏事件可能带来的其他潜在成本。

雅虎数据泄露事件的影响十分广泛，首先是对个人隐私的巨大风险。大规模数据泄露使得数以亿计的用户面临隐私泄露的风险，增加了身份盗用和金融诈骗的可能性。其次企业和政府机构的安全性受到了质疑，这将影响用户对这些机构的信任度。此外，数据泄露可能导致相关机构面临巨额罚款、法律诉讼及声誉损失，进而影响经济活动。

数据泄露事件提醒人们加强个人和组织层面的信息安全防护措施的重要性。个人应当采取更为严格的密码管理策略、使用双因素认证等方式保护自己的账户安全。企业则需要构建更加坚固的网络安全防御体系，定期进行安全审计和漏洞扫描，以确保数据安全，时刻保持高度的警觉和防范意识。

4.2.3 单臂路由器的基本配置命令

1. 开启路由器物理端口

```
Router>enable                          //从用户模式进入特权模式
Router#config terminal                 //从特权模式进入全局配置模式
Router(config)# interface slot-number/inter-number
  //进入端口配置模式，slot-number 代表插槽号，inter-number 代表端口号
Router(config-if)#no shutdown          //开启接口，默认情况下端口是关闭的
Router(config-if)#exit                 //返回全局配置模式
```

操作示例：开启路由器 0/0 端口。

```
Router>enable
Router#config terminal
Router(config)# interface f 0/0        //进入F0/0 端口配置模式
Router(config-if)#no shutdown          //开启端口
```

2. 创建子接口并设置封装类型和 IP 地址

```
Router(config)#inter slot-number/interface-number.subinterface-number
  //创建路由器子接口，并进入子接口配置模式，slot-numbero 代表插槽号，interface-number.subinterface-number 代表子接口序号
Router(config-subif)#encapsulation dot1q vlan-id
  //封装模式为 IEEE802.1q，TAG 为 VLAN ID
Router(config-subif)#ip address ip-address netmask
  //为子接口配置 IP 地址与子网掩码
Router(config-subif)#end               //从子接口配置模式直接返回特权模式
Router# show ip interface brief        //查看 IP 地址配置信息
```

操作示例：在路由器上创建 F0/0.10 子接口，子接口的封装格式为 802.1q，作为 VLAN 10 的网关，设置 F0/0.10 子接口的 IP 地址为 192.168.10.254，子网掩码为 255.255.255.0。

```
Router>enable                                 //进入特权模式
Router#config t                               //进入全局配置模式
Router(config)# int f0/0                      //进入 F0/0 端口配置模式
Router(config-if)#no shutdown                 //开启端口
Router(config-if)#exit
Router(config)# interface f0/0.10             //进入 F0/0.10 子接口配置模式
Router(config-subif)# encapsulation dot1q 10
                                              //封装模式为 IEEE802.1q，TAG 为 10
Router(config-subif)#ip address 192.168.10.254 255.255.255.0
//为子接口配置 IP 地址和子网掩码，该 IP 地址为 VLAN 10 的网关
Router(config-subif)#end                      //返回全局配置模式
Router# show ip interface brief               //查看 IP 地址配置信息
```

4.3 项目实施

微课：单臂路由器实现 VLAN 间通信任务示例

公司现有行政部和员工部两个主要部门。在公司网络中，PC1 属于行政部的主机，连接在二层交换机的 F0/1 端口上，PC2 属于员工部的主机，连接在二层交换机的 F0/2 端口上，公司有一台单臂路由器可以使用。

为了安全和便于管理，要求按照部门划分 VLAN，行政部的 PC1 属于 VLAN 10，员工部的 PC2 属于 VLAN 20。根据公司管理的需要，要求行政部和员工部的主机能够相互通信。若你是公司的网络管理员，请你在二层交换机和单臂路由器上做适当配置来满足上述要求。公司网络拓扑结构图与 IP 地址规划表如图 4.5 和表 4.1 所示。

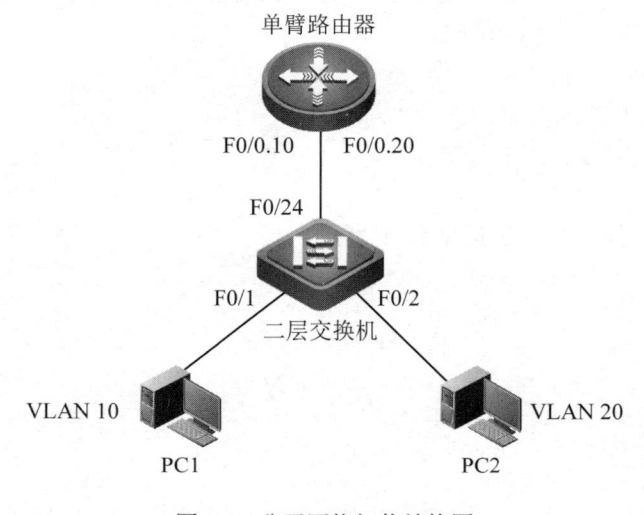

图 4.5 公司网络拓扑结构图

表 4.1　IP 地址规划表

设备名称	IP 地址	子网掩码	VLAN ID	网关
PC1	192.168.10.10	255.255.255.0	VLAN 10	192.168.10.1
PC2	192.168.20.20	255.255.255.0	VLAN 20	192.168.20.1
单臂路由器 F0/0.10	192.168.10.1	255.255.255.0		
单臂路由器 F0/0.20	192.168.20.1	255.255.255.0		

➡ 任务目标

1．在二层交换机上创建 VLAN，并将端口加入 VLAN。
2．将二层交换机连接路由器的端口设置为 Trunk。
3．在路由器的物理端口上划分子接口。
4．实现路由器子接口封装。
5．在路由器上配置单臂路由，实现 VLAN 间的通信。

➡ 具体实施步骤

步骤 1：在二层交换机上创建 VLAN 10 和 VLAN 20。

```
Switch>enable
Switch#config terminal
Switch (config)# vlan 10                //创建 VLAN 10
Switch (config-vlan)#exit
Switch (config)# vlan 20                //创建 VLAN 20
Switch (config-vlan)#exit
```

步骤 2：将 F0/1 端口加入 VLAN 10，F0/2 端口加入 VLAN 20。

```
Switch (config)#interface fastethernet 0/1    //进入 F0/1 端口配置模式
Switch (config-if)#switchport access vlan 10  //将 F0/1 端口加入 VLAN10
Switch (config-if)#exit
Switch (config)#interface fastethernet 0/2    //进入 F0/2 端口配置模式
Switch (config-if)#switchport access vlan 20  //将 F0/2 端口加入 VLAN20
Switch (config-if)#exit
```

步骤 3：将 F0/24 端口设置为 Trunk。

```
Switch (config)#interface fastethernet 0/24   //进入 F0/24 端口配置模式
Switch (config-if)#switchport mode trunk      //将 F0/24 端口设置为 Trunk
Switch (config-if)#end
Switch #show vlan                             //查看 VLAN 配置信息
VLAN  Name                    Status          Ports
---------------------------------------------------------------------
 1    default                 active          Fa0/3 ,Fa0/4 ,Fa0/5
                                              Fa0/6 ,Fa0/7 ,Fa0/8
                                              Fa0/9 ,Fa0/10,Fa0/11
                                              Fa0/12,Fa0/13,Fa0/14
                                              Fa0/15,Fa0/16,Fa0/17
                                              Fa0/18,Fa0/19,Fa0/20
                                              Fa0/21,Fa0/22,Fa0/23
```

```
                                            Fa0/24
  10    VLAN0010                 active     Fa0/1 ,Fa0/24
  20    VLAN0020                 active     Fa0/2 ,Fa0/24
Switch #show interface fastethernet 0/24 switchport   //查看F0/24端口状态
Interface  Switchport  Mode    Access  Native  Protected  VLAN lists
---------- ---------- -------- ------- ------- ---------- ----------------------
 Fa0/24     Enabled    Trunk     1       1      Disabled    All
```

步骤4：在路由器上配置F0/0端口的子接口。

```
Router>enable
Router#config t
Router(config)#interface fastEthernet 0/0     //进入F0/0端口配置模式
Router(config-if)#no shutdown                 //激活路由器F0/0端口
Router(config-if)#exit
Router(config)#int fastEthernet 0/0.10        //进入F0/0.10子接口配置模式
Router(config-subif)#encapsulation dot1q 10
//子接口封装模式为IEEE802.1q, TAG为10
Router(config-subif)#ip address 192.168.10.1 255.255.255.0
//为F0/0.10子接口配置IP地址与子网掩码
Router(config-subif)#exit
Router(config)#int fastEthernet 0/0.20        //进入F0/0.20子接口配置模式
Router(config-subif)#encapsulation dot1q 20
//子接口封装模式为IEEE802.1q, TAG为20
Router(config-subif)#ip address 192.168.20.1 255.255.255.0
//为F0/0.20子接口配置IP地址与子网掩码
Router(config-subif)#end                      //直接返回特权模式
Router#show ip interface brief                //查看端口IP地址配置信息
Interface                IP-Address(Pri)       OK?      Status
Serial 3/0               no address            YES      DOWN
FastEthernet 0/0.20      192.168.20.1/24       YES      UP
FastEthernet 0/0.10      192.168.10.1/24       YES      UP
FastEthernet 0/0         no address            YES      DOWN
FastEthernet 0/1         no address            YES      DOWN
```

步骤5：分别在PC1和PC2上设置IP地址、子网掩码、默认网关等网络参数（见图4.6和图4.7）。

步骤6：测试VLAN间的路由，PC1和PC2是否能够相互通信。

```
C:\ >ping 192.168.20.20      //在PC1的命令行方式下验证能ping通PC2
Pinging 192.168.20.20 with 32 bytes of data:
Reply from 192.168.20.20: bytes=32 time<1ms TTL=63
Reply from 192.168.20.20: bytes=32 time<1ms TTL=63
Reply from 192.168.20.20: bytes=32 time<1ms TTL=63
Reply from 192.168.20.20: bytes=32 time<1ms TTL=63
Ping statistics for 192.168.20.20:
Packets: Sent = 4, Received = 4, Lost = 0 (0% loss),
Approximate round trip times in milli-seconds:
   Minimum = 0ms, Maximum = 0ms, Average = 0ms
```

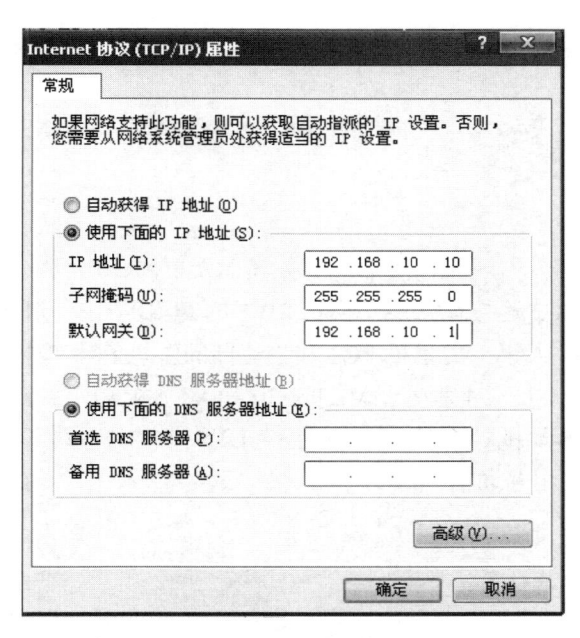

图 4.6 PC1 的网络参数设置

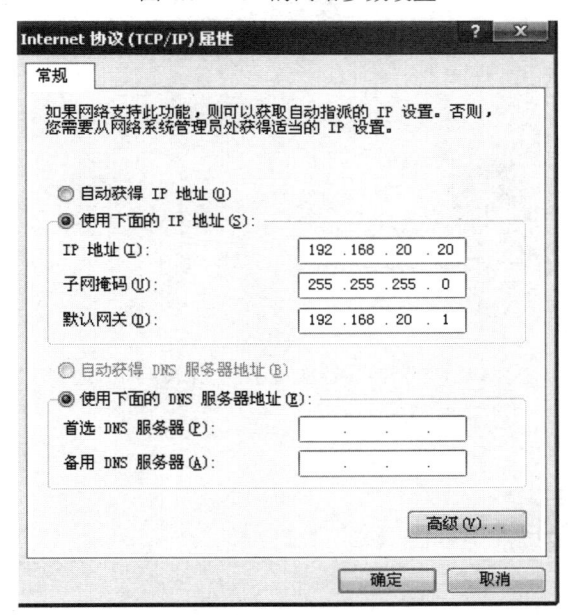

图 4.7 PC2 的网络参数设置

验证结果显示，不同 VLAN 间的主机 PC1 和 PC2 能够相互通信。

注意事项

1．二层交换机连接路由器的端口要设置为 Trunk。
2．路由器子接口封装中的 VLAN ID 必须和交换机上划分的 VLAN ID 相对应。
3．各个 VLAN 内主机的默认网关要和路由器上的子接口 IP 地址相对应。

4.4 项目拓展

如图 4.8 所示，某公司现有行政部、财务部、人事部、物流部等部门，行政部的主机 PC1 和财务部的主机 PC2 连接在二层交换机 SW1 的 F0/10 端口和 F0/20 端口上，分别属于 VLAN 10 和 VLAN 20，人事部的主机 PC3 和物流部的主机 PC4 连接在二层交换机 SW2 的 F0/10 端口和 F0/20 端口上，分别属于 VLAN 30 和 VLAN 40，单臂路由器连接了 SW1 和 SW2。请你在单臂路由器和二层交换机上做适当配置来实现不同 VLAN 间的主机 PC1、PC2、PC3 和 PC4 能够相互通信。

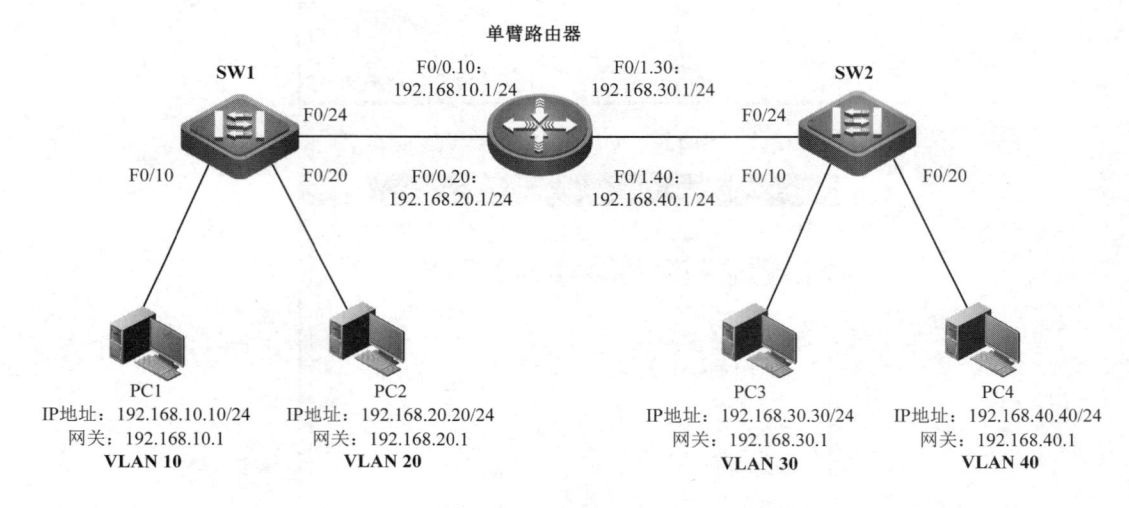

图 4.8 单臂路由器实现不同 VLAN 间的通信

4.5 项目小结

使用单臂路由器可以实现不同 VLAN 间的通信。传统路由器端口连接 VLAN 时，需要为每个 VLAN 单独连接一个路由，将大量消耗路由器端口，且实施起来不够灵活。单臂路由是先在物理以太网端口上划分多个逻辑子接口，再对逻辑子接口进行封装来实现不同 VLAN 间的通信。单臂路由器的优点是一个物理端口可以实现多个 VLAN 间的路由。缺点是不够灵活，一个端口实现多个 VLAN 间的通信，速度较慢，很容易变成网络瓶颈。

4.6 思考与练习

（一）选择题

1．下列关于 VLAN 的说法正确的是？（　　）
    A．在二层交换机上配置 VLAN，每个 VLAN 都可以使用不同的物理链路连接到路由器的一个端口上
    B．在一个物理端口下划分多个逻辑子接口，每个逻辑子接口都可以收到多个 VLAN 的数据
    C．一个 VLAN 就是一个独立的广播域
    D．一个 VLAN 就是一个公共的广播域
2．Router(config)# interface slot-number/interface-number 命令为（　　）。
    A．开启路由器物理端口
    B．进入端口配置模式
    C．从用户模式进入特权模式
    D．返回全局配置模式
3．下列不是路由器的优势的是（　　）。
    A．数据交换　　　　　　　　B．最佳路径交换
    C．负载分担　　　　　　　　D．链路分担
4．路由器转发采用什么方式？（　　）
    A．最长匹配方式，转发效率低
    B．最短匹配方式，转发效率高
    C．最长匹配方式，转发效率高
    D．最短匹配方式，转发效率低

（二）填空题

1．不同 VLAN 间的主机可以通过_____、_____设备实现通信。
2．路由器子接口的封装模式有_____和_____。
3．在有 6 个 VLAN 的网络中，使用单臂路由器实现 VLAN 间的通信时，需要_____个物理端口。

项目5

三层交换机实现 VLAN 间的通信

学习目标

知识目标

- 了解三层交换的概念。
- 了解交换机虚拟接口的概念。
- 理解三层交换机的工作原理。
- 理解三层交换机与路由器的区别。

能力目标

- 掌握三层交换机的基本配置命令。
- 掌握三层交换机虚拟接口的配置方法。
- 学会在三层交换机上进行合理配置实现 VLAN 间的通信。

素质目标

- 培养学生良好的学习态度和学习习惯。
- 培养学生的团队合作精神和精益求精的专业精神。
- 通过"数据交换与'最多跑一次'改革"的思政案例,引导学生关注技术创新在社会发展中的作用,培养学生的创新精神和社会责任感。

项目5　三层交换机实现 VLAN 间的通信

5.1　项目背景

某公司现有行政部、财务部、人事部、物流部等部门，各部门的主机通过多台交换机连接组成了公司内网。为了提高网络的安全性，减少广播风暴对网络的不利影响，要求网络管理员将内网划分为多个 VLAN，使得相同 VLAN 间的主机能够相互通信、不同 VLAN 间的主机不能够相互通信。同时，随着公司业务的发展，要求各部门的主机都能够相互通信。要实现不同 VLAN 间的通信，需要使用三层网络设备（单臂路由器或三层交换机）。

本项目内容是通过对三层交换机进行配置，实现不同 VLAN 间的主机能够相互通信。

教学导航

知识重点	1. 三层交换的概念。 2. 交换机虚拟接口的概念。 3. 三层交换机的工作原理
知识难点	1. 三层交换机与路由器的区别。 2. 交换机虚拟接口的配置方法。 3. 在三层交换机上进行合理配置实现 VLAN 间的通信
推荐教学方式	1. 教师通过知识点讲解，使学生了解三层交换的概念、三层交换机的工作原理，以及三层交换机与路由器的区别。 2. 教师通过课堂操作，演示如何在三层交换机上进行合理配置实现 VLAN 间的通信。 3. 学生通过动手实践项目案例和项目拓展，掌握交换机虚拟接口的配置方法及在三层交换机上进行合理配置实现 VLAN 间的通信等。 4. 采用任务驱动、自主学习、小组探究学习等多种教学方法，让学生通过观察、思考、交流，提高其动手操作能力和团队协作能力
建议学时	4 学时

5.2　项目相关知识

要实现"不同 VLAN 间的主机能够相互通信"，在项目 4 中使用单臂路由器进行了实现。本项目使用三层交换机创建交换机虚拟接口来实现不同 VLAN 间的通信。为了便于掌握和理解具体的配置操作步骤，需要了解三层交换的概念、三层交换机的工作原理、交换机虚拟接口的概念、交换机虚拟接口的配置方法、三层交换机的基本配置命令等知识。

5.2.1 三层交换的概念

传统交换是在数据链路层进行的，在交换过程中不断收集信息建立 MAC 地址表。当交换机收到一个帧时，会查看该帧的目的 MAC 地址，通过查询 MAC 地址表，决定将该帧从哪个端口转发出去。但当交换机收到的帧的目的 MAC 地址不在 MAC 地址表中时，交换机便会把该帧"泛洪"出去，即从除入端口外的其他所有端口发送出去，如同交换机收到一个广播包一样，这就暴露出传统内网交换机的弱点：不能有效地解决隔离广播、安全控制等问题。利用 VLAN 可以逻辑隔离各个不同的子网、端口甚至主机，解决隔离广播、安全控制等问题。

通过前面的学习，我们了解到不同 VLAN 间的主机可以通过单臂路由器完成数据的转发。但是由于内网中的数据流量很大，而转发需要对每个数据包进行拆包、封包的操作，速度相对较慢。在这种情况下，路由器很容易成为网络瓶颈。

三层交换是相对于传统交换的概念提出的。三层交换在网络层中实现了分组的高速转发。简单来说，三层交换就是"二层交换+三层转发"。三层交换的出现打破了内网划分子网后，各个子网必须依赖路由器进行管理的局面，解决了传统路由器低速所造成的网络瓶颈。

5.2.2 三层交换机的工作原理

三层交换机是具有路由功能的交换机，能够做到"一次路由，多次转发"。三层交换机的路由模块与交换模块共同使用 ASIC 硬件芯片，可实现高速的路由，并能够在对第一个数据包进行路由后，产生一个 MAC 地址与 IP 地址的映射表。当同样的数据包再次通过时，三层交换机会直接从二层转发，而不用再次路由，从而消除了路由器因对每个数据包都进行拆包、封包、再选择路径等操作造成的网络延迟，大大提高了数据包的转发效率。三层交换机的路由模块与交换模块是在交换机内部直接汇聚连接的，可以提供相当高的带宽。因此，使用三层交换机来配置 VLAN 和提供 VLAN 间的通信，比使用二层交换机和路由器更好，配置和使用也更方便。三层交换机的逻辑组成结构如图 5.1 所示。

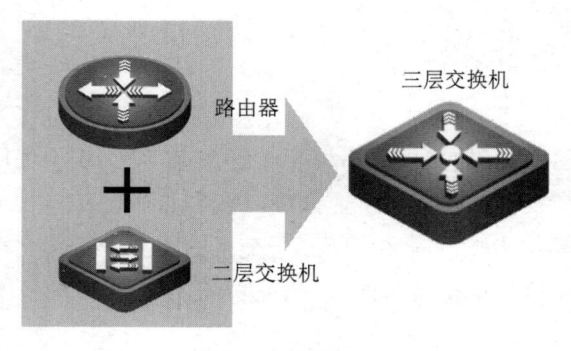

图 5.1 三层交换机的逻辑组成结构

5.2.3 交换机虚拟接口的概念

交换机虚拟接口（Switch Visual Interface，SVI）是三层交换机内部的虚拟逻辑接口，具有三层的逻辑特性。三层交换机可以通过 SVI 实现 VLAN 间的路由，实现方法是在三层交换机上为各个 VLAN 创建 SVI，并为 SVI 配置 IP 地址，作为各个 VLAN 中主机的网关。

下面通过图 5.2 所示的例子来说明基于 SVI 的数据交换过程。这里，PC1 和 PC2 的网关分别为三层交换机上相应 VLAN 的 SVI 的 IP 地址。当 PC1 向 PC2 发送数据时，数据帧中写入的目的 MAC 地址是 PC1 上配置的与 IP 地址对应的 MAC 地址，即三层交换机上 VLAN 10 的 MAC 地址。数据封装好后，经过二层转发到达三层交换机，三层交换机将数据交给路由进程处理，通过查看数据包中的目的地址，并查找路由表发现数据需要从 VLAN 20 的 SVI 转发出去，继而将数据交给交换进程处理。在 VLAN 20 的区域中对目的 IP 地址进行 ARP 请求，获取目的 IP 地址对应的 MAC 地址，最后查找 MAC 地址表，将数据从相应端口转发出去到达 PC2。

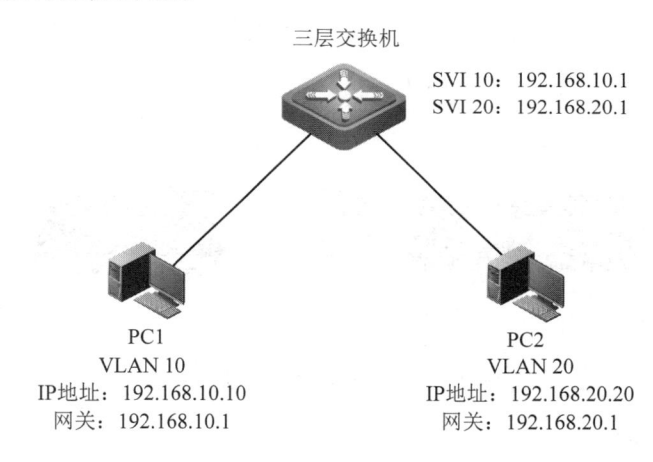

图 5.2　基于 SVI 的数据交换过程

【浙江精神】

数据交换与"最多跑一次"改革

数据交换在浙江省"最多跑一次"改革中扮演了至关重要的角色。这一改革的核心在于通过数据共享与交换，优化政务服务流程，提升行政效能，最终实现群众和企业办事的便捷高效。

针对群众反映"办事慢、办事繁、办事难"，企业反映证照办理烦琐等问题，浙江省率先于 2016 年年底提出并实施"最多跑一次"改革。"最多跑一次"改革的核心内涵就是以群众感受为标准，倒逼深化政府自身改革。

"最多跑一次"改革从打破数据孤岛到"智慧政务""智慧服务"，从"互联网+政务服务"到政府数字化转型，改革持续优化、创新、迭代、提升。归纳个人（出生、上学、就业、婚育、就医、养老等）和企业（登记开办、项目投资、不动产交易、员工招聘、设备购置等）两个全生命周期中的关键环节为"一件事"，通过浙江政务服务网、"浙里办"App 和各级行政服务中心实现"网上办""掌上办""一窗办"，推动实现群众办理跨层级跨部门的"一件事"全流程"最多跑一次"，凸显了集约化、高效化、便利化的改革效应。

建立健全为民办实事长效机制是习近平总书记以人民为中心的发展思想的生动实践和重要源泉。"最多跑一次"改革与建立健全为民办实事长效机制是高度一致的，是以群众需求为出发点和落脚点的改革创新，完全遵循以人民为中心的发展思想。

浙江省各地政府坚守初心、上下齐心、不断创新，实现了省、市、县三级"最多跑一次"事项的全覆盖，极大地提升了人民群众的获得感，充分体现了"干在实处、走在前列、勇立潮头"的责任担当，成为浙江省改革的"金字招牌"。

5.2.4　三层交换机与路由器的区别

三层交换机与路由器的相同点是都具有路由功能，但两者在本质上还是存在相当大的区别的，如图 5.3 所示。

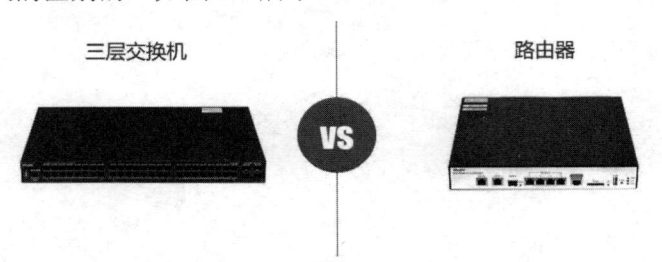

图 5.3　三层交换机与路由器的区别

1．主要功能不同

三层交换机仍是交换机产品，只是具备了一些路由转发功能。也就是说，三层交换机同时具备数据交换和路由转发两种功能，但其主要功能还是数据交换，而路由器的主要功能是路由转发。

2．适用环境不同

三层交换机的路由功能比较简单，主要面对简单的内网连接，提供快速的数据交换功能，适应内网数据交换频繁的特点。路由器主要用于满足不同类型、不同复杂路径的网络连接，如内网与外网、不同协议的网络连接等。路由器的优势在于选择最佳路由、负荷分担、链路备份及和其他网络进行路由信息交换等。为了实现各类网络连接，路由器的端口类型非常丰富，而三层交换机一般仅有同类型的内网端口，非常单一。

3．性能体现不同

从技术上讲，路由器和三层交换机在数据交换上存在明显区别。路由器由基于微处理器的软件路由引擎进行数据交换，而三层交换机通过硬件进行数据交换。三层交换机在对第一个数据流进行路由后，将产生一个 MAC 地址与 IP 地址的映射表，当同样的数据流再次通过时，将根据此映射表直接从二层通过，从而消除网络延迟，提高数据包转发的效率。同时，三层交换机的路由查找是针对数据流的，它利用缓存技术，实现快速转发。路由器的转发采用最长匹配的方式，效率较低。因此，三层交换机非常适用于数据交换频繁的内网，而路由器更适用于数据交换不是很频繁的不同类型的网络连接，如内网与外网的连接。

总之，路由器和三层交换机是针对两种不同的目的设计的。一个是为了路由，更好地寻路；另一个是为了更快地交换。如果我们用三层交换机代替路由器，可能出现的情况就是某个网络出现问题，很可能半天都发送不了数据包，而如果用路由器就会快速收敛，重新规划路径。所以说三层交换机要想代替路由器，在目前的网络框架下是不行的。

5.2.5 三层交换机的基本配置命令

1. 开启路由功能，创建相应的 VLAN

```
Switch>enable                    //从用户模式进入特权模式
Switch#config terminal           //从特权模式进入全局配置模式
Switch(config)#vlan vlan-id      //创建相应的 VLAN
```

2. 创建 SVI，配置 IP 地址和子网掩码

```
Switch(config)#ip routing                          //三层交换机开启路由功能
Switch(config)# interface vlan vlan-id             //进入 VLAN 的 SVI 配置模式
Switch(config-if)# ip address ip-address mask
  //配置 SVI 的 IP 地址，此 IP 地址为相应 VLAN 的网关
Switch(config-if)#end                              //返回特权模式
Switch# show ip interface brief                    //查看 SVI 的 IP 地址配置信息
```

5.3 项目实施

微课：三层交换机实现 VLAN 间通信任务示例

某公司现有经理部和人事部两个主要部门。经理部位于第一幢办公楼，人事部分散在两幢办公楼。第一幢办公楼中有一台可以设置的二层交换机 SW2，第二幢办公楼中有一台可以设置的三层交换机 SW3。若你是该公司的网络管理员，为了安全和便于管理，要求对两个部门的主机按部门进行 VLAN 的划分，经理部的主机 PC1 连接在 SW2 的 F0/10 端口上，属于 VLAN 10。人事部的主机 PC2 连接在 SW2 的 F0/20 端口上，属于 VLAN 20，人事部的主机 PC3 连接在 SW3 的 F0/20 端口上，属于 VLAN 20。为了满足公司业务发展的需要，公司领导要求你在二层交换机和三层交换机上做适当配置，使得各个部门的主机间能够相互通信。公司网络拓扑结构图与 IP 地址规划表如图 5.4 和表 5.1 所示。

SW2   SW3

F0/24 —— F0/24

F0/10   F0/20   F0/20

VLAN 10   PC1

VLAN 20   PC2   PC3

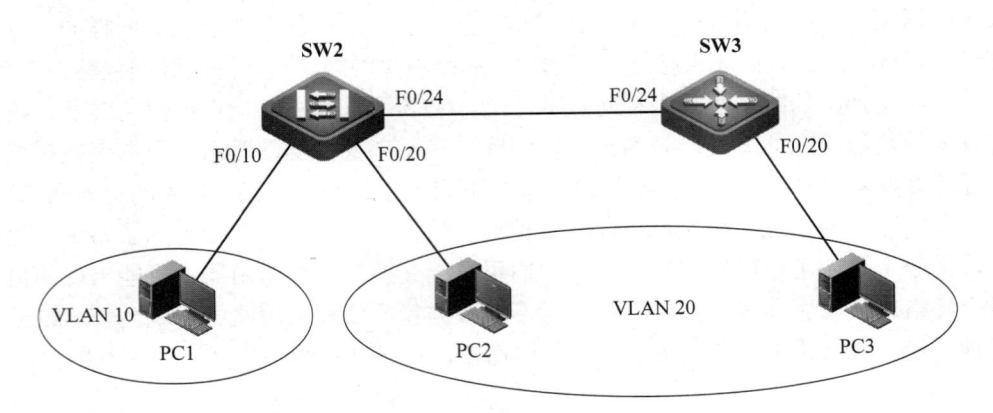

图 5.4 公司网络拓扑结构图

表 5.1 IP 地址规划表

设备名称	IP 地址	子网掩码	网关	连接的端口
三层交换机 SVI 10	192.168.10.1	255.255.255.0	—	—
三层交换机 SVI 20	192.168.20.1	255.255.255.0	—	—
PC1	192.168.10.10	255.255.255.0	192.168.10.1	二层交换机 F0/10
PC2	192.168.20.20	255.255.255.0	192.168.20.1	二层交换机 F0/20
PC3	192.168.20.30	255.255.255.0	192.168.20.1	三层交换机 F0/20

任务目标

1. 在二层交换机和三层交换机上创建 VLAN，并将相应的端口加入 VLAN。
2. 在三层交换机上创建 SVI。
3. 在三层交换机上实现 VLAN 间的通信。

具体实施步骤

步骤 1：在二层交换机上创建 VLAN 10，并将 F0/10 端口加入 VLAN 10。

```
Switch>enable
Switch#configure terminal
Switch (config)#hostname SW2                //将二层交换机命名为SW2
SW2 (config)# vlan 10
SW2 (config-vlan)# exit
SW2 (config)# interface fastethernet 0/10
SW2 (config-if)#switchport access vlan 10   //将 F0/10 端口加入 VLAN 10
SW2 (config-if) #exit
```

步骤 2：在二层交换机上创建 VLAN 20，并将 F0/20 端口加入 VLAN 20。

```
SW2 (config)#vlan 20
SW2 (config-vlan)# exit
SW2 (config)# interface fastethernet 0/20
SW2 (config-if)#switchport access vlan 20   //将 F0/20 端口加入 VLAN 20
SW2 (config-if) #end
```

```
SW2 #show vlan                              //查看 VLAN 配置信息
VLAN  Name                    Status        Ports
----  ----------------------  ---------     -------------------------------
 1    default                 active        Fa0/1 ,Fa0/2 ,Fa0/3
                                            Fa0/4 ,Fa0/5 ,Fa0/6
                                            Fa0/7 ,Fa0/8 ,Fa0/9
                                            Fa0/11,Fa0/12,Fa0/13
                                            Fa0/14,Fa0/15,Fa0/16
                                            Fa0/17,Fa0/18,Fa0/19
                                            Fa0/21,Fa0/22,Fa0/23
                                            Fa0/24
10    VLAN0010                active        Fa0/10
20    VLAN0020                active        Fa0/20
```

步骤 3：将二层交换机 **F0/24** 端口设置为 **Trunk**。

```
SW2#configure terminal
SW2 (config)# interface fastethernet 0/24
SW2 (config-if)# switchport mode trunk
SW2 #show interfaces f0/24 switchport       //查看 F0/24 端口 Trunk 配置信息
Interface  Switchport  Mode       Access  Native  Protected  VLAN lists
---------  ----------  ---------  ------  ------  ---------  ----------------
 Fa0/24    Enabled     Trunk        1       1     Disabled   All
```

步骤 4：将三层交换机 **F0/24** 端口设置为 **Trunk**。

```
Switch>enable
Switch#configure terminal
Switch (config)#hostname SW3               //将三层交换机命名为 SW3
SW3(config)# interface fastethernet0/24
SW3(config-if)#switchport mode trunk        //将 F0/24 端口设置为 Trunk
SW3 #show interfaces f0/24 switchport       //查看 F0/24 端口 Trunk 配置信息
Interface  Switchport  Mode       Access  Native  Protected  VLAN lists
---------  ----------  ---------  ------  ------  ---------  ----------------
 Fa0/24    Enabled     Trunk        1       1     Disabled   All
```

步骤 5：创建 **VLAN 10** 和 **VLAN 20**，将相应的端口加入 **VLAN**。

```
SW3#configure terminal                                //进入全局配置模式
SW3(config)#vlan 10                                   //在三层交换机上创建 VLAN 10
SW3 (config-vlan)#exit
SW3(config)#vlan 20                                   //在三层交换机上创建 VLAN 20
SW3 (config-vlan)#exit
SW3 (config)#int f0/20                                //进入 F0/20 端口配置模式
SW3 (config-if-FastEthe 0/20)#switchport access vlan 20    //加入 VLAN 20
SW3 (config-if)#exit
```

步骤 6：创建 **SVI 10** 和 **SVI 20**，并为 **SVI** 配置 **IP** 地址。

```
Switch(config)#ip routing                             //三层交换机开启路由功能
SW3 (config)#int vlan 10                              //进入 SVI 10 配置模式
SW3 (config-if)#ip address 192.168.10.1 255.255.255.0
```

```
//配置 SVI 10 的 IP 地址，此 IP 地址为 VLAN 10 的网关
SW3 (config)#int vlan 20                    //进入 SVI 20 配置模式
SW3 (config-if)#ip address 192.168.20.1 255.255.255.0
//配置 SVI 20 的 IP 地址，此 IP 地址为 VLAN 20 的网关
SW3 (config-if)#end
```

步骤 7：为 **PC1**、**PC2** 和 **PC3** 设置 **IP** 地址、子网掩码、默认网关等网络参数（见图 **5.5**～图 **5.7**）。

图 5.5　PC1 的网络参数设置　　　　　　图 5.6　PC2 的网络参数设置

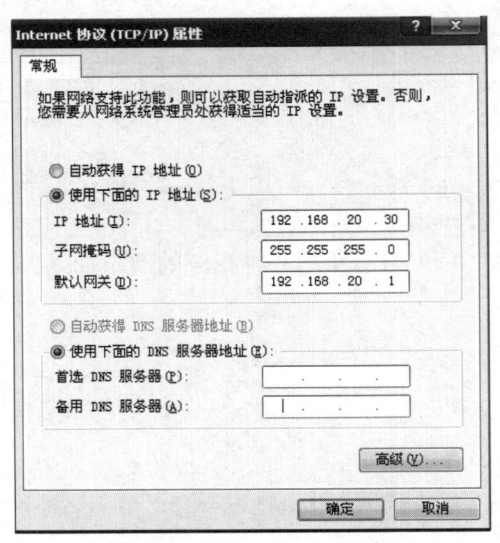

图 5.7　PC3 的网络参数设置

步骤 8：查看 **PC1** 能否与 **PC2**、**PC3** 相互通信。

```
C;\>ping 192.168.20.20    //在 PC1 的命令行方式下验证 PC1 能否 ping 通 PC2
Pinging 192.168.20.20 with 32 bytes of data;
```

```
Reply from 192.168.20.20;bytes=32 time<10ms TTL=128
Reply from 192.168.20.20;bytes=32 time<10ms TTL=128
Reply from 192.168.20.20;bytes=32 time<10ms TTL=128
Reply from 192.168.20.20;bytes=32 time<10ms TTL=128
C;\>ping 192.168.20.30    //在PC1的命令行方式下验证PC1能否ping通PC3
Pinging 192.168.20.30 with 32 bytes of data;
Reply from 192.168.20.30;bytes=32 time<10ms TTL=128
Reply from 192.168.20.30;bytes=32 time<10ms TTL=128
Reply from 192.168.20.30;bytes=32 time<10ms TTL=128
Reply from 192.168.20.30;bytes=32 time<10ms TTL=128
```

验证结果显示 PC1 能与 PC2、PC3 相互通信。

注意事项

1. 三层交换机和二层交换机所连接的端口要设置为 Trunk。
2. 各个 VLAN 内主机的默认网关必须指定为相应 VLAN 的 SVI 的 IP 地址。

5.4 项目拓展

如图 5.8 所示，某公司现有行政部、财务部、人事部、物流部等部门，行政部的主机 PC1 和财务部的主机 PC2 连接在二层交换机 SW1 的 F0/10 和 F0/20 端口上，分别属于 VLAN 10 和 VLAN 20，人事部的主机 PC3 和物流部的主机 PC4 连接在二层交换机 SW2 的 F0/10 和 F0/20 端口上，分别属于 VLAN 30 和 VLAN 40，行政部的主机 PC5 连接在三层交换机 SW3 的 F0/5 端口上，属于 VLAN 10。SW3 连接了 SW1 和 SW2。

请你在二层交换机和三层交换机上做适当配置来实现不同 VLAN 间的主机 PC1、PC2、PC3、PC4 和 PC5 能够相互通信。

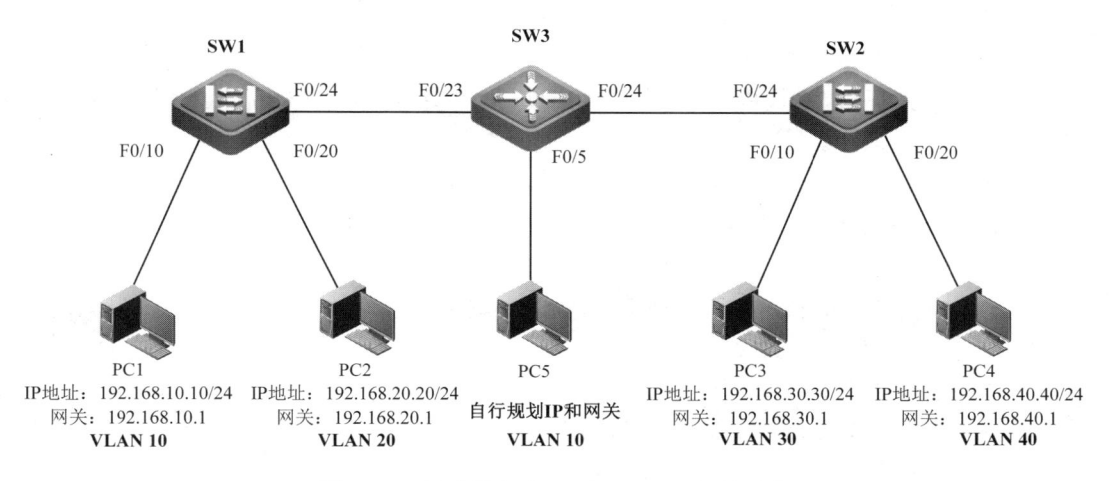

图 5.8 三层交换机实现不同 VLAN 间的通信

5.5 项目小结

三层交换机是带有路由功能的交换机。三层交换机最重要的功能是加快内网的数据交换，其所具有的路由功能也是为这一目的服务的，能够做到"一次路由，多次转发"。三层交换机适用于数据交换频繁的内网。路由器的路由功能虽然非常强大，但它的数据包转发效率远低于三层交换机的数据包转发效率，更适用于数据交换不是很频繁的不同类型的网络连接，如内网与外网的连接。因此，在内网中实现不同 VLAN 间的通信，最好使用三层交换机。

5.6 思考与练习

（一）选择题

1. 当交换机收到的帧的目的 MAC 地址不在 MAC 地址表中时，交换机会把该帧（   ）。

　　A．丢弃　　　　　　　　　　　　B．从除源端口外的其他端口发送出去
　　C．从所有端口发送出去　　　　　D．从指定端口发送出去

2. 下列关于三层交换机的说法正确的是（   ）。

　　A．三层交换机工作在网络层的上一层
　　B．三层交换机是一种硬件实现的高速路由
　　C．三层交换机使用先进的路由处理软件提高速度
　　D．三层交换机用于对网络管理和安全要求高的场合

3. 一台单独的三层交换机连接不同的子网时，在启用 VLAN 的情况下，要保证各 VLAN 间的通信应该（   ）。

　　A．为物理端口设置网关
　　B．为 VLAN 端口设置网关
　　C．不需要设置网关即可实现各个子网的互联互通
　　D．需要启用动态路由协议或静态路由协议

4. 下列对三层交换机的描述不正确的是（   ）。

　　A．三层交换机能隔离冲突域
　　B．三层交换机只工作在数据链路层
　　C．三层交换机通过 VLAN 设置能隔离广播域
　　D．三层交换机 VLAN 间的通信需要经过三层路由

（二）填空题

1．数据链路层的设备有_____，网络层的设备有_____。

2．三层交换机是带有_____功能的交换机，能够做到"_____"。

3．启用三层交换机的路由模块的配置命令是_____。

（三）问答题

1．简述二层交换机与三层交换机的区别。

2．简述三层交换机是如何实现 VLAN 间的通信的。

3．在内网中要想实现不同 VLAN 间的通信最好使用什么设备？为什么？

项目6 端口聚合实现带宽叠加

学习目标

知识目标
- 了解端口聚合的概念。
- 了解端口聚合的原则。
- 理解端口聚合的特点。

能力目标
- 掌握端口聚合的基本配置命令。
- 掌握二层交换机和三层交换机端口聚合的基本配置命令。
- 学会在交换机上进行合理配置实现端口聚合链路。

素质目标
- 培养学生良好的学习态度和学习习惯。
- 培养学生的团队合作精神和精益求精的专业精神。
- 通过"冬奥会开幕式上的'一朵雪花'"的思政案例,增强学生的道路自信、制度自信、文化自信,培养学生的爱国情怀和创新思维。

6.1 项目背景

某公司现有行政部、财务部、人事部、物流部等部门,有多台应用服务器连接在网络中心的核心交换机上。为了提高公司网络性能,网络管理员已按照部门将公司网络划分为多个不同的 VLAN,且各个 VLAN 间通过核心交换机实现了相互通信。现因各个部门访问服务器比较频繁,网络数据流量较大,导致公司网络带宽超负荷,文件传输速度较慢。为此,公司要求网络管理员在现有设备的基础上增加网络带宽,并实现冗余链路的备份,以使部门交换机与核心交换机间的传输具有高可靠性,尽量减少故障的发生。

本项目内容是在部门交换机与核心交换机上连接多条链路,通过配置端口聚合链路实现冗余链路的备份和网络带宽的增加,从而满足公司的网络应用要求。

> **教学导航**

知识重点	1. 端口聚合的概念。 2. 端口聚合的特点。 3. 端口聚合的配置命令
知识难点	1. 锐捷交换机端口聚合的基本配置命令。 2. 思科交换机端口聚合的基本配置命令。 3. 学会在交换机上进行合理配置实现端口聚合链路
推荐教学方式	1. 教师通过知识点讲解,使学生了解端口聚合的概念、端口聚合的特点,以及锐捷交换机和思科交换机端口聚合的基本配置命令。 2. 教师通过课堂操作,演示端口聚合的配置方法。 3. 学生通过动手实践项目案例和项目拓展,掌握锐捷交换机和思科交换机端口聚合的配置方法。 4. 采用任务驱动、自主学习、小组探究学习等多种教学方法,让学生通过观察、思考、交流,提高其动手操作能力和团队协作能力
建议学时	4 学时

6.2 项目相关知识

要实现"冗余链路的备份和网络带宽的增加",需要采用端口聚合。为了便于掌握和理解具体的配置操作步骤,需要了解端口聚合的概念、端口聚合的特点、锐捷交换机端口聚合的基本配置命令、思科交换机端口聚合的基本配置命令等知识。

6.2.1 端口聚合的概念

在交换网络中,交换机间的网络带宽可能无法满足网络应用要求,从而成为网络带宽的瓶颈。一种解决方法是购买千兆交换机或万兆交换机，提高端口速率，从而增加网络带宽，但成本过高。另一种解决方法是将交换机的多个端口在逻辑上捆绑成一个端口，形成一个带宽为捆绑端口带宽之和的端口，称为端口聚合。

端口聚合又称链路聚合，是指两台交换机在物理上将多个端口连接起来，将多条物理链路聚合成一条逻辑链路，从而增加链路带宽，解决交换网络中因带宽引起的网络瓶颈。另外，多条物理链路间还能够实现相互冗余备份，其中任意一条链路断开，不会影响其他链路的正常传输。

如图 6.1 所示，两台交换机通过两条物理链路相连，将这两条物理链路聚合成一条逻辑链路，以增加链路带宽，并实现两条物理链路的负载均衡和相互冗余备份。假如其中一条链路的带宽为 100Mbit/s，则聚合之后的链路带宽变为 200Mbit/s。锐捷交换机最多可以支持 8 个物理端口捆绑成 1 个聚合端口。

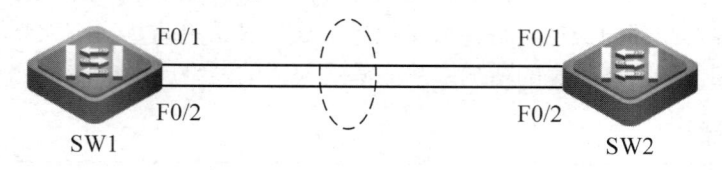

图 6.1 端口聚合

端口聚合时必须遵循以下规则。

（1）端口组里的端口速率必须相同。加入端口组的所有成员端口速率必须相同，都为 100Mbit/s 或 1000Mbit/s。

（2）端口组里的端口使用的传输介质必须相同。若有的端口使用光纤作为传输介质，有的端口使用双绞线作为传输介质，则它们不能组成聚合端口，传输介质必须都为光纤或双绞线。

6.2.2 端口聚合的特点

1．增加网络带宽

端口聚合可以将多个连接的端口捆绑成一个聚合端口，捆绑后的带宽是每个独立端口的带宽之和。当端口上的流量增加而成为限制网络性能的瓶颈时，采用支持该特性的交换机可以方便地增加网络带宽。例如，可以将 4 个 100Mbit/s 的端口连接在一起捆绑成一个 400Mbit/s 的聚合端口。该特性可适用于 10MB、100MB、1000MB 以太网。

2．提高网络连接的可靠性

当主干网络以很高的速率连接时，一旦网络连接出现故障，后果将不堪设想。高速服务器及主干网络连接必须保证绝对的可靠。采用端口聚合可以对这种故障进行保护。例如，将一根电缆错误地拔下来不会导致链路中断。也就是说，在端口聚合中，一旦某端口连接失败，网络数据将自动重定向到那些成功的连接上。这个过程非常快，用户基本上感觉不到网络故障。端口聚合可以保证网络无间断地正常工作，提高了网络的可靠性。

【爱国情怀】

冬奥会开幕式上的"一朵雪花"

北京冬奥会开幕式被称为唯美的中国式浪漫，惊艳了无数观众。一片片写有所有冬奥代表团名字的"小雪花"，汇聚成一片璀璨夺目的"大雪花"，大雪花在空中飘飘荡荡，最后形成雪花台，在全世界的瞩目中缓缓升起，传达着"更团结"和"一起向未来"的理念。

"小雪花"里有"真期待"。"所有引导员高举各参赛国家（地区）名字的雪花引导牌，通过舞蹈与地面光影的互动，让所有雪花聚合"。北京冬奥会开幕式上的这一幕直抵人心、令人动容。一朵朵"小雪花"承载着"真期待"，无比期待此次冬奥盛会。"世界期待中国，中国做好了准备。"从贯穿全程的"中国式浪漫"到赛场上、场馆中"最快的冰""最坚固的网"，都是在用"精彩、非凡、卓越"回应世界期待。

"小雪花"里有"真团结"。不仅表达了"世界大同，天下一家"的大情怀，还有对全世界团结一致、一起向未来的真诚呼吁。世界各国共同面对需要破解的发展难题，离不开各国相互联系、相互依存，你中有我、我中有你，携手与共、共战风雨。在赛场上，运动员"友谊第一、比赛第二"，失败时的互相鼓励、成功时的衷心祝贺，传递着团结的力量，让"团结、友谊、和平"深入人心。

"小雪花"里有"真凝聚"。一朵朵代表各个国家（地区）的"小雪花"，不单单是冬奥会开幕式上的创意设计，更有着"协和万邦"的大寓意，体现中国致力于构建人类命运共同体的大国担当。推动构建人类命运共同体，不是某个国家、某些国家的事，而是世界各国共同的事，需要相互尊重、凝聚共识、齐心协力。只有这样，才能让每朵"小雪花"都映射出独特的光彩，让"大雪花"璀璨永恒。

6.2.3 端口聚合的基本配置命令

思科交换机端口聚合的基本配置命令。

1. 创建聚合端口

```
Switch#config terminal                    //从特权模式进入全局配置模式
Switch(config)#interface port-channel port-channel-number
   //创建聚合端口，port-channel-number 代表聚合端口的编号
Switch(config-if)#switchport trunk encapsulation dot1q
   //可选命令，思科三层交换机端口要设置为 Trunk，端口先封装成 dot1q
Switch(config)#switchport mode trunk
   //可选命令，若交换机配置了多个 VLAN，则聚合端口需要设置为 Trunk
Switch(config)#end                        //从全局配置模式返回特权模式
```

2. 将物理端口加入聚合端口

```
Switch#config terminal                    //从特权模式进入全局配置模式
```

```
Switch(config)# interface range type number
    //从全局配置模式进入多端口配置模式
Switch(config-if)# channel-group port-channel-number mode on
    //将多个端口加入聚合端口
Switch(config)#end                    //从全局配置模式返回特权模式
Switch#show etherchannel summary      //查看聚合端口的配置信息
```

操作示例：如图 6.2 所示，在两台思科三层交换机 SW1 和 SW2 上创建聚合端口 1，并将 F0/1 和 F0/2 端口加入聚合端口。

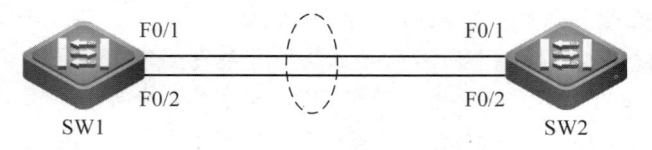

图 6.2 思科交换机配置端口聚合

在 SW1 上配置如下命令。

```
Switch>enable
Switch#config terminal
Switch(config)#hostname SW1                 //将交换机命名为SW1
SW1(config)#interface port-channel 1        //创建聚合端口1
SW1(config-if)#switchport trunk encapsulation dot1q
//将聚合端口1封装为802.1q，图中为思科三层交换机，需要先进行封装
SW1(config-if)#switchport mode trunk
//将聚合端口1设置为Trunk
SW1(config-if)#exit
SW1(config)#interface range fastEthernet 0/1-2
//同时进入F0/1和F0/2端口配置模式
SW1(config-if-range)#channel-group 1 mode on
//将F0/1和F0/2端口加入聚合端口1
SW1(config-if-range)#end                    //直接返回特权模式
SW1#show etherchannel summary               //查看聚合端口1的配置信息
```

在 SW2 上配置如下命令。

```
Switch>enable
Switch#config terminal
Switch(config)#hostname SW2                 //将交换机命名为SW2
SW2(config)#interface port-channel 1        //创建聚合端口1
SW2(config-if)#switchport trunk encapsulation dot1q
//将聚合端口1封装为802.1q，图中为思科三层交换机，需要先进行封装
SW2(config-if)#switchport mode trunk
//将聚合端口1设置为Trunk
SW2(config-if)#exit
SW2(config)#interface range fastEthernet 0/1-2
//同时进入F0/1和F0/2端口配置模式
SW2(config-if-range)#channel-group 1 mode on
//将F0/1和F0/2端口加入聚合端口1
```

```
SW2(config-if-range)#end                    //直接返回特权模式
SW2#show etherchannel summary               //查看聚合端口1的配置信息
```
锐捷交换机端口聚合的基本配置命令。

1. 创建聚合端口

```
Switch#config terminal                      //从特权模式进入全局配置模式
Switch(config)#interface aggregateport aggregateport-number
   //创建聚合端口，aggregateport-number 代表聚合端口的编号
Switch(config)#switchport mode trunk
   //可选命令，若交换机配置了多个 VLAN，则聚合端口需要设置为 Trunk
Switch(config)#end                          //从全局配置模式返回特权模式
```

2. 将物理端口加入聚合端口

```
Switch#config terminal                      //从特权模式进入全局配置模式
Switch(config)# interface range type number
   //从全局配置模式进入多端口配置模式
Switch(config-if)# port-group aggregateport-number
   //将多个端口加入聚合端口，aggregateport-number 代表聚合端口的编号
Switch(config)#end                          //从全局配置模式返回特权模式
Switch#show aggregateport port-number summary  //查看聚合端口的配置信息
```

操作示例：如图 6.3 所示，在两台锐捷三层交换机 SW1 和 SW2 上创建聚合端口 1，并将 F0/1 和 F0/2 端口加入聚合端口。

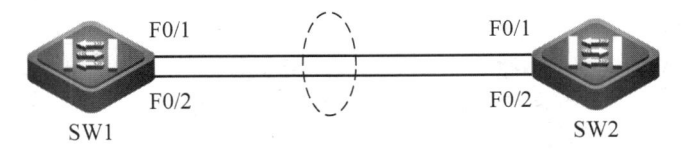

图 6.3　锐捷交换机配置端口聚合

在 SW1 上配置如下命令。

```
Switch#config t
Switch(config)#hostname SW1                 //将交换机命名为 SW1
SW1(config)#interface aggregateport 1       //创建聚合端口 1
SW1(config-if)#switchport mode trunk
//将聚合端口 1 设置为 Trunk
SW1(config-if)#exit
SW1(config)# interface range f0/1-2
//同时进入 F0/1 和 F0/2 端口配置模式
SW1(config-if)# port-group 1                //将 F0/1 和 F0/2 端口加入聚合端口 1
SW1(config)#end                             //直接返回特权模式
SW1#show aggregateport 1 summary            //查看聚合端口 1 的配置信息
```

在 SW2 上配置如下命令。

```
Switch#config t
Switch(config)#hostname SW2                 //将交换机命名为 SW2
SW2(config)#interface aggregateport 1       //创建聚合端口 1
```

```
SW2(config-if)#switchport mode trunk
//将聚合端口 1 设置为 Trunk
SW2(config-if)#exit
SW2(config)# interface range f0/1-2
//同时进入 F0/1 和 F0/2 端口配置模式
SW2(config-if)# port-group 1               //将 F0/1 和 F0/2 端口加入聚合端口 1
SW2(config)#end                            //直接返回特权模式
SW2#show aggregateport 1 summary           //查看聚合端口 1 的配置信息
```

6.3 项目实施

某公司现有人事部和行政部两个主要部门。人事部的主机 PC1 属于 VLAN 10，行政部的主机 PC2 属于 VLAN 20，公司有一台文件服务器 Server1，属于 VLAN 30。PC1 和 PC2 连接在二层交换机 SW2 的 F0/1 和 F0/2 端口上，Server1 连接在三层交换机 SW3 的 F0/10 端口上。PC1 和 PC2 每天都有大量数据需要传输到 Server1 上，由于网络数据流量较大，公司网络带宽超负荷，文件传输速度较慢。根据公司管理的需要，公司要求既要保证公司网络传输速度，又要保证减少网络传输的故障，公司交换机为锐捷交换机。

若你是公司的网络管理员，请你在二层交换机和三层交换机上做适当配置来满足上述要求。公司网络拓扑结构图和 IP 地址规划表如图 6.4 和表 6.1 所示。

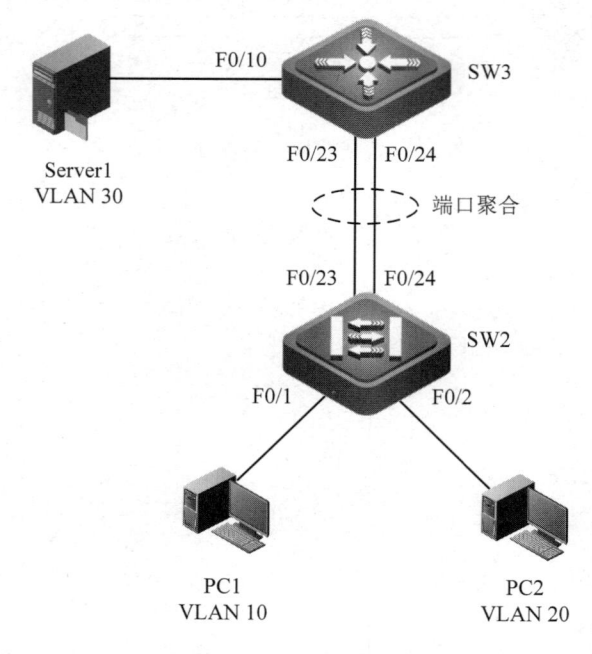

图 6.4　公司网络拓扑结构图

表6.1　IP 地址规划表

设备名称	IP 地址	子网掩码	VLAN ID	网关
PC1	192.168.10.10	255.255.255.0	VLAN 10	192.168.10.254
PC2	192.168.20.20	255.255.255.0	VLAN 20	192.168.20.254
Server1	192.168.30.30	255.255.255.0	VLAN 30	192.168.30.254
SVI VLAN 10	192.168.10.254	255.255.255.0	—	—
SVI VLAN 20	192.168.20.254	255.255.255.0	—	—
SVI VLAN 30	192.168.30.254	255.255.255.0	—	—

任务目标

1. 在二层交换机上创建 VLAN，并将相应端口加入 VLAN。
2. 在三层交换机上创建 VLAN，并将相应端口加入 VLAN。
3. 在二层交换机和三层交换机上创建聚合端口，并设置为 Trunk。
4. 在三层交换机上创建 SVI，并配置 IP 地址，使 PC1、PC2 和 Server1 能够相互通信。
5. 断开二层交换机与三层交换机间的一条链路，PC1、PC2 和 Server1 仍能够相互通信。

具体实施步骤

步骤1：在二层交换机上创建 **VLAN 10** 和 **VLAN 20**，并将 **F0/1** 和 **F0/2** 端口加入相应的 **VLAN**。

```
Switch>enable
Switch #config t
Switch (config)#hostname SW2                    //将二层交换机命名为 SW2
SW2(config)#vlan 10                             //创建 VLAN 10
SW2(config-vlan)#exit
SW2(config)#vlan 20                             //创建 VLAN 20
SW2(config-vlan)#exit
SW2(config)#int fastEthernet 0/1
SW2(config-if)#switchport access vlan 10        //将 F0/1 端口加入 VLAN 10
SW2(config-if)#exit
SW2(config.g)#int fastEthernet 0/2
SW2(config-if)#switchport access vlan 20        //将 F0/2 端口加入 VLAN 10
SW2(config-if)#end
```

步骤2：在三层交换机上创建 **VLAN 10**、**VLAN 20** 和 **VLAN 30**，并将 **F0/10** 端口加入 **VLAN 30**。

```
Switch>enable
Switch#config t
Switch (config)#hostname SW3
SW3(config)#vlan 10         //创建 VLAN 10，为 SVI 10 配置 IP 地址
SW3(config-vlan)#exit
SW3(config)#vlan 20         //创建 VLAN 20，为 SVI 20 配置 IP 地址
SW3(config-vlan)#exit
```

```
SW3(config)#vlan 30
SW3(config-vlan)#exit
SW3(config)#int f0/10
SW3(config-if-FastEthernet 0/10)#switchport access vlan 30
SW3(config-if-FastEthernet 0/10)#end
```

步骤 3：在二层交换机上创建聚合端口 **AG1**，并设置为 **Trunk**，将 **F0/23** 和 **F0/24** 端口加入 **AG1**。

```
SW2#config t
SW2(config)#int aggregatePort 1                    //在二层交换机上创建聚合端口 AG1
SW2(config-if)#switchport mode trunk
SW2(config-if)#exit
SW2(config)#int range fastEthernet 0/23-24
SW2(config-if-range)#port-group 1                  //将 F0/23 和 F0/24 端口加入 AG1
SW2(config-if-range)#end
SW2#show aggregatePort 1 summary                   //查看 AG1 的配置信息
AggregatePort    MaxPorts    SwitchPort    Mode       Ports
--------------------------------------------------------------------------------
    Ag1             8         Enabled      Trunk     Fa0/23, Fa0/24
```

步骤 4：在三层交换机上创建聚合端口 **AG1**，并设置为 **Trunk**，将 **F0/23** 和 **F0/24** 端口加入 **AG1**。

```
SW3#config t
SW3(config)#int aggregateport 1                    //在锐捷交换机上创建聚合端口 AG1
SW3(config-if-AggregatePort 1)#switchport mode trunk
SW3(config-if-AggregatePort 1)#exit
SW3(config)#int range f0/23-24
SW3(config-if-range)#port-group 1                  //将 F0/23 和 F0/24 端口加入 AG1
SW3#show aggregatePort 1 summary
AggregatePort    MaxPorts    SwitchPort    Mode       Ports
--------------------------------------------------------------------------------
    Ag1             8         Enabled      Trunk     Fa0/23, Fa0/24
```

步骤 5：在三层交换机上配置 **VLAN 10**、**VLAN 20** 和 **VLAN 30** 的 **SVI** 的 **IP** 地址。

```
SW3#config
SW3(config)#ip routing                             //三层交换机开启路由功能
SW3(config)#int vlan 10
SW3(config-if-VLAN 10)#ip address 192.168.10.254 255.255.255.0
SW3(config-if-VLAN 10)#exit
SW3(config)#int vlan 20
SW3(config-if-VLAN 20)#ip address 192.168.20.254 255.255.255.0
SW3(config-if-VLAN 20)#exit
SW3(config)#int vlan 30
SW3(config-if-VLAN 30)#ip address 192.168.30.254 255.255.255.0
SW3(config-if-VLAN 30)#end
SW3#show ip int b
Interface          IP-Address(Pri)        OK?        Status
```

VLAN 10	192.168.10.254/24	YES	UP
VLAN 20	192.168.20.254/24	YES	UP
VLAN 30	192.168.30.254/24	YES	UP

步骤 6：设置 **PC1**、**PC2** 和 **Server1** 的网络参数（见图 **6.5**～图 **6.7**）。

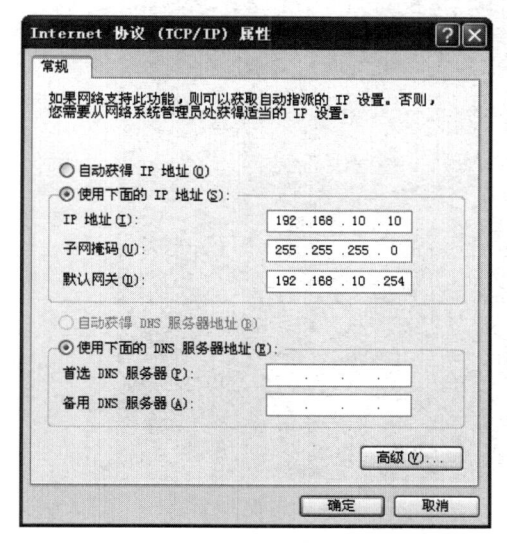

图 6.5　PC1 的网络参数设置　　　　　图 6.6　PC2 的网络参数设置

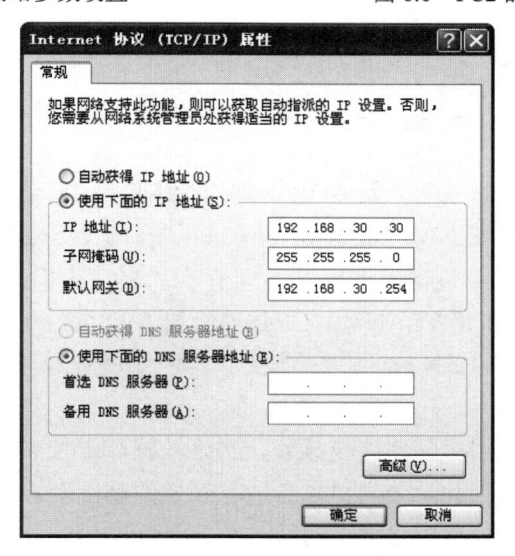

图 6.7　Server1 的网络参数设置

步骤 7：断开二层交换机的 **F0/23** 端口，**PC1** 与 **Server1** 仍能够相互通信（见图 **6.8**）。

注意事项

1. 在真实设备上的操作顺序必须是"先配置、后连接"，即必须在两台交换机都配置完端口聚合的命令后，才能将两台交换机用线缆连接起来。如果"先连接、后配置"，则会造成网络广播风暴，影响交换机的正常工作。

2. 只有同种类型的端口才能配置为聚合端口。

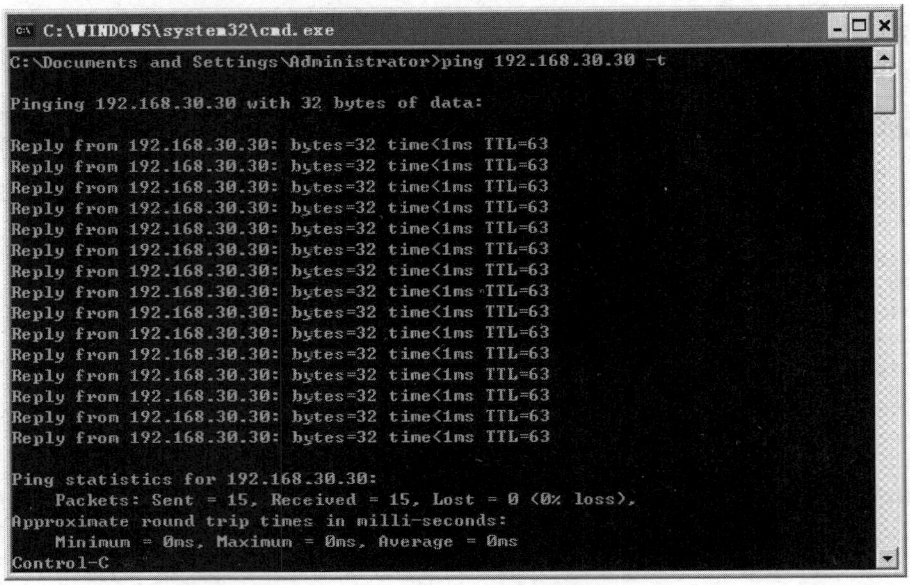

```
C:\WINDOWS\system32\cmd.exe

C:\Documents and Settings\Administrator>ping 192.168.30.30 -t

Pinging 192.168.30.30 with 32 bytes of data:

Reply from 192.168.30.30: bytes=32 time<1ms TTL=63
Reply from 192.168.30.30: bytes=32 time<1ms TTL=63
Reply from 192.168.30.30: bytes=32 time<1ms TTL=63
Reply from 192.168.30.30: bytes=32 time<1ms TTL=63
Reply from 192.168.30.30: bytes=32 time<1ms TTL=63
Reply from 192.168.30.30: bytes=32 time<1ms TTL=63
Reply from 192.168.30.30: bytes=32 time<1ms TTL=63
Reply from 192.168.30.30: bytes=32 time<1ms TTL=63
Reply from 192.168.30.30: bytes=32 time<1ms TTL=63
Reply from 192.168.30.30: bytes=32 time<1ms TTL=63
Reply from 192.168.30.30: bytes=32 time<1ms TTL=63
Reply from 192.168.30.30: bytes=32 time<1ms TTL=63
Reply from 192.168.30.30: bytes=32 time<1ms TTL=63

Ping statistics for 192.168.30.30:
    Packets: Sent = 15, Received = 15, Lost = 0 (0% loss),
Approximate round trip times in milli-seconds:
    Minimum = 0ms, Maximum = 0ms, Average = 0ms
Control-C
```

图 6.8 端口聚合测试

6.4 项目拓展

某公司现有行政部、财务部、人事部、物流部等部门。行政部的主机 PC1 和财务部的主机 PC2 连接在二层交换机 SW1 的 F0/10 和 F0/20 端口上，分别属于 VLAN 10 和 VLAN 20，人事部的主机 PC3 和物流部的主机 PC4 连接在二层交换机 SW2 的 F0/10 和 F0/20 端口上，分别属于 VLAN 30 和 VLAN 40，三层交换机 SW3 的 F0/5 端口连接公司的 FTP 服务器（FTP Server），属于 VLAN 88。SW3 连接了 SW1 和 SW2，公司交换机为思科交换机，如图 6.9 所示。

现因各个部门访问公司服务器比较频繁，网络数据流量较大，导致公司网络带宽超负荷，文件传输速度较慢。为此，公司要求在现有设备的基础上提高交换机的传输带宽，并实现冗余链路的备份，以使部门交换机与核心交换机间的传输具有高可靠性，尽量减少故障的发生。

为了增加网络带宽，你考虑在 SW1 和 SW3 上同时连接两条链路，形成一个聚合端口 AG1，在 SW2 和 SW3 上同时连接两条链路，形成一个聚合端口 AG2。请你在二层交换机和三层交换机上做适当配置来实现不同 VLAN 间的主机 PC1、PC2、PC3、PC4 和 FTP Server 能够相互通信，断开其中一条链路后查看是否还能够相互通信。

项目6 端口聚合实现带宽叠加

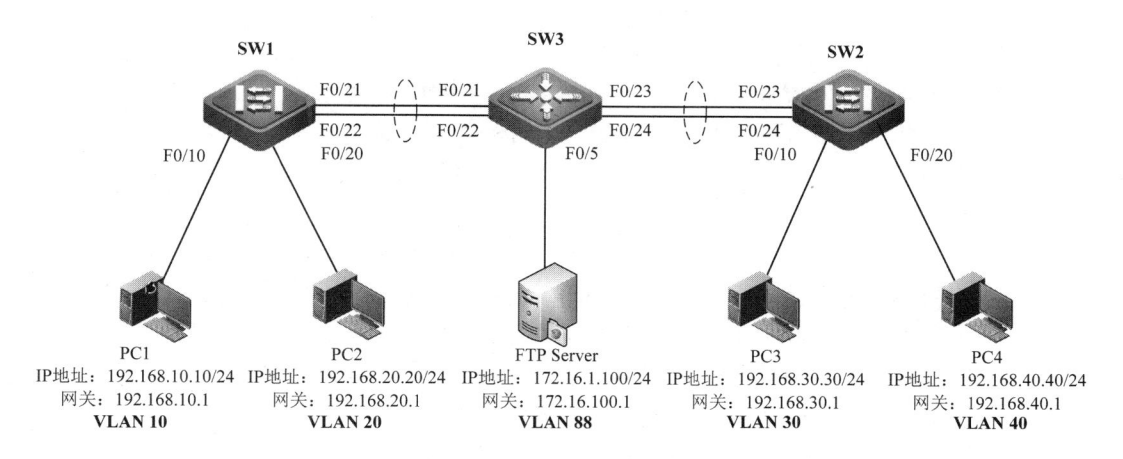

图 6.9 端口聚合拓扑结构图

6.5 项目小结

端口聚合可以把多条物理链路捆绑在一起形成一条逻辑链路。它可以用于扩展链路带宽，将多条物理链路捆绑在一起后，不但可以增加整个网络的带宽，数据还可以同时由被捆绑的多条物理链路传输，具有链路冗余的作用。在网络出现故障或因其他原因断开其中一条或多条链路时，剩下的链路还可以工作，从而提供更高的连接可靠性。

6.6 思考与练习

（一）选择题

1. 若交换机配置了多个 VLAN，则聚合端口需要设置为（   ）。
   A．Access   B．Trunk   C．Hybrid   D．任意
2. 以下关于端口聚合的说法正确的是（   ）。
   A．任何类型的端口都能配置为聚合端口
   B．不同类型的端口能配置为聚合端口
   C．同种类型的端口才能配置为聚合端口
   D．一个 Trunk 端口和一个 Access 端口能配置为聚合端口
3. interface aggregateport 1 命令中的"1"代表（   ）。
   A．无任何意义   B．聚合端口的编号
   C．聚合端口的优先级   D．聚合端口的进程号
4. 若思科三层交换机端口要设置为 Trunk，则端口必须先封装成 dot1q，其命令为（   ）。

A．Switch(config)#switchport trunk encapsulation dot1q
B．Switch(config-if)#switchport trunk encapsulation dot1q
C．Router(config-if)#switchport trunk encapsulation dot1q
D．Switch(config-if)#switchport trunk encapsulation dot1q 10

5．端口聚合的优点有哪些？（　　　）
A．增加网络带宽　　　　　　　B．提高网络连接可靠性
C．提高网络安全性　　　　　　D．防止网络遭受攻击

6．端口聚合在下面哪些设备中可以使用？（　　　）
A．交换机　　　B．PC　　　C．路由器　　　D．防火墙

7．使用端口聚合需要满足下面哪两点？（　　　）
A．端口组里的端口速率必须相同
B．端口组里的端口使用的传输介质必须相同
C．端口组里的端口速率必须达到 1000Mbit/s 以上
D．端口组里的端口使用的传输介质必须为双绞线

8．使用锐捷交换机查看聚合端口的配置信息，其命令为（　　　）。
A．Switch#show aggregateport port-number summary
B．Switch#show aggregate port-number summary
C．Switch#show aggregateport summary
D．Switch#show aggregateport number summary

（二）填空题

1．端口聚合又称_____。

2．两台交换机通过两条物理链路相连，将这两条物理链路聚合成一条逻辑链路，以增加链路带宽，并能实现两条链路的_____和_____。

3．若有的端口使用光纤作为传输介质，有的端口使用双绞线作为传输介质，则它们不能组成聚合端口，传输介质必须都为_____或_____。

（三）问答题

1．简述端口聚合的概念。

2．在配置端口聚合时，要遵循哪些规则？

项目 7

静态路由实现网络互联

学习目标

知识目标
- 了解路由器的基本概念。
- 了解路由表的基本概念。
- 理解路由器的工作原理。
- 理解静态路由和默认路由的概念。

能力目标
- 掌握静态路由的配置方法。
- 掌握默认路由的配置方法。
- 学会配置静态路由实现网络互联。

素质目标
- 培养学生良好的学习态度和学习习惯。
- 培养学生的团队合作精神和精益求精的专业精神。
- 通过"'火药雕刻师'徐立平"的思政案例,培养学生的职业道德、工匠精神、创新精神和社会责任感。

7.1 项目背景

某公司总部设在上海,并建成了内网。随着公司规模的扩大和业务的增加,公司欲在杭州设立分公司。公司总部希望和分公司联网,使总部的主机与分公司的主机能够像在同一个内网中的主机一样相互通信。为此,公司总部与分公司的网络边缘分别部署了路由器,通过在路由器上进行配置实现公司总部与分公司的网络互联。

本项目通过在路由器和三层交换机上配置静态路由,实现公司总部与分公司的网络互联。

教学导航

知识重点	1. 路由器的基本概念。 2. 路由表的基本概念。 3. 路由器的工作原理。 4. 静态路由和默认路由的概念
知识难点	1. 路由器的工作原理。 2. 静态路由的配置方法。 3. 默认路由的配置方法。 4. 学会配置静态路由实现网络互联
推荐教学方式	1. 教师通过知识点讲解,使学生了解路由器的基本概念、路由表的基本概念,以及路由器的工作原理。 2. 教师通过课堂操作,演示路由器的基本配置命令、静态路由的配置方法、默认路由的配置方法,以及配置静态路由实现网络互联。 3. 学生通过动手实践项目案例和项目拓展,掌握静态路由的配置方法、默认路由的配置方法,以及配置静态路由实现网络互联等。 4. 采用任务驱动、自主学习、小组探究学习等多种教学方法,让学生通过观察、思考、交流,提高其动手操作能力和团队协作能力
建议学时	4 学时

7.2 项目相关知识

要实现"位于不同地点的公司总部与分公司的网络互联",需要使用静态路由或动态路由,本项目使用静态路由实现不同网络间的互联。为了便于掌握和理解具体的配置操作步骤,需要了解路由器的基本概念、路由表的基本概念、路由器的工作原理、静态路由与默认路由的配置方法等知识。

7.2.1 路由器的基本概念

可将路由器看作一台专门用来把多个网络连接成一个网络的专用计算机，它由专用 CPU、存储器、接口、总线等组成，还配有专门的操作系统软件，如思科的 IOS、锐捷的 RGNOS 等。

第一台路由器是一台接口信息处理机（IMP），最早出现在美国国防部高级研究计划局（ARPA）网络中。IMP 是一台 Honeywell DDP-516 小型计算机，1969 年 8 月 30 日，ARPA 网络在 IMP 的支持下开始运作，ARPA 网络是当今 Internet 的前身。

图 7.1 所示为锐捷路由器的外观。路由器的作用是在网络间将数据包从一个子网转发到另一个子网。作为不同网络间相互连接的枢纽，路由器构建了 Internet 的主体骨架。以图 7.2 所示的路径选择示意图为例，如果一台位于杭州的主机需要访问一台位于北京的服务器，则数据包该从哪条路径传递？具体的传递过程如下。

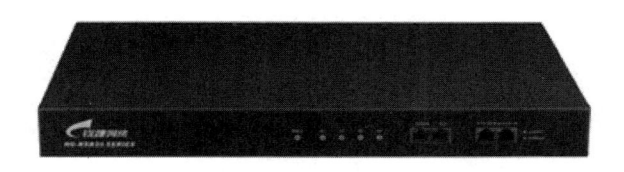

图 7.1 锐捷路由器的外观

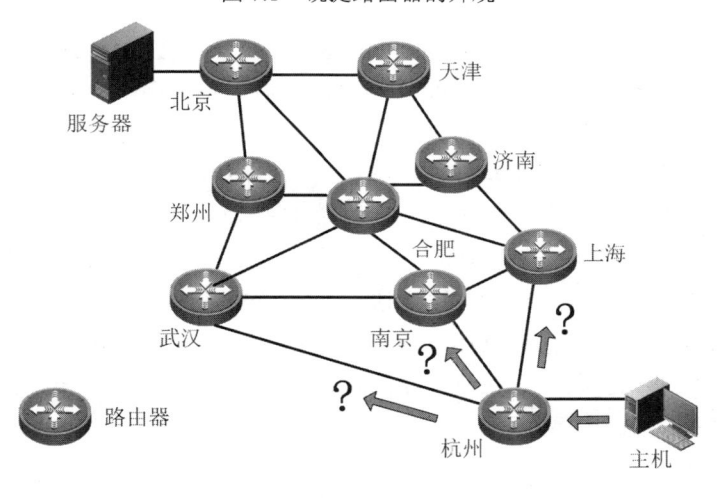

图 7.2 路径选择示意图

首先，杭州的主机要把数据包交给杭州的路由器。杭州的路由器有 3 种转发方向可以选择：往上海、南京或武汉。以此类推，沿途各级路由器都存在相同的路径选择问题。在网络中，数据传递路径被称为"路由"。"路由"也可以理解为通过相互连接的网络把信息按路由选择协议从源地点传递到目的地点的活动。

路由器通过路由表来决定数据的转发方向。因此，"路径选择"就是路由的选择，这是路由器要解决的关键问题。路由器最根本的任务就是实现路径选择和数据转发。

路径选择是判定能到达目的网络的最佳路线，是由路由选择算法实现的。路由转发是沿着最佳路径传送数据分组，两者统称路由协议，可分为路由选择协议（Routing Protocol）和路由转发协议（Routed Protocol），如图 7.3 所示。路由选择协议为确定数据转发方向提供了算法和依据，由此生成了路由表。路由选择协议可分为静态路由协议和动态路由协议，这些协议是路由器配置的主要内容。而路由转发协议通过查找路由表，将数据包发送到下一跳地址，遇到不知道该如何发送的数据包时，路由器会将其丢弃。

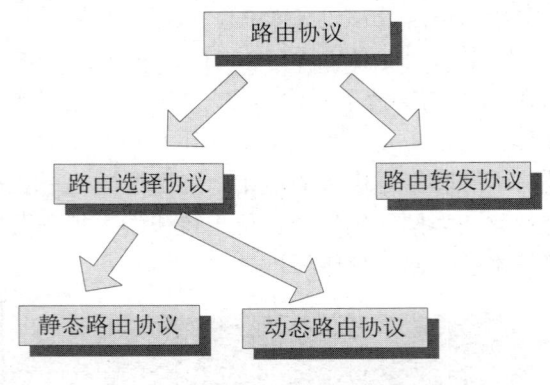

图 7.3 路由协议的分类

7.2.2 路由表的基本概念

路由表是存储在路由器或其他互联网网络设备上，用来确定数据转发方向的路由数据记录表。路由表中保存有到达任何目的网络或主机的下一个路由器的地址，在某些情况下还保存有一些到达目的网络或主机的相关度量值。

路由表是由一条条路由信息组成的。路由表的生成方式分为直连路由和非直连路由两类。直连路由是在配置完路由器网络接口的 IP 地址后自动生成的，因此，如果没有进行特殊的限制，这些接口所直连的网络就可以直接通信。非直连路由包括静态路由和动态路由，是指手动配置的路由或通过运行动态路由协议而获得的路由。

无论是直连路由还是非直连路由，路由器运行后，在其上都将形成三类路由信息：直连路由、静态路由和动态路由。在路由器的特权模式下，使用 show ip route 命令可以查看路由器中的实时路由信息。

```
Router#show ip route
Codes: C - connected, S - static, R - RIP B - BGP
O - OSPF, IA - OSPF inter area
N1 - OSPF NSSA external type 1, N2 - OSPF NSSA external type 2
E1 - OSPF external type 1, E2 - OSPF external type 2
i - IS-IS, L1 - IS-IS level-1, L2 - IS-IS level-2, ia - IS-IS inter area
* - candidate default
Gateway of last resort is no set
C    172.16.1.0/24 is directly connected, FastEthernet 0/1
C    172.16.1.1/32 is local host.
C    172.16.2.0/24 is directly connected, FastEthernet 0/0
```

```
C   172.16.2.1/32 is local host.
S   172.16.10.0/24 [1/0] via 172.16.1.2
S*  172.16.20.0/24 [1/0] via 172.16.2.2
O   172.16.3.0/24 [110/2] via 172.16.2.2, 00:05:21, FastEthernet 0/0
R   172.16.5.0/24 [120/2] via 172.16.1.2, 00:14:51, FastEthernet 0/1
```

路由表项中的 C（Connected）代表直连路由，S（Static）代表静态路由，S*（Static candidate default）代表默认路由，R（RIP）代表 RIP 路由，O（OSPF）代表 OSPF 路由。默认路由是静态路由的一种特殊情况，RIP 路由和 OSPF 路由属于动态路由。

7.2.3 路由器的工作原理

路由器收到转发数据包时，首先要提取目的 IP 地址及子网掩码计算目的网络地址，其次根据目的网络地址查找路由表，如果找到目的网络地址，就按照相应的出口发送给下一个路由器，如果没有找到目的网络地址，就看一下有没有默认路由，如果有就按照默认路由的出口发送给下一个路由器，如果没有就给源 IP 地址发送一个出错 ICMP 数据包，表明无法传递该数据包，如果有直连路由，就按照第二层 MAC 地址发送给目的站点。

如图 7.4 所示，当网段 1 中的主机 PC1 发送数据包给主机 PC2 时，PC1 会把 IP 数据包封装到 MAC 帧内，通过交换机 SW1 转发给 PC2。因为 IP 子网内部是通过 MAC 地址寻址的，所以 PC1 可以通过 ARP 获取 PC2 的 MAC 地址，封装 MAC 帧时，只需将 PC2 的 MAC 地址作为目的 MAC 地址就能实现数据的转发。

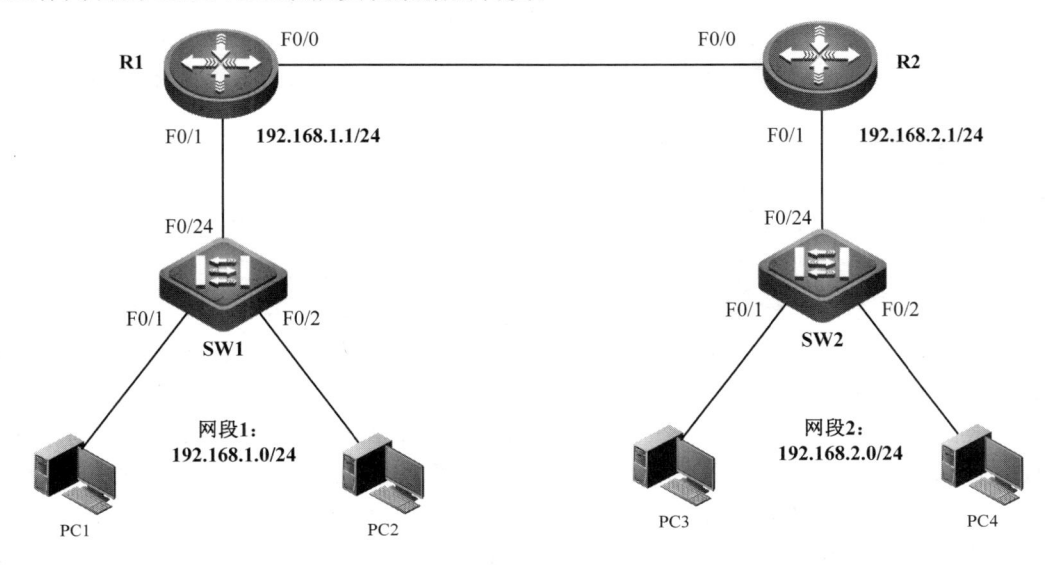

图 7.4 路由器的工作原理

若主机需要将数据发送给不同子网上的主机，如网段 1 中的 PC1 和网段 2 中的 PC3，则因为它们不在同一个网段，所以需要路由器进行路径选择和数据转发。PC1 会将数据发送给路由器 R1，R1 的 F0/1 端口地址即 PC1 的网关，R1 通过路由表将数据发送给路由器 R2，R2 通过交换机 SW2 将数据发送给 PC3。

7.2.4　静态路由与默认路由

静态路由是指由网络管理员手动配置的路由信息，它是一种最简单的路由配置方法，一般用在小型网络或拓扑结构相对固定的网络中。网络管理员易于清楚地了解网络的拓扑结构，便于设置正确的路由信息。静态路由可以减轻路由器路由计算的负担，在一定程度上可以提高网络的性能。

静态路由的一个优点是网络安全保密性高。动态路由需要路由器频繁地交换各自的路由表，而对路由表的分析可以揭示网络的拓扑结构和网络地址等信息。因此，网络出于安全方面的考虑也可以采用静态路由。静态路由的另一个优点是不占用网络带宽，因此不会产生更新流量。

但是在大型和复杂的网络环境中通常不宜采用静态路由。一方面，由于手动配置所需的工作量巨大，因此很难采用静态路由来全面地配置整个网络。另一方面，当网络的拓扑结构和链路状态发生变化时，路由器中的路由信息需要大范围地实时、自动调整，这是难以依靠手动配置静态路由来实现的，在这种情况下，必须使用动态路由。

默认路由是一种特殊的静态路由，是指当路由器在路由表中找不到可到达目的网络的路由时最终采用的路由。默认路由的含义相当于在普通计算机上设置的默认网关。默认路由在路由器上十分常见，通过设置默认路由，路由器不需要存储通往 Internet 中所有网络的路由，可以存储一条默认路由来代表不在路由表中的任何网络。

【工匠精神】

"火药雕刻师"徐立平

你听说过雕刻火药的工作吗？在电影《我和我的父辈》中，郁凯迎（章子怡饰演的火药雕刻师）的助手不慎碰掉了桌上的工具，与火药接触的瞬间引起了爆炸。这就是火药雕刻师——游走于危险边缘的高端艺术家。

"每一次落刀，都能听到自己的心跳。你在火药上微雕，不能有毫发之差。这是千钧所系的一发，战略导弹，载人航天，每一件大国利器，都离不开你。你是一介工匠，你是大国工匠。"这是 2015 年"感动中国"中的颁奖词，被授予的对象，是人称"中国第一刀"的火药雕刻师——徐立平。

1987 年，19 岁的徐立平从技校毕业，在母亲的教诲下，他投身于航天事业，走上了"固体火箭发动机药面整形"这条"钢丝绳"般的职业之路。火箭发动机固体燃料的尺寸和精度，决定着火箭的飞行轨迹，燃烧表面必须按标准进行精密修整。这项工作很难用机器一次成型，全凭技师的经验和技术。面对重达几十吨的火药，他们的生命就掌握在自己手中，甚至每次呼吸都要做到与下刀的节奏高度一致。一旦刀具碰到壳体，就可能出现火花，造成燃烧、爆炸，生还概率几乎为零。

1989 年，我国重点型号发动机研制进入攻坚阶段，紧要关头，一台即将试车的发动机火药出现脱粘（产生裂纹）。经专家研究讨论，为了不影响后续进度，决定首次开展就地挖药，当时年仅 21 岁的徐立平成为突击队最年轻的队员。这项工作需要操作人员爬进狭小的发动机内部，将已经装填好的火药一点点挖出来。四米多长的火药桶里，连翻个身都很困难，在缺氧及精神高度紧张的情况下，徐立平和他的同事们半跪半躺着，每人每次只能操作十分钟，挖出四五克火药。他们昼夜不停，历时两个多月，如蚂蚁噬骨般挖出了 300 多公斤火药，才终于将发动机故障成功排除。

火药雕刻的过程是不可逆的，无法修补打磨。再精密的机器也无法完全替代人工，这也是迄今为止困扰世界的一道难题。徐立平的付出和努力，使他的技术日益娴熟。0.5 毫米，是固体发动机火药表面精度允许的最大误差，徐立平每次下刀都不超过 0.2 毫米，比两张 A4 纸还薄。他轻轻一摸火药，就可以感知到需要切削部分的尺寸，而这零点几毫米的差距，对于武器的作战效果，或者发射卫星的影响可能是几十千米。

徐立平从"刀"入手，休息的时间都在思考研究如何改进这把"刀"，但迟迟没有思路。后来，一次很普通的削苹果，突然给他来了灵感。大受启发的徐立平，经过不断摸索和实践，一种新型刀具横空出世，配合这种刀具，可以精准地把误差控制在 0.2 毫米之内。后来，这把刀被命名为"立平刀"，多年来，他还设计、发明和改进了 30 多种刀具，其中 9 项申请了国家专利。

在远离城市喧嚣的枯燥车间里，徐立平从青春岁月干到了年逾半百，一次次行走于危险边缘。三十多年来，徐立平先后承担了多种战略战术导弹、载人航天、固体运载火箭等国家重大项目的整形任务，一直保持着合格率百分之百和安全事故为零的纪录。曾有人问他是否想过退缩，他说，任何工作都要有人做，不是自己也会是别人，如果每个人遇到危险就放弃，国家的未来靠什么？再危险的工作，也要有人做，为什么那个人不是我呢？

7.2.5 路由器的基本配置命令

路由器的管理方式与交换机的管理方式基本相同，分为带外管理和带内管理两种。带外管理通过连接 Console 端口与计算机的 COM 端口（或 USB 端口）进行，带内管理有 Telnet、Web 页面管理和基于 SNMP 的管理三种方式。与交换机不同的是，路由器上有一个 AUX 端口，可以连接调制解调器实现远程管理，对路由器进行配置。

路由器的配置模式与交换机的配置模式基本相同，主要包括用户模式、特权模式、全局配置模式、端口配置模式，但路由器还增加了线路配置模式和路由配置模式，在线路配置模式下，可以对路由器的虚链路进行配置；在路由配置模式下，可以配置路由协议等。各个模式间存在"层次递进"关系，可以通过命令相互转换。具体的配置命令通过命令行输入。各个模式的具体用途如下。

（1）用户模式。登录路由器后进入的第一个配置模式。在用户模式下，可以简单查看路由器的软/硬件版本信息，并进行简单的测试。

用户模式的提示符为 Router>。

（2）特权模式。在用户模式下，使用 enable 命令进入的下一级模式。在特权模式下，可以对路由器的配置文件进行管理，查看路由器的配置信息，进行网络的测试和调试等操作。

操作示例：路由器从用户模式进入特权模式。
```
Router>enable
```
特权模式的提示符为 Router#。

（3）全局配置模式。在特权模式下，使用 configure terminal 命令进入的下一级模式。在全局配置模式下，可以配置路由器的全局性参数，如主机名、登录信息等。

操作示例：路由器从用户模式进入全局配置模式。
```
Router>enable
Router# configure terminal
```
全局配置模式的提示符为 Router(config)#。

（4）端口配置模式。全局配置模式的下一级模式，端口配置模式只影响具体的端口，进入端口配置模式的命令必须指明端口的类型。在全局配置模式下，使用 interface type mod/port 命令进入端口配置模式。

操作示例：从用户模式进入 F0/1 端口配置模式。
```
Router>enable
Router# configure terminal
Router(config)#interface fastethernet 0/1
```
端口配置模式的提示符为 Router(config-if)#。

（5）线路配置模式。线路配置模式可以对控制台访问及远程登录访问等进行配置。可以使用 line console 等命令配置控制台，控制台上的显示消息（如 debug 消息）经常会中断用户的输入，虽然这对实际输入的命令没有影响，但是却给工作带来了不便。使用 logging synchronous 命令可以同步控制台输入，使用 exec-timeout 0 0 命令可以让控制台不会自动退出。这两条命令在实际工作中比较常用。

操作示例：从用户模式进入线路配置模式，设置控制台不自动退出和同步控制台输入。
```
Router>enable
Router# configure terminal
Router(config)#line console 0                    //进入控制台配置
Router (config-line)#exec-timeout 0 0            //设置超时值为零，不自动退出
Router(config-line)#logging synchronous          //同步控制台输入
Router(config-line)#end
```

（6）路由配置模式。在全局模式下使用 router rip 命令可以进入 RIP 路由配置模式；使用 router ospf process-id 命令可以进入 OSPF 路由配置模式，"process-id" 代表 OSPF 路由协议的进程号。"process-id" 是一个 1～65535 之间的数字，由网络管理员选定。"process-id" 仅在本地有效，这意味着路由器间建立邻居关系时无须匹配该值。

操作示例：从用户模式分别进入 RIP 路由配置模式和 OSPF 路由配置模式。
```
Router>enable
Router# configure terminal
```

```
Router(config)#router rip                    //进入 RIP 路由配置模式
Router(config-router)#exit                   //从路由配置模式返回全局配置模式
Router(config)#router ospf 100               //进入 OSPF 路由配置模式
Router(config-router)#end
```

路由配置模式的提示符为 Router(config-router)#。

（7）配置静态路由。在全局配置模式下，输入如下命令，即可完成静态路由参数的设置。

```
Router(config)#ip route network-address subnet-mask nexthop-address
```

其中，"network-address"代表目的网络；"subnet-mask"代表子网掩码；"nexthop-address"代表下一跳路由器 IP 地址，这个地址也可以用下一跳路由器的端口表示。

操作示例：在路由器上配置静态路由，目的网络为 172.16.10.0，下一跳地址为 192.168.10.20。

```
Router>enable
Router# configure terminal
Router(config)#ip route 172.16.10.0 255.255.255.0 192.168.10.20
Router(config)#exit
```

（8）配置默认路由。默认路由是静态路由的特殊形式，目的网络和子网掩码均为 0.0.0.0。在全局配置模式下，输入如下命令，即可完成默认路由参数的设置。

```
Router(config)#ip route 0.0.0.0 0.0.0.0 nexthop-address
```

操作示例：在路由器上配置默认路由，目的网络为 172.16.10.0，下一跳路由器 IP 地址为 192.168.10.20。

```
Router>enable
Router# configure terminal
Router(config)#ip route 0.0.0.0 0.0.0.0 192.168.10.20
Router(config)#exit
```

7.3 项目实施

微课：静态路由工作任务示例

某公司总部设在上海，并组建了内网，随着公司规模和业务的扩大，公司在杭州设立了分公司。公司总部希望和分公司的网络互联，使得总部和分公司间的主机能够像同一个内网中的主机一样相互通信。

公司总部的路由器 R1 与分公司的路由器 R2 通过 S3/0 端口相互连接，R1 的 S3/0 端口为 DCE 端，R2 的 S3/0 端口为 DTE 端。R1 的 F0/1 端口连接三层交换机 SW3 的 F0/1 端口，SW3 的 F0/10 端口连接公司总部主机 PC1，R2 的 F0/0 端口连接分公司主机 PC2，要求 PC1 和 PC2 能够相互通信。

若你是公司的网络管理员，请你在三层交换机和路由器上配置静态路由来满足上述要求。公司网络拓扑结构图与 IP 地址规划表如图 7.5 和表 7.1 所示。

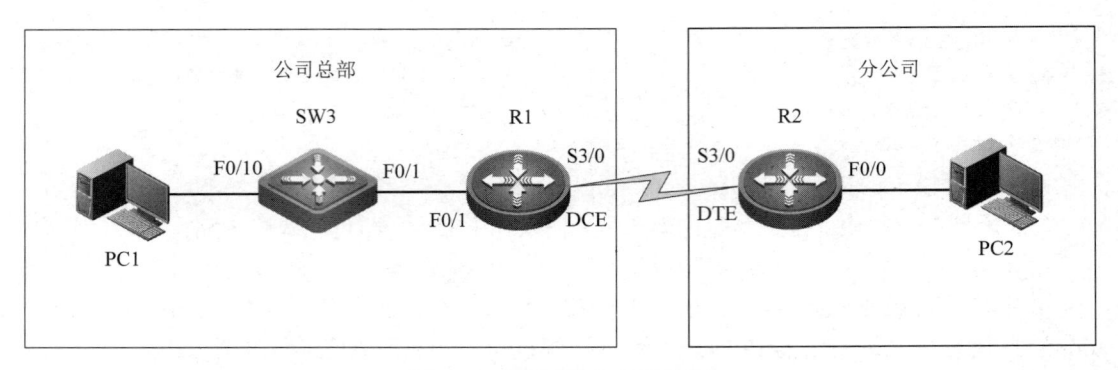

图 7.5 公司网络拓扑结构图

表 7.1 IP 地址规划表

设备名称	IP 地址	子网掩码	网关
R1 的 F0/1	172.16.10.1	255.255.255.0	—
R1 的 S3/0	10.0.0.1	255.255.255.252	—
R2 的 F0/0	192.168.20.254	255.255.255.0	—
R2 的 S3/0	10.0.0.2	255.255.255.252	—
SW3 的 F0/1	172.16.10.2	255.255.255.0	—
SW3 的 F0/10	192.168.10.254	255.255.255.0	—
PC1	192.168.10.10	255.255.255.0	192.168.10.254
PC2	192.168.20.20	255.255.255.0	192.168.20.254

任务目标

1．在公司总部路由器 R1 上配置端口的 IP 地址和子网掩码。
2．在分公司路由器 R2 上配置端口的 IP 地址和子网掩码。
3．在三层交换机 SW3 上配置端口的 IP 地址和子网掩码。
4．分别为 R1、R2 和 SW3 配置静态路由，实现 PC1 和 PC2 间的通信。

具体实施步骤

步骤 1：在公司总部路由器 R1 上配置端口的 IP 地址和子网掩码。

```
Router>enable
Router# configure terminal
Route (config)#hostname R1                       //将公司总部路由器命名为R1
R1(config)#interface fastEthernet 0/1            //进入F0/1端口配置模式
R1(config-if-FastEthernet 0/1)#ip address 172.16.10.1 255.255.255.0
//为F0/1端口配置IP地址和子网掩码
R1(config-if-FastEthernet 0/1)#no shutdown
//激活F0/1端口，默认情况下端口是关闭状态
R1(config-if-FastEthernet 0/1)#exit
R1(config)#interface serial 3/0                  //进入S3/0端口配置模式
R1(config-if-Serial 3/0)#ip address 10.0.0.1 255.255.255.252
//为S3/0端口配置IP地址和子网掩码
R1(config-if-Serial 3/0)#clock rate 64000        //在DCE端设置时钟频率
```

```
R1(config-if-Serial 3/0)#no shutdown           //激活 S3/0 端口
R1(config-if-Serial 3/0)#exit
R1(config)#end
```

注意：路由器提供外网端口（Serial 端口），使用 V.35 线缆连接外网端口链路。在外网连接时一端为 DCE（数据通信设备）端，另一端为 DTE（数据终端设备）端。对于 Serial 端口的配置，必须在 DCE 端设置时钟频率（Clock Rate）才能保证链路的连通，否则端口将无法激活。

```
R1#show ip interface brief                      //查看 R1 的 IP 地址配置信息
Interface              IP-Address(Pri)      OK?    Status
Serial 3/0             10.0.0.1/30          YES    DOWN
FastEthernet 0/0       no address           YES    DOWN
FastEthernet 0/1       172.16.10.1/24       YES    UP
```

注意：由于 R2 的 S3/0 端口尚未配置和激活，所以 R1 的 S3/0 端口尚处于关闭状态，一旦 R2 的 S3/0 端口激活，R1 的 S3/0 端口将自动激活。

步骤 2：在分公司路由器 **R2** 上配置端口的 **IP** 地址和子网掩码。

```
Router>enable
Router# configure terminal
Route (config)#hostname R2                      //将分公司路由器命名为R2
R2(config)#interface fastEthernet 0/0           //进入 F0/0 端口配置模式
R2(config-if-FastEthernet 0/0)#ip address 192.168.20.254 255.255.255.0
//为 F0/0 端口配置 IP 地址和子网掩码
R2(config-if-FastEthernet 0/0)#no shutdown
//激活 F0/0 端口，默认情况下端口是关闭状态
R2(config-if-FastEthernet 0/0)#exit
R2(config)#interface serial 3/0                 //进入 S3/0 端口配置模式
R2(config-if-Serial 3/0)#ip address 10.0.0.2 255.255.255.252
//为 S3/0 端口配置 IP 地址和子网掩码
R2(config-if-Serial 3/0)#no shutdown            //激活 S3/0 端口
R2(config-if-Serial 3/0)#exit
R2(config)#end
R2#show ip interface brief                      //查看 R2 的 IP 地址配置信息
Interface              IP-Address(Pri)      OK?    Status
Serial 3/0             10.0.0.2/30          YES    UP
Serial 4/0             no address           YES    DOWN
FastEthernet 0/0       192.168.20.254/24    YES    UP
FastEthernet 0/1       no address           YES    DOWN
```

步骤 3：在三层交换机 **SW3** 上配置端口的 **IP** 地址和子网掩码。

```
Switch>enable
Switch#config terminal
Switch(config)#hostname SW3                     //将三层交换机命名为SW3
SW3(config)#interface fastEthernet 0/1          //进入 F0/1 端口配置模式
SW3(config-if-FastEthernet 0/1)#no switchport
//关闭端口的交换模式，这样可以直接为端口配置 IP 地址
```

```
SW3(config-if-FastEthernet 0/1)#ip address 172.16.10.2 255.255.255.0
//为 F0/1 端口配置 IP 地址和子网掩码
SW3(config-if-FastEthernet 0/1)#no shutdown
SW3(config-if-FastEthernet 0/1)#exit
SW3(config)#interface fastEthernet 0/10          //进入 F0/10 端口配置模式
SW3(config-if-FastEthernet 0/10)#no switchport
//关闭端口的交换模式,这样可以直接为端口配置 IP 地址
SW3(config-if-FastEthernet 0/10)#ip address 192.168.10.254 255.255.255.0
//为 F0/10 端口配置 IP 地址和子网掩码
SW3(config-if-FastEthernet 0/10)#no shutdown
SW3(config-if-FastEthernet 0/10)#exit
SW3(config)#end
SW3#show ip interface brief                      //查看 SW3 的 IP 地址配置信息
Interface              IP-Address(Pri)     OK?       Status
FastEthernet 0/1       172.16.10.2/24      YES       UP
FastEthernet 0/10      192.168.10.254/24   YES       UP
```

步骤 4:为 **R1** 配置静态路由。

```
R1#config t
R1(config)#ip route 192.168.10.0 255.255.255.0 172.16.10.2
//R1 到达网段 192.168.10.0/24 的下一跳地址为 172.16.10.2
R1(config)#ip route 192.168.20.0 255.255.255.0 10.0.0.2
//R1 到达网段 192.168.20.0/24 的下一跳地址为 10.0.0.2
R1(config)#end
R1#show ip route                                 //查看 R1 的路由表信息
Codes: C - connected, S - static, R - RIP, B - BGP
       O - OSPF, IA - OSPF inter area
       N1 - OSPF NSSA external type 1, N2 - OSPF NSSA external type 2
       E1 - OSPF external type 1, E2 - OSPF external type 2
       i - IS-IS, su - IS-IS summary, L1 - IS-IS level-1, L2 - IS-IS level-2
       ia - IS-IS inter area, * - candidate default
Gateway of last resort is no set
C    10.0.0.0/30 is directly connected, Serial 3/0
C    10.0.0.1/32 is local host.
C    172.16.10.0/24 is directly connected, FastEthernet 0/1
C    172.16.10.1/32 is local host.
S    192.168.10.0/24 [1/0] via 172.16.10.2
S    192.168.20.0/24 [1/0] via 10.0.0.2
```

通过查看 R1 的路由表,发现里面有两条静态路由。

步骤 5:为 **R2** 配置静态路由。

```
R2#config t
R2(config)#ip route 172.16.10.0 255.255.255.0 10.0.0.1
//R2 到达网段 172.16.10.0/24 的下一跳地址为 10.0.0.1
R2(config)#ip route 192.168.10.0 255.255.255.0 10.0.0.1
//R2 到达网段 192.168.10.0/24 的下一跳地址为 10.0.0.1
```

注意：由于 R2 到达网段 172.16.10.0/24 和 192.168.10.0/24 的下一跳地址都是 10.0.0.1，所以可以使用一条默认路由来代替。

```
R2(config)#ip route 0.0.0.0 0.0.0.0 10.0.0.1
//可选配，R2 到达任意网段的下一跳地址都是 10.0.0.1
R2(config)#end
R2#show ip route                    //查看 R2 的路由表信息
 Codes:  C - connected, S - static, R - RIP, B - BGP
         O - OSPF, IA - OSPF inter area
         N1 - OSPF NSSA external type 1, N2 - OSPF NSSA external type 2
         E1 - OSPF external type 1, E2 - OSPF external type 2
         i - IS-IS, su - IS-IS summary, L1 - IS-IS level-1, L2 - IS-IS level-2
         ia - IS-IS inter area, * - candidate default
 Gateway of last resort is no set
C   10.0.0.0/30 is directly connected, Serial 3/0
C   10.0.0.2/32 is local host.
S   172.16.10.0/24 [1/0] via 10.0.0.1
S   192.168.10.0/24 [1/0] via 10.0.0.1
C   192.168.20.0/24 is directly connected, FastEthernet 0/0
C   192.168.20.254/32 is local host.
```

通过查看 R2 的路由表，发现里面有两条静态路由。

步骤 6：为 **SW3** 配置静态路由。

```
SW3#config t
SW3(config)#ip routing              //三层交换机开启路由功能
SW3(config)#ip route 10.0.0.0 255.255.255.252 172.16.10.1
//SW3 到达网段 10.0.0.0/30 的下一跳地址为 172.16.10.1
SW3(config)#ip route 192.168.20.0 255.255.255.0 172.16.10.1
//SW3 到达网段 192.168.20.0/24 的下一跳地址为 172.16.10.1
```

注意：由于 SW3 到达网段 10.0.0.0/30 和 192.168.20.0/24 的下一跳地址都是 172.16.10.1，所以可以使用一条默认路由来代替。

```
SW3(config)#ip route 0.0.0.0 0.0.0.0 172.16.10.1
//可选配，SW3 到达任意网段的下一跳地址都是 172.16.10.1
SW3(config)#end
SW3#show ip route                   //查看 SW3 的路由表信息
Codes:  C - connected, S - static, R - RIP, B - BGP
        O - OSPF, IA - OSPF inter area
        N1 - OSPF NSSA external type 1, N2 - OSPF NSSA external type 2
        E1 - OSPF external type 1, E2 - OSPF external type 2
        i - IS-IS, su - IS-IS summary, L1 - IS-IS level-1, L2 - IS-IS level-2
        ia - IS-IS inter area, * - candidate default
Gateway of last resort is no set
S   10.0.0.0/30 [1/0] via 172.16.10.1
C   172.16.10.0/24 is directly connected, FastEthernet 0/1
C   172.16.10.2/32 is local host.
C   192.168.10.0/24 is directly connected, FastEthernet 0/10
```

```
C    192.168.10.254/32 is local host.
S    192.168.20.0/24 [1/0] via 172.16.10.1
```

通过查看 SW3 的路由表，发现里面有两条静态路由。

步骤 7：测试 PC1 与 PC2 的通信情况，PC1 和 PC2 能够相互通信（见图 7.6）。

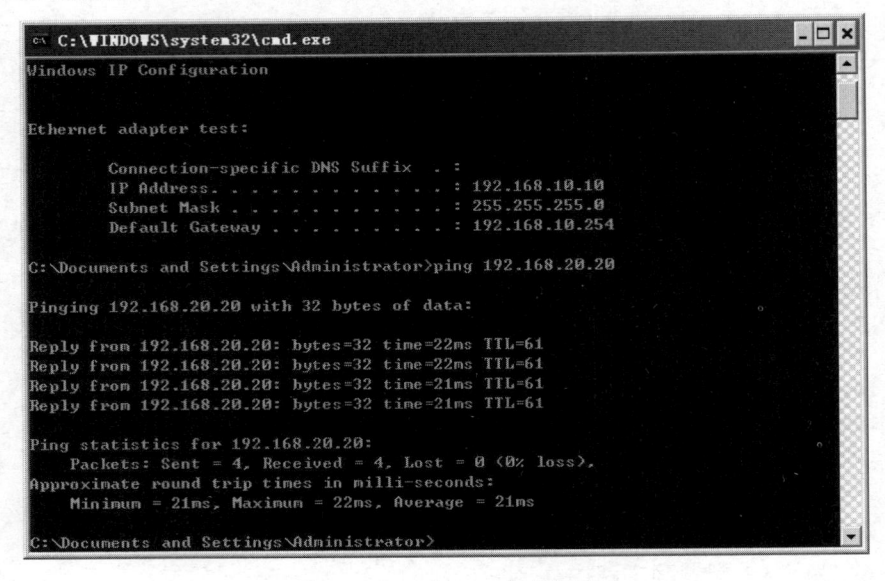

图 7.6 PC1 与 PC2 间的测试

注意事项

1. 如果两台路由器通过端口直接互连，则必须在 DCE 端设置时钟频率。
2. 静态路由必须双向都配置才能互通，配置时注意回程路由。
3. 默认路由一般配置在末端网络，也就是边缘路由器上。

7.4 项目拓展

某公司总部设在北京，并组建了内网。随着公司规模和业务的扩大，公司在南京设立了分公司。公司总部希望和分公司的网络互联，使得总部和分公司间的主机能够像同一个内网中的主机一样相互通信。

公司总部的路由器 R1 与分公司的路由器 R2 通过 S0/0 端口相互连接，R1 的 S0/0 端口为 DCE 端，R2 的 S0/0 端口为 DTE 端。

R1 的 F0/0 端口与三层交换机 SW1 的 F0/24 端口连接，公司总部的主机 PC1 属于 VLAN 10，PC2 属于 VLAN 20，分别连接在 SW1 的 F0/1 和 F0/2 端口上。R2 的 F0/0 端口与分公司的二层交换机 SW2 连接。分公司的主机 PC3 和 PC4 分别连接在 SW2 的 F0/1 和 F0/2 端口上。要求公司总部的主机可以和分公司的主机相互通信。

若你是公司的网络管理员，请你在三层交换机和路由器上配置静态路由来满足上述要求。公司网络拓扑结构图和 IP 地址规划表如图 7.7 和表 7.2 所示。

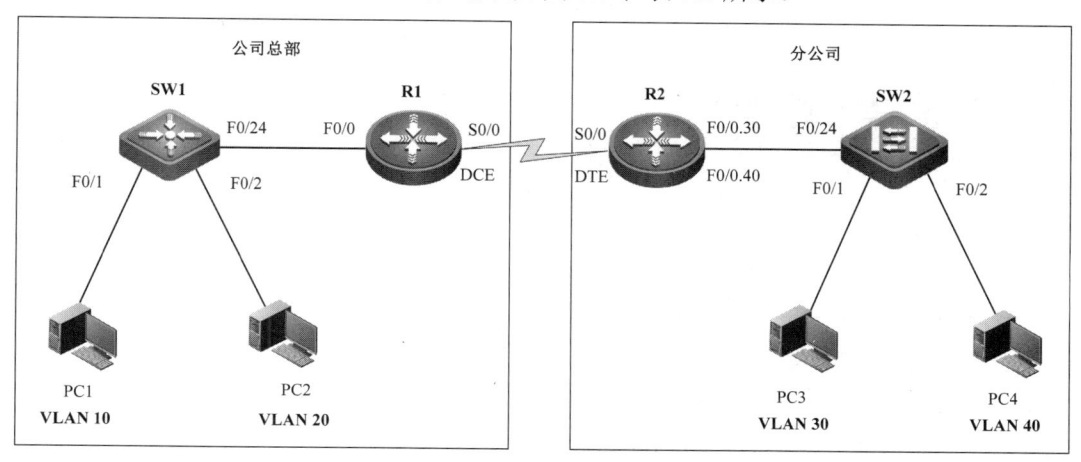

图 7.7　公司网络拓扑结构图

表 7.2　IP 地址规划表

设备名称	IP 地址	子网掩码	网关
R1 的 F0/0	172.16.0.1	255.255.255.0	—
R1 的 S0/0	10.10.10.1	255.255.255.252	—
R2 的 S0/0	10.10.10.2	255.255.255.252	—
R2 的 F0/0.30	192.168.30.1	255.255.255.0	—
R2 的 F0/0.40	192.168.40.1	255.255.255.0	—
SW1 的 F0/24	172.16.0.2	255.255.255.0	—
SW1 的 SVI 10	192.168.10.1	255.255.255.0	—
SW1 的 SVI 20	192.168.20.1	255.255.255.0	—
PC1	192.168.10.10	255.255.255.0	192.168.10.1
PC2	192.168.20.20	255.255.255.0	192.168.20.1
PC3	192.168.30.30	255.255.255.0	192.168.30.1
PC4	192.168.40.40	255.255.255.0	192.168.40.1

7.5　项目小结

　　配置静态路由的优点是使用广泛且稳定、简单，不存在动态路由协议的路由收敛过程；缺点是在大型网络中，配置工作量很大，特别是网络拓扑改变时需要做大量配置修改，所以它一般作为动态路由协议的补充。一般静态路由的优先级比动态路由的优先级高。

　　默认路由是一种特殊的静态路由，用来指明一些下一跳没有明确列于路由表中的数据包应如何转发。对于在路由表中找不到明确路由条目的数据包，都将按照默认路由指定的端口和下一跳地址进行转发。其优点是能够极大地减少路由表条目；缺点是不正确配置可能导致路由环路，或者导致非最佳路由。

7.6 思考与练习

（一）选择题

1. 全局配置模式是在特权模式下，使用（　　）命令进入的下一级模式。
   A．configure terminal　　　　B．enable configure
   C．termial configure　　　　　D．enable

2. 下列关于路由表项的内容错误的是？（　　）
   A．C（Connected）代表直连路由
   B．S（Static）代表静态路由
   C．S*（Static candidate default）代表静态路由
   D．R（RIP）代表 RIP 路由

3. 对于 Route（config）#ip route 172.16.3.0 255.255.255.0 192.168.2.4 命令，下列说法错误的是？（　　）
   A．192.168.2.4 是下一跳地址
   B．这个网段的子网掩码是 255.255.255.252
   C．172.16.3.0 就是我们想要发送数据的远程网段
   D．ip route 命令告诉我们这是一条静态路由

4. 对于 Router(config)#ip route network-address mask nexthop-address 命令，下列说法错误的是？（　　）
   A．此命令是在用户模式下进行的
   B．network-address 代表目的网络
   C．mask 代表源网段的子网掩码
   D．nexthop-address 代表下一跳路由器 IP 地址

（二）填空题

1. 路由器最根本的任务就是实现路径选择和_____。
2. 路由表的生成方式分为直连路由和_____。
3. 我们可以在路由器上通过_____命令来查看端口 IP 地址及端口的状态。
4. 在全局配置模式下使用 interface serial 3/0 命令可以进入_____配置模式。
5. 在 DCE 端设置时钟频率时使用_____命令。

（三）问答题

1．简述路由器的主要功能。

2．简述路由器的工作原理。

3．简述静态路由与默认路由的区别与联系。

项目 8

RIP 动态路由实现网络互联

学习目标

知识目标

- 了解动态路由的概念。
- 理解静态路由与动态路由的区别。
- 了解动态路由协议的分类。
- 理解 RIP 的工作原理。

能力目标

- 掌握 RIP 的配置命令。
- 掌握 RIP 动态路由的配置方法。
- 学会配置 RIP 动态路由实现网络互联。

素质目标

- 培养学生良好的学习态度和学习习惯。
- 培养学生的团队合作精神和精益求精的专业精神。
- 通过"星光不问赶路人：从'信息孤岛'到通信的万里长城"的思政案例，引导学生要敢于挑战未知，勇于探索新技术、新方法，培养学生的奋斗精神和职业素养。

8.1 项目背景

某公司总部设在北京,并组建了内网。随着公司规模和业务的扩大,公司在天津设立了分公司。总部希望和分公司的网络互联,使得总部和分公司间的主机能够像在同一内网中的主机那样相互通信。为此,在总部与分公司网络的边缘分别部署了路由器,通过在路由器上进行配置实现公司总部与分公司的网络互联。

本项目通过在路由器和三层交换机上配置 RIP 动态路由来实现公司总部与分公司的网络互联。

➡ 教学导航

知识重点	1. 动态路由的概念。 2. 静态路由与动态路由的区别。 3. 动态路由协议的分类。 4. RIP 的工作原理
知识难点	1. 动态路由协议的分类。 2. RIP 的工作原理。 3. RIP 动态路由的配置方法。 4. 学会配置 RIP 动态路由实现网络互联
推荐教学方式	1. 教师通过知识点讲解,使学生了解动态路由的概念、静态路由与动态路由的区别、动态路由协议的分类,以及 RIP 的工作原理。 2. 教师通过课堂操作,演示 RIP 动态路由的配置方法、配置 RIP 动态路由实现网络互联。 3. 学生通过动手实践项目案例和项目拓展,掌握 RIP 动态路由的配置方法、配置 RIP 动态路由实现网络互联等。 4. 采用任务驱动、自主学习、小组探究学习等多种教学方法,让学生通过观察、思考、交流,提高其动手操作能力和团队协作能力
建议学时	4 学时

8.2 项目相关知识

要实现"位于不同地点的公司总部与分公司的网络互联",需要使用静态路由或动态路由,本项目使用 RIP 动态路由实现不同网络的互联。为了便于掌握和理解具体的配置操作步骤,需要了解动态路由的概念、静态路由与动态路由的区别、动态路由协议的分类、RIP 的工作原理、RIP 动态路由的配置方法等知识。

8.2.1　动态路由的概念

动态路由是指在路由器上运行的动态路由算法程序定期和其他路由器交换路由信息，从而学习到其他路由器上的路由信息，最终自动建立起来的路由表项。动态路由是某种路由协议实现的，路由协议定义了路由器与其他路由器通信时的规则。动态路由协议的作用是维护路由信息，选择出最佳路径，最终生成路由表项。

8.2.2　静态路由与动态路由的区别

静态路由是指由网络管理员在路由器中手动设置的路由信息，一旦设置好就不会自动改变。因此，当网络拓扑结构或链路状态发生变化时，就需要网络管理员手动修改路由表中相关的静态路由信息。静态路由信息在默认情况下是私有的，不会传递给其他路由器。静态路由一般适用于比较简单的网络环境，在这样的环境中，网络管理员易于清楚地了解网络拓扑结构，便于设置正确的路由信息。静态路由的优点是网络寻址速度快，适用于网络规模小、变动不大的网络系统；缺点是管理困难，对存在许多选择路由的大中型网络来说是不适用的。

动态路由是指路由器能够自动地建立自己的路由表，并且能够根据网络实际结构的变化适时地进行调整。动态路由的正常运作依赖路由器的两个基本功能：对路由表的维护和路由器间适时的路由信息交换。动态路由的路由表不是由网络管理员手动设置的，而是由路由器通过自动学习并且自动生成的。动态路由的优点是对网络变化的适应性强，无须人工维护，适用于网络环境变化大的网络系统；缺点是路由器的开销比较大。

静态路由和动态路由都有各自的特点和适用范围，在网络中静态路由和动态路由的作用互相补充。默认情况下，除了直连路由，静态路由的优先级最高。当一个数据包在路由器中进行路径选择时，路由器首先查找静态路由，如果查找到，则根据相应的静态路由转发数据包，否则查找动态路由。当静态路由与动态路由冲突时，以静态路由为准。

8.2.3　动态路由协议的分类

根据路由选择算法的不同，动态路由协议可分为内部网关协议（Interior Gateway Protocol，IGP）和外部网关协议（External Gateway Protocol，EGP）两类。在共同管理域下的一组运行相同路由协议的路由器的集合为一个自治系统（Autonomous System，AS），如一所大学、一家企业等。内部网关协议是在一个自治系统内部使用的路由协议，包括 RIP、OSPF、IS-IS 等。外部网关协议是在多个自治系统间互联运行的路由协议，如 BGP。

动态路由协议还可以分为有类（Classful）路由协议与无类（Classless）路由协议。有类路由协议最典型的是 RIPv1，在进行路由信息传递时，有类路由协议不包含路由的子网掩码信息，路由器按照 IP 地址默认的 A、B、C 类进行汇总处理。当与外部网络交换路由信息时，接收方路由器不会知道子网的细节，功能受到了限制，因此有类路由协议面临淘汰。而无类路由协议在进行路由信息传递时，包含子网掩码信息，并支持 VLSM（变长子网掩码）。因此，当路由器收到一个路由数据包时，也可以知道这个网段的子网掩码长度。RIPv2、OSPF、IS-IS、BGP 等都属于无类路由协议。

8.2.4　RIP 的基本概念

RIP（Routing Information Protocol，路由信息协议）是应用较早、使用较普遍的内部网关协议，是典型的距离矢量路由协议，管理距离为 120 跳。RIP 利用"跳数"作为尺度来衡量路由距离，"跳数"是一个数据包从本地网络到达目的网络所经过的路由器（包括其他三层及以上的互联设备）的数目。

路由器到与它直接相连的网络的跳数被定义为 0，若只需通过一个路由器就可到达网络，则路由器到该网络的距离为 1 跳，当需要通过 n 个路由器才可到达时，路由器到该网络的距离为 n 跳。RIP 最多支持的跳数为 15，即在源网络与目的网络间所要经过的最多路由设备的数目为 15，跳数为 16 表示网络不可达。

RIP 要解决三个问题：和谁交换路由信息？交换什么路由信息？多长时间交换一次路由信息？

（1）和谁交换路由信息？

仅和相邻路由器交换路由信息，RIP 通过广播 UDP（端口号为 520）报文来交换路由信息。

（2）交换什么路由信息？

交换的路由信息是当前路由器的路由表的全部信息，包括直连路由表和非直连路由表。

（3）多长时间交换一次路由信息？

路由器按固定的时间间隔交换路由信息。默认情况下，每 30s 发送一次路由信息更新，即将路由表广播给相邻路由器。

注意：如果间隔 180s 后路由器还没有收到相邻路由器的路由信息，就会把该相邻路由器设置为不可达，即将跳数设置为 16。

8.2.5　RIP 的工作原理

在运行 RIP 的网络中，所有启用了 RIP 的路由器都将周期性地发送本路由器的全部路由信息给其相邻的路由器，称为周期性更新路由信息。更新时间由更新计时器（Update Timer）控制，更新周期为 30s。

1. 路由表的初始状态

现有 3 台路由器 RouterA、RouterB、RouterC 连接 4 个网段，假如这 3 台路由器是同时启动的，这时路由器的初始路由表只有自己的直连路由表，如图 8.1 所示。

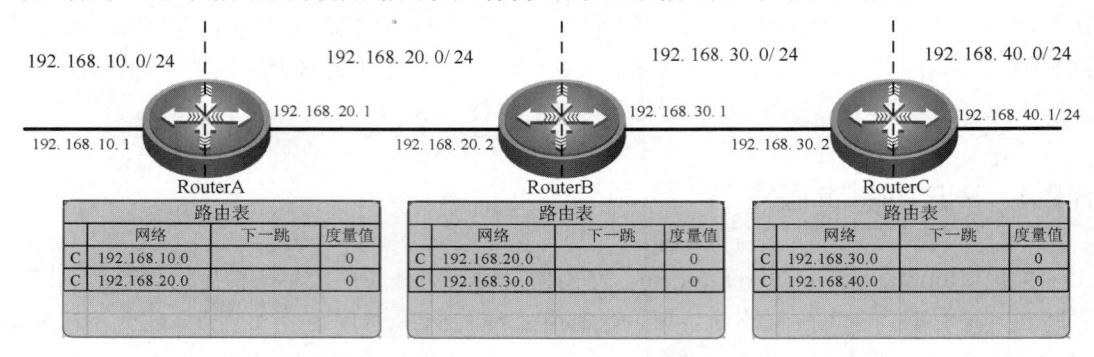

图 8.1 路由表的初始状态

2. 一次路由信息交换后的路由表状态

当路由器的更新计时器计数到达 30s 时，3 台路由器都向外发送自己的路由表。假如 3 台路由器同时收到了来自相邻路由器的路由更新信息，此时各路由器的路由表将发生变化，如图 8.2 所示。

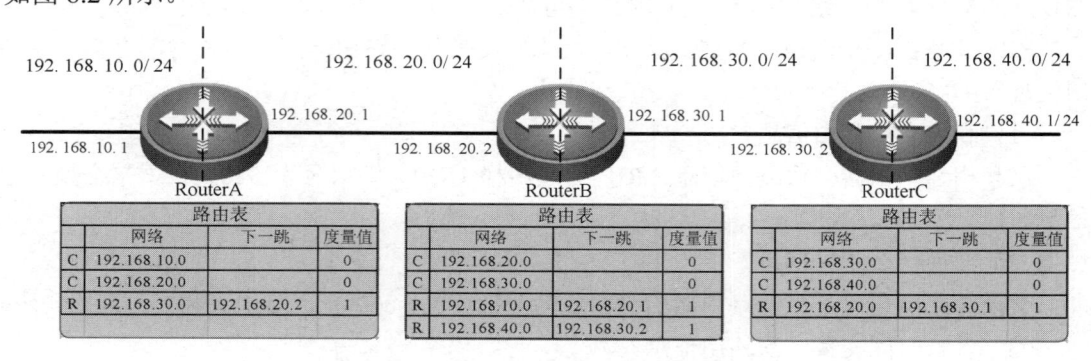

图 8.2 一次路由信息交换后的路由表状态

此时 RouterA 仅获得了 RouterB 的初始路由表，学习到了网络 192.168.20.0 和 192.168.30.0，由于自己的路由表中已存在网络 192.168.20.0，而且管理距离为 0，因此放弃了对网络 192.168.20.0 的路由更新。由于初始路由表中并不存在网络 192.168.30.0，因此，将网络 192.168.30.0 记录到路由表中，下一跳记录为该路由信息发送端口的 IP 地址，管理距离在原基础上加 1。同理，RouterB 和 RouterC 的路由表也得到了更新。

3. 二次路由信息交换后的路由表状态

当路由器更新计时器计数又到达 30s 时，3 台路由器再次向外发送自己的路由表。RouterA 和 RouterC 学习到了来自 RouterB 发送的路由信息，如图 8.3 所示。此时，所有路由器的路由表都达到了一致状态，所有网络已畅通，称该网络已收敛。

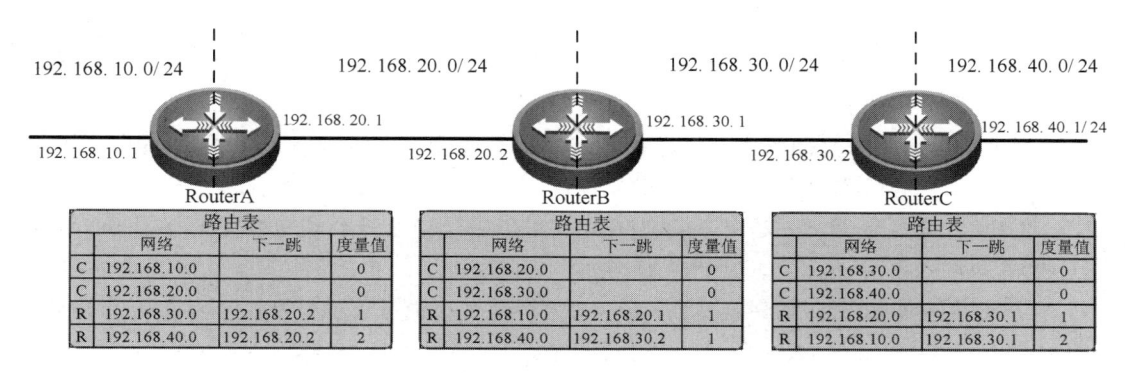

图 8.3　二次路由信息交换后的路由表状态

因为路由信息更新遍及整个网络，所以要重新计算最佳路径，最终达到所有路由器一致公认的最佳路径，这个过程称为收敛。从网络结构发生变化开始到所有路由器识别到变化并针对该变化做出响应为止的这段时间称为收敛时间。

收敛慢的路由算法会造成路径循环或网络中断。收敛过程既具有协作性，又具有独立性。各台路由器间既需要共享路由信息，又必须独立计算拓扑结构的变化对各自路由过程产生的影响。

由于各台路由器独立更新网络信息以便与拓扑结构保持一致，所以说路由器通过收敛来达成一致。收敛速度与路由信息的传播速度、最佳路径的计算方法有关，因此我们可以根据收敛速度来评估路由协议。收敛速度越快，路由协议的性能就越好。通常 RIP 的收敛速度较慢，而 OSPF 路由协议的收敛速度较快。

8.2.6　RIPv1 与 RIPv2 的区别

RIP 有两个版本，即 RIPv1 和 RIPv2。RIPv1 属于有类路由协议，不支持 VLSM，因此无法传达不同网络中 VLSM 的详细信息。RIPv1 以广播的方式发送路由交换信息，不支持认证。

RIPv2 做了许多更新，支持 VLSM，可以为每条路由信息都加入子网掩码，使得用户可以通过划分更小网络地址的方法更高效地使用有限的 IP 地址空间。RIPv2 以组播的方式进行路由信息更新，组播地址为 224.0.0.9，该地址代表所有的 RIPv2 路由设备。RIPv2 还支持基于端口的认证，支持明文与 MD5 认证，可以让路由器确认它所学到的路由信息来自合法的邻居路由器。

【职业素养】

星光不问赶路人：从"信息孤岛"到通信的万里长城

2011 年，华为中标公司规模最大的集成项目——印度尼西亚 M 项目在执行时遇到了问题。印度尼西亚国土面积近 200 万平方千米，东西横跨 7500 千米，由 1 万多个岛屿组成，号称"千岛之国",多火山、多地震,是全世界网络规划和施工最复杂的地方。"Fail to Plan, Plan to Fail"(外国谚语:没办法做好计划,计划注定要失败),这是项目初期客户高管在会议上抱怨最多的一句话。

"为满足合同中客户的需求,超过载重几倍的天线被设计到同一个铁塔上;同一个站点360度的平面上居然要打出100多个微波方向,几乎无法工作;铁塔上挂满设备,承重远超设计。项目进度停滞,一边是现场没有货可用,一边是上千个集装箱里的物料如山般堆在仓库中却发不出去……"当时的项目经理回忆道。

在双方高层会议上,客户集团高层说:"这个项目金额巨大,对我们至关重要,如果到6月份仍然达不到要求,我们将停止项目。"在巨大的压力下,网络规划设计专家茆耀东带领技术骨干王富忠、Sitanggang、洪建华、朱畅等员工和客户团队一起封闭数十天,重新优化规划方案,骨干链路用光缆替换微波;针对印度尼西亚微波频率干扰问题,引进新的波段;逐条优化传输方案,原光缆替代方案也从最初预计的近5100千米降低至2200千米。

就这样,项目组边勘测、边规划、边设计、边发货,在IT、供应链和解决方案等部门的支持下,规划和集成供应有序进行,最终柳暗花明。华为网络穿越了沼泽和原始森林,跨过了海岛、火山和地震带,成功保证印度尼西亚M项目的最终目标达成。随着网络建设的推进,客户也一跃成为印度尼西亚数据用户发展最快的运营商。

华为服务人靠着这种强烈的使命感和不服输的劲头,边打仗边建设,一步一步构筑了包括项目管理、技术管理、流程管理、资源管理和集成供应等在内的系统性专业能力,将硝烟弥漫的战场变成平稳有序的建设基地,把交付团队从游击队打造成正规军。

现在,华为每年能够交付1万多个项目,安装100多万个基站,铺设4万千米光缆,相当于绕地球一圈。拥有业界最强的交付能力和项目管理水平,让华为成为客户信赖的合作伙伴。现在华为的基站遍布全球的五大洋七大洲,为世界筑起了一道通信的万里长城。

8.2.7 RIP 的配置命令

1. 启动 RIP 进程,宣告本路由器参与 RIP 的直连网段

```
Router>enable
Router#config t
Router(config)#router rip          //启动 RIP 进程
Router(config-router)#network network-number
    //network-number 代表与本路由器直接相连的网段号
```

操作示例:路由器 R1 的 S0/0 端口的 IP 地址为 192.168.10.10/24,S0/1 端口的 IP 地址为 192.168.20.20/24,现要求在 R1 中运行 RIPv1。

```
Router>enable
Router#config t
Router(config)#router rip
Router(config-router)#network 192.168.10.0
Router(config-router)#network 192.168.20.0
```

2. 指定使用 RIPv2，并关闭自动汇总功能

```
Router>enable
Router#config t
Router(config)#router rip              //开启 RIP
Router(config-router)#version 2
   //选择 RIPv2，默认情况下使用 RIPv1
Router(config-router)#no auto-summary
   //关闭自动汇总功能，默认开启自动汇总功能
```

操作示例：路由器 R1 的 S0/0 端口的 IP 地址为 192.168.10.10/24，S0/1 端口的 IP 地址为 192.168.20.20/24，现要求在 R1 中运行 RIPv2，并关闭自动汇总功能。

```
Router>enable
Router#config t
Router(config)#int S0/0
Router(config-if)#ip address 192.168.10.10 255.255.255.0
//为 S0/0 端口配置 IP 地址
Router(config-if)#no shutdown          //激活端口
Router(config-if)#exit
Router(config)#int S0/1
Router(config-if)#ip address 192.168.20.20 255.255.255.0
//为 S0/1 端口配置 IP 地址
Router(config-if)#no shutdown          //激活端口
Router(config-if)#exit
Router(config)#router rip              //开启 RIP
Router(config-router)#network 192.168.10.0
Router(config-router)#network 192.168.20.0
Router(config-router)#version 2        //选择 RIPv2
Router(config-router)#no auto-summary  //关闭自动汇总功能
Router(config-router)#end
```

3. RIP 动态路由的维护命令

```
Router#show ip protocols               //验证 RIP 的配置
Router#show ip route                   //显示路由表的信息
Router#clear ip route                  //清除 IP 路由表的信息
Router#debug ip rip                    //显示 RIP 的工作状态和路由更新即时信息
```

8.3 项目实施

某公司总部设在北京，并组建了内网。随着公司规模和业务的扩大，公司在天津设立了分公司。总部希望和分公司的网络互联，使得总部和分公司间的主机能够像在同一内网中的主机那样相互通信。

公司总部路由器 R1 与分公司路由器 R2 通过 S3/0 端口相互连接，R1 的 S3/0 端口为 DCE 端，R2 的 S3/0 端口为 DTE 端。R1 的 F0/1 端口连接三层交换机 SW3 的 F0/1 端口，SW3 的 F0/5 端口连接公司总部的主机 PC1，R2 的 F0/1 端口连接分公司的主机 PC2，要求 PC1 和 PC2 能够相互通信。

若你是公司的网络管理员，请你在三层交换机和路由器上配置 RIPv2 来满足上述要求。公司网络拓扑结构图和 IP 地址规划表如图 8.4 和表 8.1 所示。

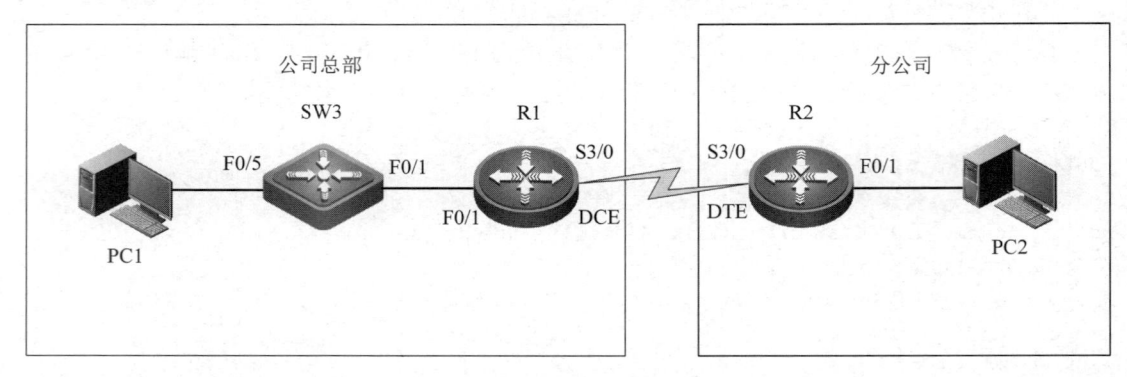

图 8.4 公司网络拓扑结构图

表 8.1 IP 地址规划表

设备名称	IP 地址	子网掩码	网关
R1 的 F0/1	192.168.1.1	255.255.255.0	—
R1 的 S3/0	192.168.2.1	255.255.255.0	—
R2 的 F0/1	192.168.3.1	255.255.255.0	—
R2 的 S3/0	192.168.2.2	255.255.255.0	—
SW3 的 F0/1	192.168.1.2	255.255.255.0	—
SW3 的 F0/5	192.168.5.1	255.255.255.0	—
PC1	192.168.5.11	255.255.255.0	192.168.5.1
PC2	192.168.3.22	255.255.255.0	192.168.3.1

任务目标

1. 在公司总部路由器 R1 上配置端口的 IP 地址和子网掩码。
2. 在分公司路由器 R2 上配置端口的 IP 地址和子网掩码。
3. 在三层交换机 SW3 上配置端口的 IP 地址和子网掩码。
4. 分别在 R1、R2 和 SW3 上配置 RIPv2，实现 PC1 和 PC2 间的通信。

具体实施步骤

步骤 1：在公司总部路由器 R1 上配置端口的 IP 地址和子网掩码。

```
Router>enable
Router#config t
Router(config)#hostname R1                    //将公司总部路由器命名为 R1
```

```
R1(config)#interface fastEthernet 0/1
R1(config-if-FastEthernet 0/1)#ip address 192.168.1.1 255.255.255.0
R1(config-if-FastEthernet 0/1)#no shutdown
R1(config-if-FastEthernet 0/1)#exit
R1(config)#interface serial 3/0
R1(config-if-Serial 3/0)#ip address 192.168.2.1 255.255.255.0
R1(config-if-Serial 3/0)#clock rate 64000       //在DCE端设置时钟频率
R1(config-if-Serial 3/0)#no shutdown
R1(config-if-Serial 3/0)#end                    //直接从端口配置模式返回特权模式
R1#show ip interface brief                      //查看R1的IP地址配置信息
Interface              IP-Address(Pri)     OK?     Status
Serial 3/0             192.168.2.1/24      YES     DOWN
FastEthernet 0/0       no address          YES     DOWN
FastEthernet 0/1       192.168.1.1/24      YES     UP
```

步骤2：在分公司路由器 **R2** 上配置端口的 **IP** 地址和子网掩码。

```
Router>enable
Router#config t
Router(config)#hostname R2                      //将分公司路由器命名为R2
R2(config)#interface fastEthernet 0/1
R2(config-if-FastEthernet 0/1)#ip address 192.168.3.1 255.255.255.0
R2(config-if-FastEthernet 0/1)#no shutdown
R2(config-if-FastEthernet 0/1)#exit
R2(config)#interface serial 3/0
R2(config-if-Serial 3/0)#ip address 192.168.2.2 255.255.255.0
R2(config-if-Serial 3/0)#no shutdown
R2(config-if-Serial 3/0)#exit
R2(config)#end
R2#show ip interface brief                      //查看R2的IP地址配置信息
Interface              IP-Address(Pri)     OK?     Status
Serial 3/0             192.168.2.2/24      YES     UP
Serial 4/0             no address          YES     DOWN
FastEthernet 0/0       no address          YES     DOWN
FastEthernet 0/1       192.168.3.1/24      YES     UP
```

步骤3：在三层交换机 **SW3** 上配置端口的 **IP** 地址和子网掩码。

```
Switch>enable
Switch#config terminal
Switch(config)#hostname SW3                     //将三层交换机命名为SW3
SW3(config)# interface fastEthernet 0/1
SW3(config-if-FastEthernet 0/1)#no switchport
//关闭端口的交换模式，这样可以直接为端口配置IP地址
SW3(config-if-FastEthernet 0/1)#ip address 192.168.1.2 255.255.255.0
SW3(config-if-FastEthernet 0/1)# no shutdown
SW3(config-if-FastEthernet 0/1)#exit
SW3(config)#interface fastEthernet 0/5
SW3(config-if-FastEthernet 0/5)#no switchport
```

```
//关闭端口的交换模式，这样可以直接为端口配置IP地址
SW3(config-if-FastEthernet 0/5)#ip address 192.168.5.1 255.255.255.0
SW3(config-if-FastEthernet 0/5)#no shutdown
SW3(config-if-FastEthernet 0/5)#exit
SW3(config)#end
SW3#show ip interface brief                       //查看SW3的IP地址配置信息
Interface                     IP-Address(Pri)     OK?      Status
FastEthernet 0/1              192.168.1.2/24      YES      UP
FastEthernet 0/5              192.168.5.1/24      YES      UP
```

步骤4：在R1上配置RIP v2。

```
R1#config t
R1(config)#route rip                              //进入RIP配置模式
R1(config-router)#network 192.168.1.0             //将直连网段宣告出去
R1(config-router)#network 192.168.2.0
R1(config-router)#version 2                       //将RIP版本设置为RIPv2
R1(config-router)#no auto-summary                 //关闭子网的自动汇总功能
R1(config-router)#end                             //返回特权模式
```

步骤5：在R2上配置RIP v2。

```
R2#config t
R2(config)#route rip                              //进入RIP配置模式
R2(config-router)#network 192.168.2.0             //将直连网段宣告出去
R2(config-router)#network 192.168.3.0
R2(config-router)#version 2                       //将RIP版本设置为RIPv2
R2(config-router)#no auto-summary                 //关闭子网的自动汇总功能
R2(config-router)#end                             //返回特权模式
```

步骤6：在SW3上配置RIP v2。

```
SW3#config t
SW3(config)#ip routing                            //三层交换机开启路由功能
SW3(config)#route rip                             //进入RIP配置模式
SW3(config-router)#network 192.168.1              //将直连网段宣告出去
SW3(config-router)#network 192.168.5.0
SW3(config-router)#version 2                      //将RIP版本设置为RIPv2
SW3(config-router)#no auto-summary                //关闭子网的自动汇总功能
SW3(config-router)#end                            //返回特权模式
```

步骤7：在R1、R2和SW3上查看路由表信息。

```
R1#show ip route                                  //在R1上查看路由表信息
Codes: C - connected, S - static, R - RIP, B - BGP
       O - OSPF, IA - OSPF inter area
       N1 - OSPF NSSA external type 1, N2 - OSPF NSSA external type 2
       E1 - OSPF external type 1, E2 - OSPF external type 2
       i - IS-IS, su - IS-IS summary, L1 - IS-IS level-1, L2 - IS-IS level-2
       ia - IS-IS inter area, * - candidate default
Gateway of last resort is no set
C    192.168.1.0/24 is directly connected, FastEthernet 0/1
```

```
C    192.168.1.1/32 is local host.
C    192.168.2.0/24 is directly connected, Serial 3/0
C    192.168.2.1/32 is local host.
R    192.168.3.0/24 [120/1] via 192.168.2.2, 00:01:12, Serial 3/0
R    192.168.5.0/24 [120/1] via 192.168.1.2, 00:02:27, FastEthernet 0/1
```

通过查看 R1 的路由表，发现 R1 上有两条 RIP 动态路由信息。

```
R2#show ip route                              //在 R2 上查看路由表信息
Codes:  C - connected, S - static, R - RIP, B - BGP
        O - OSPF, IA - OSPF inter area
        N1 - OSPF NSSA external type 1, N2 - OSPF NSSA external type 2
        E1 - OSPF external type 1, E2 - OSPF external type 2
        i - IS-IS, su - IS-IS summary, L1 - IS-IS level-1, L2 - IS-IS level-2
        ia - IS-IS inter area, * - candidate default
Gateway of last resort is no set
R    192.168.1.0/24 [120/1] via 192.168.2.1, 00:01:41, Serial 3/0
C    192.168.2.0/24 is directly connected, Serial 3/0
C    192.168.2.2/32 is local host.
C    192.168.3.0/24 is directly connected, FastEthernet 0/1
C    192.168.3.1/32 is local host.
R    192.168.5.0/24 [120/2] via 192.168.2.1, 00:01:41, Serial 3/0
```

通过查看 R2 的路由表，发现 R2 上有两条 RIP 动态路由信息。

```
SW3#show ip route                             //在 SW3 上查看路由表信息
Codes:  C - connected, S - static, R - RIP, B - BGP
        O - OSPF, IA - OSPF inter area
        N1 - OSPF NSSA external type 1, N2 - OSPF NSSA external type 2
        E1 - OSPF external type 1, E2 - OSPF external type 2
        i - IS-IS, su - IS-IS summary, L1 - IS-IS level-1, L2 - IS-IS level-2
        ia - IS-IS inter area, * - candidate default
Gateway of last resort is no set
C    192.168.1.0/24 is directly connected, FastEthernet 0/1
C    192.168.1.2/32 is local host.
R    192.168.2.0/24 [120/1] via 192.168.1.1, 00:00:10, FastEthernet 0/1
R    192.168.3.0/24 [120/2] via 192.168.1.1, 00:00:10, FastEthernet 0/1
C    192.168.5.0/24 is directly connected, FastEthernet 0/5
C    192.168.5.1/32 is local host.
```

通过查看 SW3 的路由表，发现 SW3 上有两条 RIP 动态路由信息。

步骤 8：测试 **PC1** 与 **PC2** 间的通信状态（见图 **8.5**）。

注意事项

1. 要选择连接在 DCE 端的路由器端口来设置时钟频率，否则会导致链路不通。
2. 如果要配置 RIPv2，则需要在所有的三层设备上配置 version 2 命令。
3. 关闭自动汇总功能的 no auto-summary 命令只在 RIPv2 中才被支持。

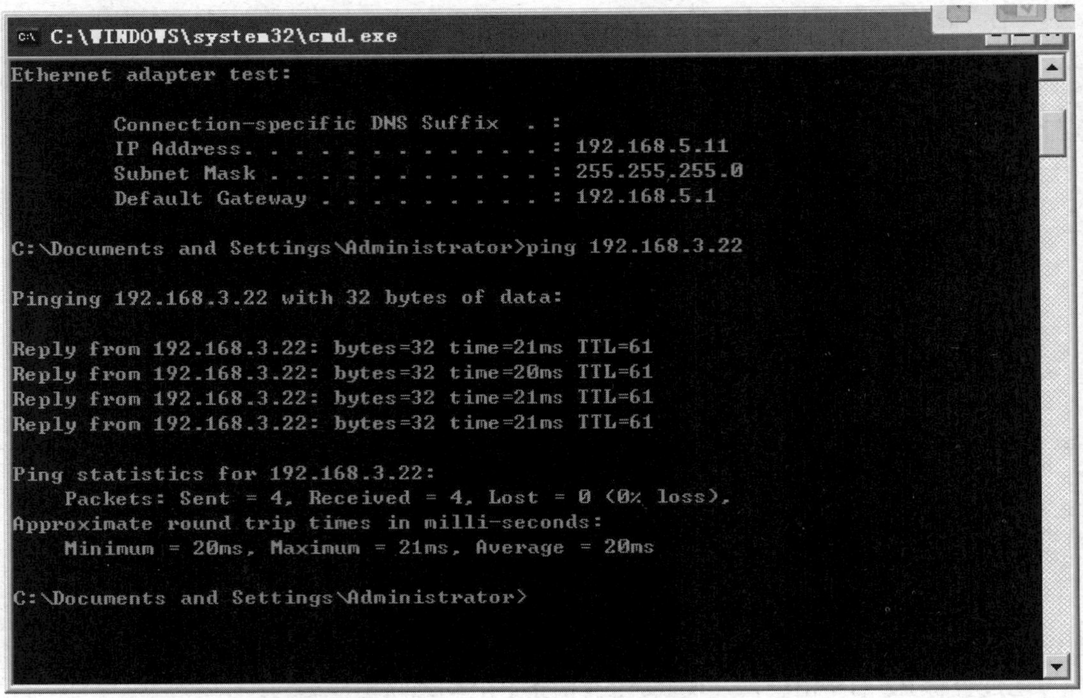

```
C:\WINDOWS\system32\cmd.exe

Ethernet adapter test:

        Connection-specific DNS Suffix  . :
        IP Address. . . . . . . . . . . . : 192.168.5.11
        Subnet Mask . . . . . . . . . . . : 255.255.255.0
        Default Gateway . . . . . . . . . : 192.168.5.1

C:\Documents and Settings\Administrator>ping 192.168.3.22

Pinging 192.168.3.22 with 32 bytes of data:

Reply from 192.168.3.22: bytes=32 time=21ms TTL=61
Reply from 192.168.3.22: bytes=32 time=20ms TTL=61
Reply from 192.168.3.22: bytes=32 time=21ms TTL=61
Reply from 192.168.3.22: bytes=32 time=21ms TTL=61

Ping statistics for 192.168.3.22:
    Packets: Sent = 4, Received = 4, Lost = 0 (0% loss),
Approximate round trip times in milli-seconds:
    Minimum = 20ms, Maximum = 21ms, Average = 20ms

C:\Documents and Settings\Administrator>
```

图 8.5　PC1 与 PC2 间的测试

8.4　项目拓展

某公司总部设在北京，并组建了内网。随着公司规模和业务的扩大，公司在天津设立了分公司。公司总部希望和分公司的网络互联，使得公司总部和分公司间的主机能够像在同一内网中的主机那样相互通信。

公司总部路由器 R1 与分公司路由器 R2 通过 S0/0 端口相互连接，R1 的 S0/0 端口为 DCE 端，R2 的 S0/0 端口为 DTE 端。

R1 的 F0/0 端口连接三层交换机 SW1 的 F0/24 端口，公司总部的主机 PC1 属于 VLAN 10，PC2 属于 VLAN 20，分别连接在 SW1 的 F0/1 和 F0/2 端口上。R2 的 F0/0 端口连接主机 PC3，F0/1.100 和 F0/1.200 端口连接分公司的二层交换机 SW2。分公司的主机 PC4 和 PC5 分别连接在 SW2 的 F0/1 和 F0/2 端口上。要求公司总部的主机可以和分公司的主机相互通信。

若你是公司的网络管理员，请你在三层交换机和路由器上配置 RIPv2 来满足上述要求。公司网络拓扑结构图和 IP 地址规划表如图 8.6 和表 8.2 所示。

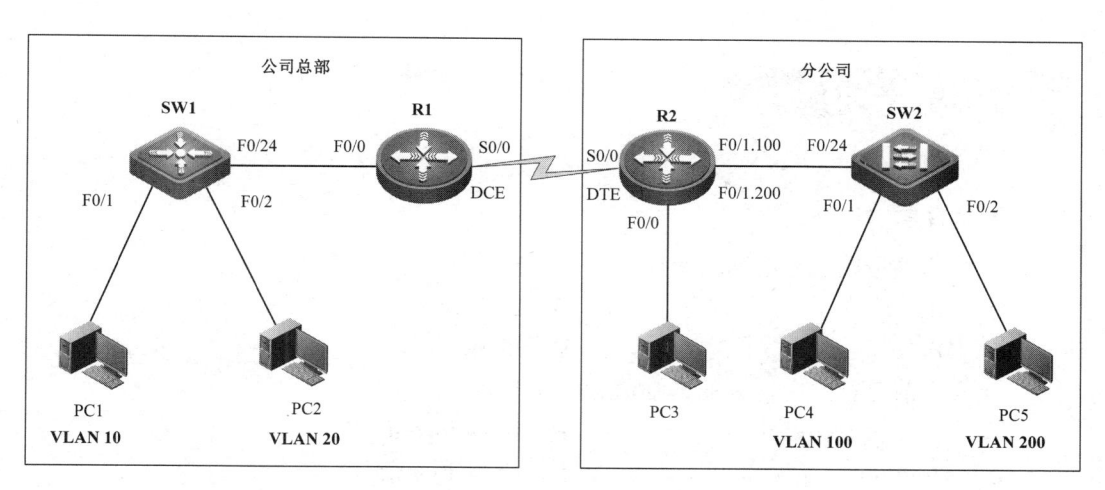

图 8.6 公司网络拓扑结构图

表 8.2 IP 地址规划表

设备名称	IP 地址	子网掩码	网关
R1 的 F0/0	172.16.1.1	255.255.255.0	—
R1 的 S0/0	10.0.0.1	255.255.255.252	—
R2 的 S0/0	10.0.0.2	255.255.255.252	—
R2 的 F0/0	192.168.30.30	255.255.255.0	—
R2 的 F0/1.100	192.168.100.1	255.255.255.0	—
R2 的 F0/1.200	192.168.200.1	255.255.255.0	—
SW1 的 F0/24	172.16.1.2	255.255.255.0	—
SW1 的 F0/1	192.168.10.1	255.255.255.0	—
SW1 的 F0/2	192.168.20.1	255.255.255.0	—
PC1	192.168.10.10	255.255.255.0	192.168.10.1
PC2	192.168.20.20	255.255.255.0	192.168.20.1
PC3	192.168.30.30	255.255.255.0	192.168.30.1
PC4	192.168.100.100	255.255.255.0	192.168.100.1
PC5	192.168.200.200	255.255.255.0	192.168.200.1

8.5 项目小结

RIPv1 的路由更新信息中不携带子网掩码，不支持 VLSM，是有类路由协议。RIPv2 是无类路由协议，在每条路由更新信息中都加入了子网掩码。RIPv1 发送更新报文的方式为广播，RIPv2 发送更新报文的方式为组播。RIPv1 不支持认证，而 RIPv2 支持认证。RIP 是基于距离矢量算法的路由协议，最大的跳数是 15，如果一条路由的跳数达到了 16，那么认为该路由是无效的，因此它不适用于大型网络。

8.6 思考与练习

（一）选择题

1. 下列哪项不属于内部网关协议？（   ）
    A. RIPv2　　　　　　　　　　B. BGP
    C. OSPF　　　　　　　　　　D. IS-IS
2. 查看当前运行路由协议的详细信息的命令是（   ）。
    A. show ip protocols　　　　　B. show ipconfig
    C. show run　　　　　　　　　D. show ip int b
3. 在 RIP 中，将跳数（   ）定为不可达。
    A. 15　　　　　　　　　　　　B. 255
    C. 128　　　　　　　　　　　D. 16
4. RIPv2 的多播方式以多播地址（   ）周期性发布 RIPv2 报文。
    A. 224.0.0.0　　　　　　　　　B. 224.0.0.9
    C. 127.0.0.1　　　　　　　　　D. 220.0.0.8
5. RIP 用来请求对方路由表和周期性广播的是哪两种报文？（   ）
    A. Request 报文和 Hello 报文
    B. Response 报文和 Hello 报文
    C. Request 报文和 Response 报文
    D. Request 报文和 Keeplive 报文

（二）填空题

1. RIP 利用_____作为度量值来衡量路由距离，其是一个数据包从本地网络到达目的网络所经过的路由器的数目。
2. RIPv1 属于_____协议，不支持_____。
3. RIPv2 发送更新报文的方式为_____，最大跳数为_____。

（三）问答题

1. 静态路由与动态路由有什么区别？

2．动态路由协议可以分为哪几类？

3．简述 RIP 的工作原理。

项目 9

OSPF 动态路由实现网络互联

学习目标

知识目标
- 了解 OSPF 路由协议的基本概念。
- 理解 OSPF 路由协议的工作原理。
- 理解 OSPF 路由协议与 RIP 的区别。

能力目标
- 掌握 OSPF 路由协议的配置命令。
- 掌握 OSPF 动态路由的配置方法。
- 学会配置 OSPF 动态路由实现网络互联。

素质目标
- 培养学生良好的学习态度和学习习惯。
- 培养学生的团队合作精神和共同目标意识。
- 通过"为高铁安上'快腿',驰骋于大江南北"的思政案例,引导学生要树立远大的职业理想,不畏艰难,勇于攀登技术高峰,培养学生追求卓越、精益求精的工匠精神。

9.1 项目背景

某公司总部设在北京，并组建了内网。随着公司规模和业务的扩大，公司在天津设立了分公司。总部希望和分公司的网络互联，使得公司总部和分公司间的主机能够像在同一内网中的主机那样相互通信。为此，在公司总部与分公司网络的边缘分别部署了路由器，通过在路由器上进行配置实现公司总部与分公司的网络互联。

本项目通过在路由器和三层交换机上配置 OSPF 动态路由，来实现公司总部与分公司的网络互联。

教学导航

知识重点	1．OSPF 路由协议的基本概念。 2．OSPF 路由协议的工作原理。 3．OSPF 路由协议与 RIP 的区别
知识难点	1．OSPF 路由协议的工作原理。 2．OSPF 动态路由的配置方法。 3．学会配置 OSPF 动态路由实现网络互联
推荐教学方式	1．教师通过知识点讲解，使学生了解 OSPF 路由协议的基本概念、OSPF 路由协议的工作原理、OSPF 路由协议与 RIP 的区别。 2．教师通过课堂操作，演示 OSPF 动态路由的配置方法、配置 OSPF 动态路由实现网络互联。 3．学生通过动手实践项目案例和项目拓展，掌握 OSPF 动态路由的配置方法、配置 OSPF 动态路由实现网络互联等。 4．采用任务驱动、自主学习、小组探究学习等多种教学方法，让学生通过观察、思考、交流，提高其动手操作能力和团队协作能力
建议学时	4 学时

9.2 项目相关知识

要实现"位于不同地点的公司总部与分公司的网络互联"，需要使用静态路由或动态路由，本项目使用 OSPF 动态路由实现不同网络互联。为了便于掌握和理解具体的配置操作步骤，需要了解 OSPF 路由协议的基本概念、OSPF 路由协议的工作原理、OSPF 路由协议与 RIP 的区别、OSPF 动态路由的配置方法等知识。

9.2.1　OSPF 路由协议的基本概念

OSPF（Open Shortest Path First，开放式最短路径优先）路由协议是一种内部网关协议，用于在单一自治系统内计算路由。OSPF 路由协议是一种典型的链路状态的路由协议。与 RIP 相比，OSPF 路由协议的管理距离是 110，比 RIP 略低，因此 OSPF 路由协议的优先级高于 RIP 的优先级。

OSPF 路由协议支持区域的划分，将网络进行合理规划。划分区域时必须存在 Area 0（骨干区域），其他区域和骨干区域直接相连，或者通过虚链路的方式连接。OSPF 路由协议引入了"分层路由"的概念，将网络分割成一个"骨干"连接的一组相互独立的部分，这些相互独立的部分被称为区域（Area），"骨干"的部分称为骨干区域。

每个区域就如同一个独立的网络，某个区域的 OSPF 路由器只保存该区域的链路状态。每台路由器的链路状态数据库都可以保持合理的大小，使路由计算的时间不会过长、报文数量不会过大。如图 9.1 所示，Area 0 为骨干区域，Area 1 和 Area 2 与骨干区域相连。本项目主要学习单区域的 OSPF 动态路由配置。

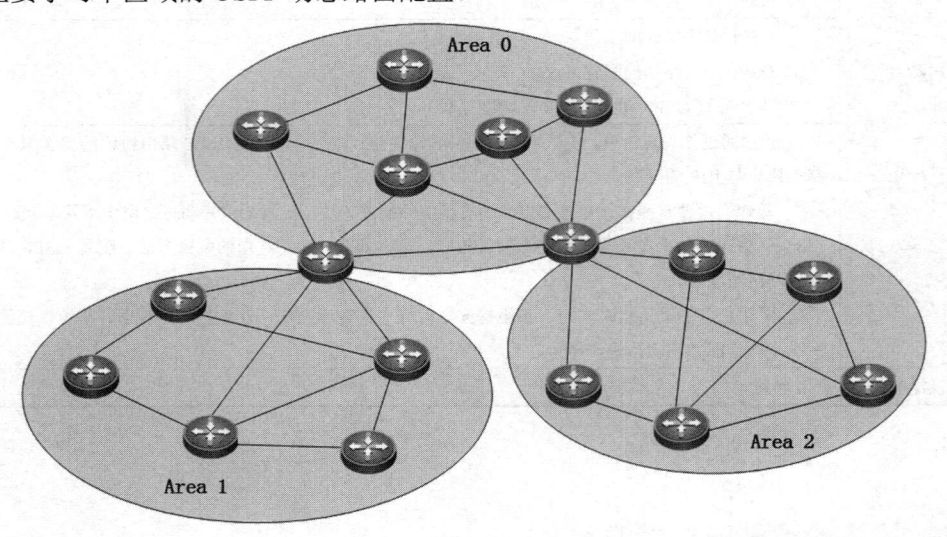

图 9.1　OSPF 区域划分

9.2.2　OSPF 路由协议的工作原理

1. 了解直连网络

如图 9.2 所示，每台 OSPF 路由器都需要了解其自身的链路（与其直连的网络），这是通过检测哪些端口处于工作状态来完成的。对于 OSPF 路由协议，直连链路就是路由器上的一个端口。

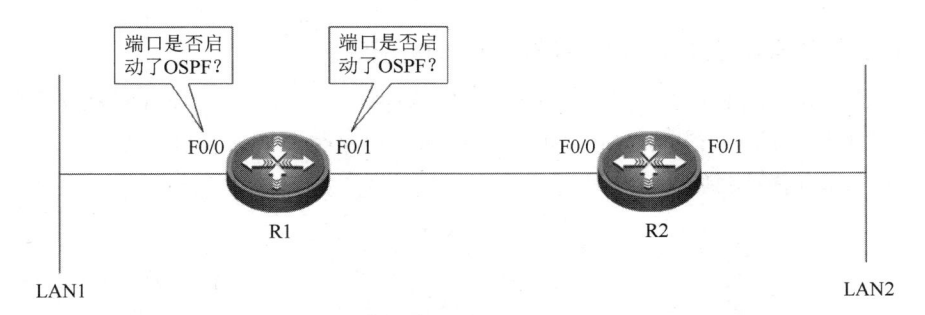

图 9.2　检测直连端口开启 OSPF 的工作状态

2. OSPF 路由器向邻居发送 Hello 报文，建立邻接关系

如图 9.3 所示，每台 OSPF 路由器都负责"问候"直连网络中的相邻路由器，OSPF 路由器通过与直连网络中的其他 OSPF 路由器互换 Hello 报文来达到此目的。这些 Hello 报文采用组播的方式传递，目的地址为 224.0.0.5。

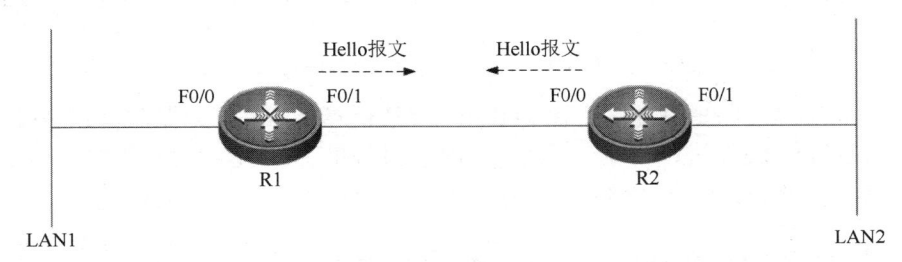

图 9.3　OSPF 路由器相互发送 Hello 报文

路由器使用 Hello 报文来发现其链路上的所有邻居，形成一种邻接关系，这里的邻居是指启用了相同路由协议的其他任何路由器。这些简短的 Hello 报文持续在两个邻居间互换，以此实现"保持激活"功能来监控邻居的状态。如果路由器不再收到某邻居的 Hello 报文，则认为该邻居已无法到达，其邻接关系将破裂。

3. 邻居路由器相互发送 LSA，形成相同的 LSDB

如图 9.4 所示，建立邻接关系的 OSPF 路由器间通过 LSA（Link State Advertisement，链路状态公告）来交互链路状态信息。通过获得对方的 LSA，同步 OSPF 区域内的链路状态信息后，各路由器将形成相同的 LSDB（Link State Database，链路状态数据库）。

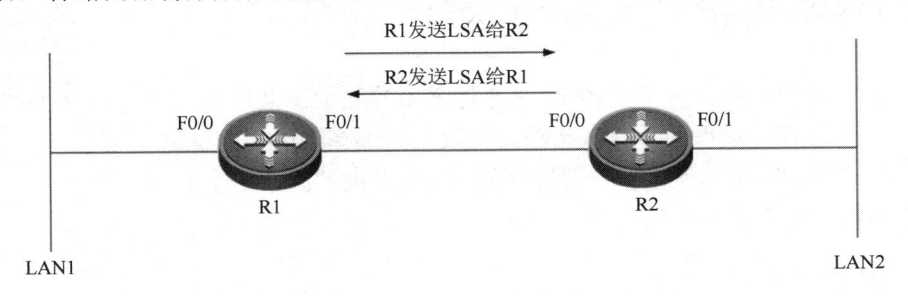

图 9.4　OSPF 路由器形成相同的 LSDB

4. 每台路由器都通过 Dijkstra 算法计算出路由表

如图 9.5 所示，SPF 算法基于 Dijkstra（迪佳斯特拉）算法，Dijkstra 算法是典型的最短路径算法，用于计算一个节点到其他所有节点的最短路径，其主要特点是以起点为中心向外层层扩展，直到扩展到终点。

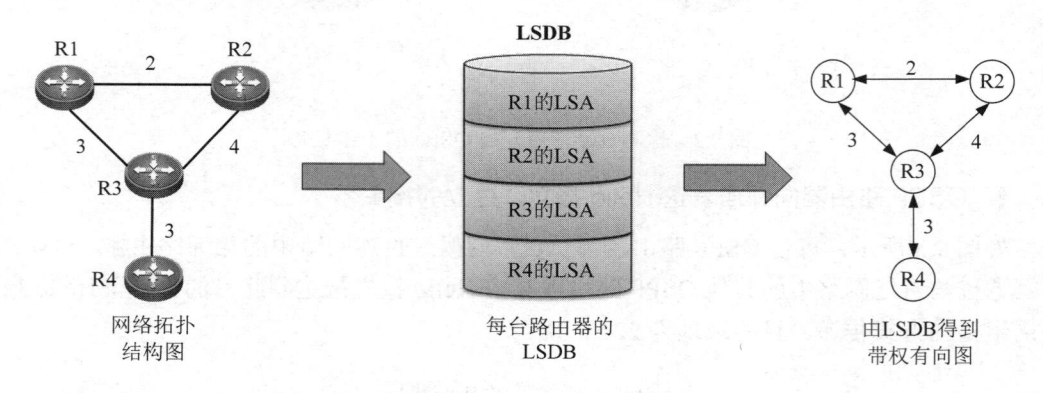

图 9.5 OSPF 路由器通过 LSDB 得到带权有向图

如图 9.6 所示，路由器开始执行 Dijkstra 算法计算路由，路由器以自己为根节点，把 LSDB 中的条目与 LSA 进行对比，经过若干次的递归和回溯，直至路由器把所有 LSA 中包含的网段都找到路径，即把该路由填入路由表。

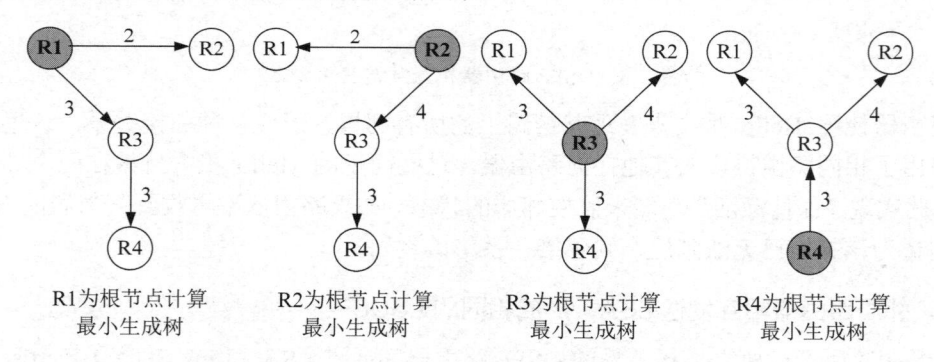

图 9.6 OSPF 路由器通过 Dijkstra 算法计算出路由表

9.2.3 OSPF 路由协议与 RIP 的区别

RIP 是典型的距离矢量路由协议，它选择路由的度量标准是跳数。而 OSPF 路由协议是典型的链路状态路由协议，它选择路由的度量标准是跳数、带宽、网络延迟等参数的综合值，因此考虑的因素更全面，OSPF 路由协议与 RIP 存在较大的差别。

微课：OSPF 路由协议与 RIP 的区别

1. 适用场合不同

RIP 的拓扑简单，适用于中小型网络，没有系统内外、系统分区、边界等概念，使用的不是分类的路由。每个节点只能处理从自己开始的至多 15 个节点的链路，路由是依靠下一跳的个数来描述的，无法体现带宽与网络延迟。

OSPF 路由协议适用于较大型网络。它把自治系统分成若干区域，通过系统内外路由的不同处理，减少网络数据量的传输。OSPF 路由协议对应 RIP 的度量值跳数，引出了"权"（metric）的概念。

2．交换路由信息的方式不同

RIP 运行时，首先向外（直连邻居）发送请求报文，其他运行 RIP 的路由器在收到请求报文后，马上把自己的路由表发送给对方；在没收到请求报文时，定期（30s）广播自己的路由表，在 180s 内如果没有收到某个邻居路由器的路由表，就认为它已发生故障，标识为作废；标识为作废后如果 120s 后还没收到，则删除此直连链路，并广播自己新的路由表。

OSPF 路由协议运行时，用 Hello 报文建立连接，并迅速建立邻接关系，只在建立了邻接关系的路由器间发送路由信息。之后靠定期发送 Hello 报文来维持连接，对于 RIP 的路由表报文，Hello 报文小得多，网络拥塞也就减少了。Hello 报文在广播网上默认 10s 发送一次，如果在一定时间（4 倍的 Hello 间隔）内没有收到 Hello 报文，则认为该链路已中断，从路由表中临时删除。实际上并没有真正删除，只是在 LSDB 中将它的状态值置为无穷大，以备它在启用时减少数据传输量，当延时达到 3600s 时才会真正删除。

3．工作性能不同

一般来说，OSPF 路由协议占用的实际链路带宽比 RIP 的少，因为它的路由表是有选择的广播的（只在建立了邻接关系的路由器间），而 RIP 是邻居间的广播。OSPF 路由协议使用的 CPU 时间比 RIP 的少，因为 OSPF 路由协议达到平衡后的主要工作是发送 Hello 报文，RIP 发送的是路由表（Hello 报文比路由表小得多）。OSPF 路由协议使用的内存比 RIP 的大，因为 OSPF 路由协议有一个相对大的路由表。RIP 在网络上达到收敛所需的时间比 OSPF 路由协议的多，因为 RIP 需要更多的时间来发送、处理一些无价值的路由信息。

OSPF 路由协议是目前内部网关协议中应用最广、性能最优的协议，它可适应大型网络，且具有路由变化收敛快、无路由自环、支持 VLSM、支持等值路由、支持区域划分、提供路由分级管理、支持验证、支持以组播地址发送报文等优点。

【工匠精神】

为高铁安上"快腿"，驰骋于大江南北

随着时速 350 千米中国高铁"复兴号"的成功运营，中国高铁已经成为世界上一道亮丽的风景。我国仅用了不到 10 年的时间，就走过了国际上高铁 40 年的发展历程。在具有世界顶级技术高速动车组生产中展现才华的中国中车技术工人，被总理赞誉为"中国第一代高铁工人"。在这支光荣的队伍中，全国劳模——李万君，凭借精湛的焊接技术和敬业精神，为我国高铁事业发展做出了重要贡献，被誉为"高铁焊接大师"。

19 岁的李万君在父亲的影响之下，从职高毕业后便进入长春客车厂的水箱工段焊接车间，成为一名电焊工。原以为车间很有趣的他，成为一名满怀激情的勇敢打工人，万万没想到的是开局竟然就是"2300℃的高温"。艰苦的工作条件让一同参加工作的同事纷纷打起了退堂鼓。高温、严寒、烟雾，也曾使李万君动摇，但父亲一句："啥活儿都需要有人干，啥活儿干细致了都会有出息。"让李万君坚持了下来，开始了工作。

转向架制造技术，是高速动车组的九大核心技术之一。我国的高速动车组之所以能跑出如此高的速度，主要原因之一就是我们的转向架制造技术取得了重大突破。李万君就工作在转向架焊接岗位上，他先后参与了我国几十种城铁车、动车组转向架的首件试制焊接工作，总结并制定了 30 多种转向架焊接规范及操作方法，技术攻关 150 多项，其中 27 项获得国家专利。

作为全国铁路第六次大提速主力车型，时速 250 千米的动车组在中车长春轨道客车股份有限公司试制生产，由于转向架环口要承载重达 50 吨的车体重量，因此成为高速动车组制造的关键部位，其焊接成型质量要求极高。试制初期，因焊接段数多，焊接接头极易出现不熔合等严重质量问题，一时成为制约转向架生产的瓶颈。关键时刻，李万君凭着一股子钻劲，终于摸索出"环口焊接七步操作法"，成型好，质量高，成功突破了批量生产的难题。这项令国外专家十分惊讶的"绝活"，现已经被纳入生产工艺当中。

2008 年，中车长春轨道客车股份有限公司从德国西门子引进了时速达 350 千米的高速动车组技术，但由于外方也没有如此高速的运营先例，转向架制造成了双方共同攻关的课题。李万君带领中方团队打响了"技术突围"的攻坚战，在一次又一次地试验、一遍又一遍地总结经验的基础上，获得了一批重要的核心试制数据。专家组以这些数据为重要参考，编制了《超高速转向架焊接规范》，在指导批量生产中解决了大量难题。如今，中车长春轨道客车股份有限公司的转向架年产量超过 9000 个，比庞巴迪、西门子和阿尔斯通世界三大轨道车辆制造巨头的总和还多。

李万君从一名普通的焊工成长为我国高铁焊接专家，先后获得"国务院政府津贴""全国五一劳动奖章""全国技术能手""中华技能大奖""全国劳模""大国工匠""全国优秀共产党员"，2016 年度"感动中国"十大人物等多项荣誉，他是当代知识型职工的先进典型，是新时期高铁工人的典范。

微课：OSPF 路由协议的配置命令

9.2.4　OSPF 路由协议的配置命令

1. 启动 OSPF 路由协议进程，宣告本路由器参与 OSPF 路由协议的直连网段

```
Router>enable
Router#config t
Router(config)#router ospf process-id
//启动 OSPF 路由协议进程，process-id 为本路由器运行 OSPF 路由协议的进程号，与网络中的其他路由器没有任何关系
Router(config-router)# network network-address wildcard-mask area area-id
```

//本命令设置本路由器的直连网络。network-address 代表路由器端口所处网络的子网地址；wildcard-mask 代表通配符掩码，其数值与子网掩码相反。若子网掩码为 255.255.255.252，则通配符掩码为 0.0.0.3；area-id 代表区域 ID，在单区域 OSPF 中，所有的区域 ID 都应该一致，骨干区域的 ID 为 0

操作示例：路由器 R1 的 S0/0 端口的 IP 地址为 192.168.10.10/24，S0/1 端口的 IP 地址为 192.168.20.20/24，现要求在 R1 中运行 OSPF 路由协议。

```
Router>enable
Router#config t
Router(config)#int S0/0
Router(config-if)#ip address 192.168.10.10 255.255.255.0
//为 S0/0 端口配置 IP 地址
Router(config-if)#no shutdown              //激活端口
Router(config-if)#exit
Router(config)#int S0/1
Router(config-if)#ip address 192.168.20.20 255.255.255.0
//为 S0/1 端口配置 IP 地址
Router(config-if)#no shutdown              //激活端口
Router(config-if)#exit
Router(config)#router ospf 100             //开启 OSPF 路由协议，进程号为 100
Router(config-router)#network 192.168.10.0 0.0.0.255 area 0
Router(config-router)#network 192.168.20.0 0.0.0.255 area 0
Router(config-router)#end
```

2. OSPF 路由协议的维护命令

```
Router#show ip ospf         //验证 OSPF 路由协议的配置
Router#show ip route        //显示路由表的信息
Router#clear ip route       //清除 IP 路由表的信息
Router#debug ip ospf        //在控制台显示 OSPF 路由协议的工作状态
```

9.3 项目实施

微课：OSPF 路由协议工作任务示例

某公司总部设在北京，并组建了内网。随着公司规模和业务的扩大，公司在天津设立了分公司。总部希望和分公司的网络互联，使得公司总部和分公司间的主机能够像在同一内网中的主机那样相互通信。

公司总部路由器 R1 与分公司路由器 R2 通过 S3/0 端口相互连接，R1 的 S3/0 端口为 DCE 端，R2 的 S3/0 端口为 DTE 端。R1 的 F0/1 端口连接三层交换机 SW3 的 F0/1 端口，SW3 的 F0/5 端口连接公司总部的主机 PC1，R2 的 F0/1 端口连接分公司的主机 PC2，要求 PC1 和 PC2 能够相互通信。

若你是公司的网络管理员，请你在三层交换机和路由器上配置 OSPF 动态路由来满足上述要求。公司网络拓扑结构图和 IP 地址规划表如图 9.7 和表 9.1 所示。

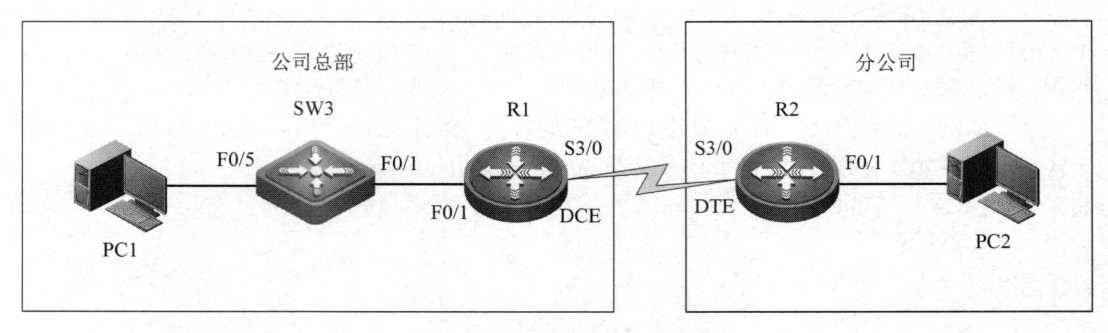

图 9.7　公司网络拓扑结构图

表 9.1　IP 地址规划表

设备名称	IP 地址	子网掩码	网关
R1 的 F0/1	192.168.1.1	255.255.255.0	—
R1 的 S3/0	192.168.2.1	255.255.255.0	—
R2 的 F0/1	192.168.3.1	255.255.255.0	—
R2 的 S3/0	192.168.2.2	255.255.255.0	—
SW3 的 F0/1	192.168.1.2	255.255.255.0	—
SW3 的 F0/5	192.168.5.1	255.255.255.0	—
PC1	192.168.5.11	255.255.255.0	192.168.5.1
PC2	192.168.3.22	255.255.255.0	192.168.3.1

任务目标

1. 在公司总部路由器 R1 上配置端口的 IP 地址和子网掩码。
2. 在分公司路由器 R2 上配置端口的 IP 地址和子网掩码。
3. 在三层交换机 SW3 上配置端口的 IP 地址和子网掩码。
4. 分别为 R1、R2 和 SW3 配置 OSPF 路由协议，实现 PC1 和 PC2 间的通信。

具体实施步骤

步骤 1：在公司总部路由器 R1 上配置端口的 IP 地址和子网掩码。

```
Router>enable
Router#config t
Router(config)#hostname R1
R1(config)#interface fastEthernet 0/1
R1(config-if-FastEthernet 0/1)#ip address 192.168.1.1 255.255.255.0
R1(config-if-FastEthernet 0/1)#no shutdown
R1(config-if-FastEthernet 0/1)#exit
R1(config)#interface serial 3/0
R1(config-if-Serial 3/0)#ip address 192.168.2.1 255.255.255.0
R1(config-if-Serial 3/0)#clock rate 64000        //在 DCE 端设置时钟频率
R1(config-if-Serial 3/0)#no shutdown
R1(config-if-Serial 3/0)#end                     //直接从端口配置模式返回特权模式
R1#show ip interface brief                       //查看 R1 的 IP 地址配置信息
```

```
Interface                       IP-Address(Pri)         OK?         Status
Serial 3/0                      192.168.2.1/24          YES         DOWN
FastEthernet 0/0                no address              YES         DOWN
FastEthernet 0/1                192.168.1.1/24          YES         UP
```

步骤 2：在分公司路由器 **R2** 上配置端口的 **IP** 地址和子网掩码。

```
Router>enable
Router#config t
Router(config)#hostname R2
R2(config)#interface fastEthernet 0/1
R2(config-if-FastEthernet 0/1)#ip address 192.168.3.1 255.255.255.0
R2(config-if-FastEthernet 0/1)#no shutdown
R2(config-if-FastEthernet 0/1)#exit
R2(config)#interface serial 3/0
R2(config-if-Serial 3/0)#ip address 192.168.2.2 255.255.255.0
R2(config-if-Serial 3/0)#no shutdown
R2(config-if-Serial 3/0)#exit
R2(config)#end
R2#show ip interface brief                    //查看 R2 的 IP 地址配置信息
Interface                       IP-Address(Pri)         OK?         Status
Serial 3/0                      192.168.2.2/24          YES         UP
Serial 4/0                      no address              YES         DOWN
FastEthernet 0/0                no address              YES         DOWN
FastEthernet 0/1                192.168.3.1/24          YES         UP
```

步骤 3：在三层交换机 **SW3** 上配置端口的 **IP** 地址和子网掩码。

```
Switch>enable
Switch#config terminal
Switch(config)#hostname SW3                   //将三层交换机命名为 SW3
SW3(config)# interface fastEthernet 0/1
SW3(config-if-FastEthernet 0/1)#no switchport
//关闭端口的交换模式，这样可以直接为端口配置 IP 地址
SW3(config-if-FastEthernet 0/1)#ip address 192.168.1.2 255.255.255.0
SW3(config-if-FastEthernet 0/1)# no shutdown
SW3(config-if-FastEthernet 0/1)#exit
SW3(config)#interface fastEthernet 0/5
SW3(config-if-FastEthernet 0/5)#no switchport
//关闭端口的交换模式，这样可以直接为端口配置 IP 地址
SW3(config-if-FastEthernet 0/5)#ip address 192.168.5.1 255.255.255.0
SW3(config-if-FastEthernet 0/5)#no shutdown
SW3(config-if-FastEthernet 0/5)#exit
SW3(config)#end
SW3#show ip interface brief                   //查看 SW3 的 IP 地址配置信息
Interface                       IP-Address(Pri)         OK?         Status
FastEthernet 0/1                192.168.1.2/24          YES         UP
FastEthernet 0/5                192.168.5.1/24          YES         UP
```

步骤 4：在 **R1** 上配置 **OSPF** 路由协议。

```
R1#config t
R1(config)#route ospf 100                           //进入OSPF配置模式，本地进程号为100
R1(config-router)#network 192.168.1.0 0.0.0.255 area 0
//将直连网段宣告出去，单区域为骨干区域0
R1(config-router)#network 192.168.2.0 0.0.0.255 area 0
R1(config-router)#end                               //返回特权模式
```

步骤5：在 **R2** 上配置 **OSPF** 路由协议。

```
R2#config t
R2(config)#route ospf 100                           //进入OSPF配置模式，本地进程号为100
R2(config-router)#network 192.168.2.0 0.0.0.255 area 0
//将直连网段宣告出去，单区域为骨干区域0
R2(config-router)#network 192.168.3.0 0.0.0.255 area 0
R2(config-router)#end                               //返回特权模式
```

步骤6：在三层交换机 **SW3** 上配置 **OSPF** 路由协议。

```
SW3#config t
SW3(config)#ip routing                              //三层交换机开启路由功能
SW3(config)#route ospf 100                          //进入OSPF配置模式，本地进程号为100
SW3(config-router)#network 192.168.1.0 0.0.0.255 area 0
//将直连网段宣告出去，单区域为骨干区域0
SW3(config-router)#network 192.168.5.0 0.0.0.255 area 0
SW3(config-router)#end                              //返回特权模式
```

步骤7：在 **R1、R2** 和 **SW3** 上查看路由表信息。

```
R1#show ip route                                    //在R1上查看路由表信息
Codes: C - connected, S - static, R - RIP, B - BGP
       O - OSPF, IA - OSPF inter area
       N1 - OSPF NSSA external type 1, N2 - OSPF NSSA external type 2
       E1 - OSPF external type 1, E2 - OSPF external type 2
       i - IS-IS, su - IS-IS summary, L1 - IS-IS level-1, L2 - IS-IS level-2
       ia - IS-IS inter area, * - candidate default
Gateway of last resort is no set
C    192.168.1.0/24 is directly connected, FastEthernet 0/1
C    192.168.1.1/32 is local host
C    192.168.2.0/24 is directly connected, Serial 3/0
C    192.168.2.1/32 is local host
O    192.168.3.0/24 [110/51] via 192.168.2.2, 00:01:01, Serial 3/0
O    192.168.5.0/24 [110/2] via 192.168.1.2, 00:02:56, FastEthernet 0/1
```

通过查看R1的路由表，发现R1上有两条OSPF动态路由信息。

```
R2#show ip route                                    //在R2上查看路由表信息
Codes: C - connected, S - static, R - RIP, B - BGP
       O - OSPF, IA - OSPF inter area
       N1 - OSPF NSSA external type 1, N2 - OSPF NSSA external type 2
       E1 - OSPF external type 1, E2 - OSPF external type 2
       i - IS-IS, su - IS-IS summary, L1 - IS-IS level-1, L2 - IS-IS level-2
       ia - IS-IS inter area, * - candidate default
```

```
Gateway of last resort is no set
O    192.168.1.0/24 [110/51] via 192.168.2.1, 00:01:18, Serial 3/0
C    192.168.2.0/24 is directly connected, Serial 3/0
C    192.168.2.2/32 is local host
C    192.168.3.0/24 is directly connected, FastEthernet 0/1
C    192.168.3.1/32 is local host
O    192.168.5.0/24 [110/52] via 192.168.2.1, 00:01:18, Serial 3/0
```

通过查看 R2 的路由表，发现 R2 上有两条 OSPF 动态路由信息。

```
SW3#show ip route                              //在 SW3 上查看路由表信息
Codes:  C - connected, S - static, R - RIP, B - BGP
        O - OSPF, IA - OSPF inter area
        N1 - OSPF NSSA external type 1, N2 - OSPF NSSA external type 2
        E1 - OSPF external type 1, E2 - OSPF external type 2
        i - IS-IS, su - IS-IS summary, L1 - IS-IS level-1, L2 - IS-IS level-2
        ia - IS-IS inter area, * - candidate default
Gateway of last resort is no set
C    192.168.1.0/24 is directly connected, FastEthernet 0/1
C    192.168.1.2/32 is local host
O    192.168.2.0/24 [110/51] via 192.168.1.1, 00:02:25, FastEthernet 0/1
O    192.168.3.0/24 [110/52] via 192.168.1.1, 00:00:18, FastEthernet 0/1
C    192.168.5.0/24 is directly connected, FastEthernet 0/5
C    192.168.5.1/32 is local host
```

通过查看 SW3 的路由表，发现 SW3 上有两条 OSPF 动态路由信息。

步骤 8：测试 **PC1** 与 **PC2** 间的通信状态（见图 9.8）。

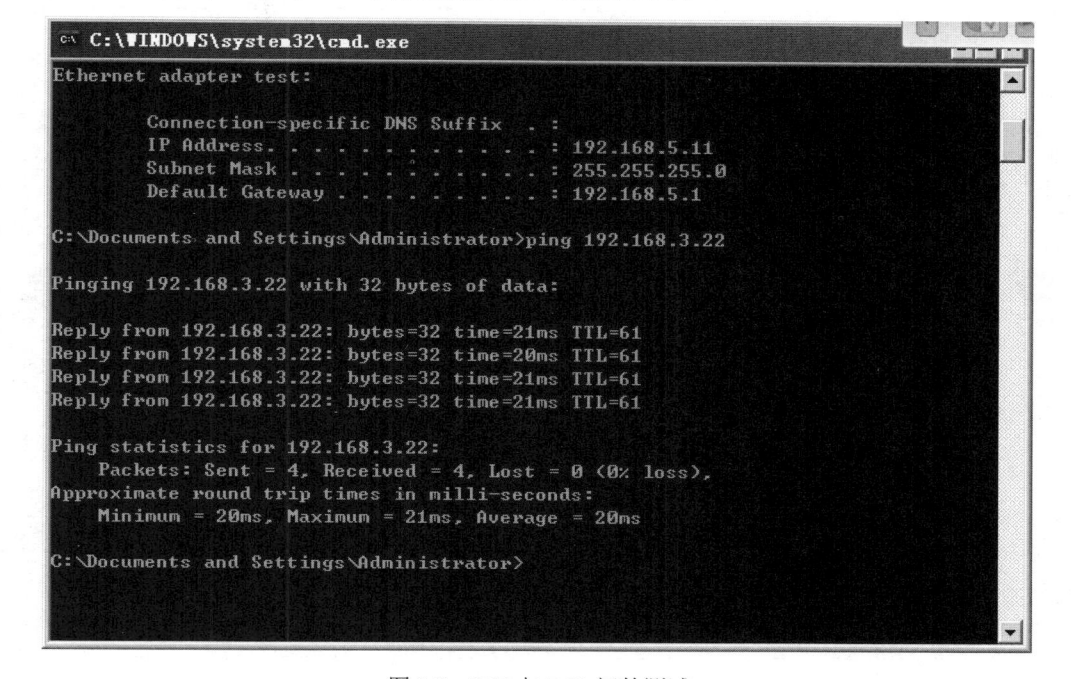

图 9.8　PC1 与 PC2 间的测试

注意事项

1. 宣告直连网段时，需要写明该网段的通配符掩码。
2. 宣告直连网段时，必须指明所属的区域，单区域为骨干区域 0。

9.4 项目拓展

某公司总部设在北京，并组建了内网。随着公司规模和业务的扩大，公司在天津设立了分公司。公司总部希望和分公司的网络互联，使得公司总部和分公司间的主机能够像在同一内网中的主机那样相互通信。

公司总部路由器 R1 与互联网路由器 R2 通过 S0/0 端口相互连接，R1 的 S0/0 端口为 DCE 端。R2 与分公司路由器 R3 通过 S0/1 端口相互连接，R3 的 S0/1 端口为 DTE 端。

R1 的 F0/0 端口连接三层交换机 SW1 的 F0/24 端口，公司总部的主机 PC1 属于 VLAN 10，PC2 属于 VLAN 20，分别连接在 SW1 的 F0/1 和 F0/2 端口上。R3 的 F0/0 端口连接主机 PC3，F0/1.40 和 F0/1.50 端口连接分公司的二层交换机 SW2。分公司的主机 PC4 和 PC5 分别连接在 SW2 的 F0/1 和 F0/2 端口上。要求公司总部的主机可以和分公司的主机相互通信。

若你是公司的网络管理员，请你在三层交换机和路由器上配置 OSPF 动态路由来满足上述要求。公司网络拓扑结构图和 IP 地址规划表如图 9.9 和表 9.2 所示。

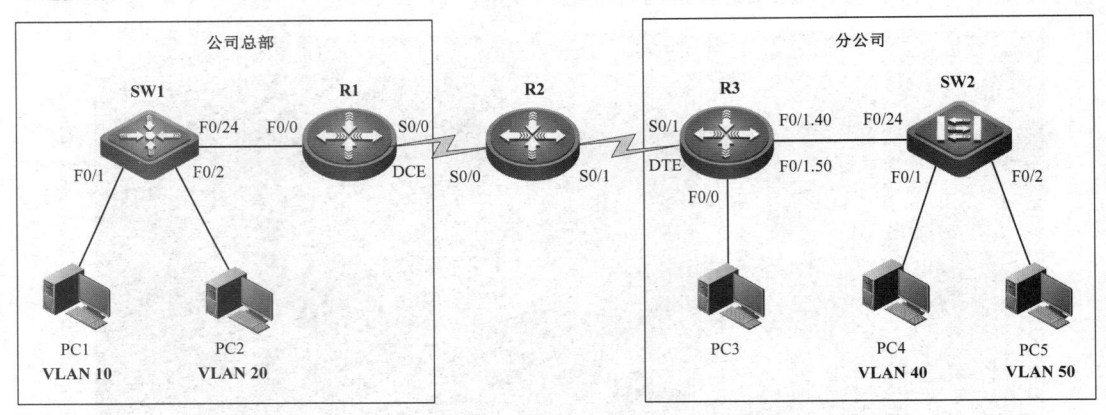

图 9.9 公司网络拓扑结构图

表 9.2 IP 地址规划表

设备名称	IP 地址	子网掩码	网关
R1 的 F0/0	172.16.1.1	255.255.255.0	—
R1 的 S0/0	10.0.0.1	255.255.255.252	—
R2 的 S0/0	10.0.0.2	255.255.255.252	—
R2 的 S0/1	20.0.0.1	255.255.255.252	—

续表

设备名称	IP 地址	子网掩码	网关
R3 的 S0/1	20.0.0.2	255.255.255.252	—
R3 的 F0/1.40	192.168.40.1	255.255.255.0	—
R3 的 F0/1.50	192.168.50.1	255.255.255.0	—
SW1 的 F0/24	172.16.1.2	255.255.255.0	—
SW1 的 SVI 10	192.168.10.1	255.255.255.0	—
SW1 的 SVI 20	192.168.20.1	255.255.255.0	—
PC1	192.168.10.10	255.255.255.0	192.168.10.1
PC2	192.168.20.20	255.255.255.0	192.168.20.1
PC3	192.168.30.30	255.255.255.0	192.168.30.1
PC4	192.168.40.40	255.255.255.0	192.168.40.1
PC5	192.168.50.50	255.255.255.0	192.168.50.1

9.5 项目小结

OSPF 作为链路状态路由协议，路由器间交互的是 LSA，路由器将网络中泛洪的 LSA 搜集到自己的 LSDB 中，这有助于 OSPF 理解整张网络拓扑结构，并在此基础上通过 SPF 算法计算出以自己为根节点到达网络各个角落无环的树。最终，路由器将计算出来的路由装载进路由表。

9.6 思考与练习

（一）选择题

1. OSPF 路由协议相比于 RIP 的优势表现在（　　）。
   A．支持 VLSM
   B．使用组播技术
   C．支持认证
   D．收敛速度快

2. Dijkstra 算法的主要特点是什么？（　　）
   A．从中心开始向外层层扩展，直到扩展到终点
   B．从中心开始向外层层扩展，直到扩展到起点
   C．以起点为中心开始向外层层扩展，直到扩展到终点
   D．以终点为中心开始向外层层扩展，直到扩展到起点

3．OSPF 区域就如同一个独立的网络，该区域的 OSPF 路由器（　　）。
    A．保存自己和隔壁区域的链路状态
    B．保存同一网络上所有区域的链路状态
    C．只保存自己区域的链路状态
    D．不保存链路状态

4．在运行 OSPF 路由协议的网络中，下列描述正确的是（　　）。（多选）
    A．各台路由器得到的 LSDB 是相同的
    B．各台路由器得到的 LSDB 是不同的
    C．各台路由器得到的路由表是不同的
    D．各台路由器得到的路由表是相同的

（二）填空题

1．OSPF 路由协议是一种_____网关协议，OSPF 是典型的_____路由协议。与 RIP 相比，OSPF 路由协议的管理距离是_____。

2．OSPF 路由器通过与直连网络中的其他 OSPF 路由器互换 Hello 报文建立邻接关系，使用的组播地址是_____。

3．OSPF 路由协议对应 RIP 的度量值"跳数"，引出了_____的概念。

（三）问答题

1．简述 OSPF 路由协议的工作原理。

2．OSPF 路由协议与 RIP 有哪些区别？

项目 10

标准 IP ACL 实现安全访问

学习目标

知识目标

- 了解 ACL 的概念。
- 理解 ACL 的工作原理。
- 理解 ACL 的分类。

能力目标

- 掌握标准 IP ACL 的基本配置命令。
- 掌握标准 IP ACL 的配置方法。
- 学会配置标准 IP ACL 实现安全访问。

素质目标

- 培养学生良好的学习态度和学习习惯。
- 培养学生的团队合作精神和共同目标意识。
- 通过"武汉市地震监测中心遭境外组织的网络攻击事件"的思政案例,引导学生树立正确的网络安全观,培养学生的国家安全意识和网络安全责任感。

10.1　项目背景

某公司现有行政部、财务部、员工部等部门，各部门的主机通过多台交换机连接组建了公司内网，各部门的主机的 IP 地址分别属于不同的网段。为了提高网络的安全性，要求员工部的主机不能对财务部的主机进行访问，但行政部的主机可以对财务部的主机进行访问。要实现对不同网段的主机进行访问控制，需要使用到 ACL。

本项目内容是通过对路由器或三层交换机进行配置，实现公司各部门对网络数据访问控制。

教学导航

知识重点	1．ACL 的概念。 2．ACL 的工作原理。 3．ACL 的分类
知识难点	1．ACL 的工作原理。 2．标准 IP ACL 的配置方法。 3．学会配置标准 IP ACL 实现安全访问
推荐教学方式	1．教师通过知识点讲解，使学生了解 ACL 的概念、ACL 的工作原理、ACL 的分类。 2．教师通过课堂操作，演示标准 IP ACL 的配置方法及配置标准 IP ACL 实现安全访问。 3．学生通过动手实践项目案例和项目拓展，掌握标准 IP ACL 的配置方法及配置标准 IP ACL 实现安全访问等。 4．采用任务驱动、自主学习、小组探究学习等多种教学方法，让学生通过观察、思考、交流，提高其动手操作能力和团队协作能力
建议学时	4 学时

10.2　项目相关知识

要实现"对不同网段的主机进行访问控制"，需要使用到 ACL，本项目使用标准 IP ACL 实现不同网段间的安全访问。为了便于掌握和理解具体的配置操作步骤，需要了解 ACL 的概念、ACL 的工作原理、ACL 的分类、标准 IP ACL 的配置方法等知识。

10.2.1　ACL 的概念

随着 Internet 的快速发展，网络安全问题日趋突出。为了保护内网中某些设备和数据系统的安全，网络管理员经常需要设法拒绝某些非法用户对保护对象的访问，但要允许那些正常的访问。例如，网络管理员允许内网中的用户访问

微课：ACL 的概念与分类

Internet，同时不希望内网以外的用户通过互联网访问内网中的文件服务器。

ACL 是一种应用在交换机与路由器上的技术，其主要目的是对网络数据通信进行过滤，实现对各种访问的控制需求。ACL 通过数据包中的信息，如源地址、目的地址、协议号、源端口、目的端口等来区分数据包的特性，根据预先定义好的规则允许（Permit）或拒绝（Deny）该数据包被转发，从而实现对网络数据传输的控制。

10.2.2 ACL 的工作原理

ACL 是一组规则的集合，它应用在路由器或交换机的某个端口上。ACL 的配置过程主要有两个步骤：定义规则和应用到端口上。

如果对端口应用了 ACL，也就是说该端口应用了一组规则，那么路由器或交换机将对数据包应用该组规则进行检测。在检测数据包是否允许被转发时，遵循以下基本规则。

（1）如果匹配第一条规则，则不再往下检测，路由器或交换机将决定允许该数据包通过或拒绝其通过。

（2）如果不匹配第一条规则，则依次往下检测，直到有任何一条规则匹配，路由器或交换机将决定允许该数据包通过或拒绝其通过。

（3）如果没有一条规则匹配，则路由器或交换机根据默认的规则丢弃该数据包。

（4）通过以上几条基本规则可知，由于存在规则匹配的次序性，各条规则的放置顺序很重要。一旦找到了某一匹配规则，就结束比较，不再检测其后的其他规则，该过程的逻辑结构如图 10.1 所示。

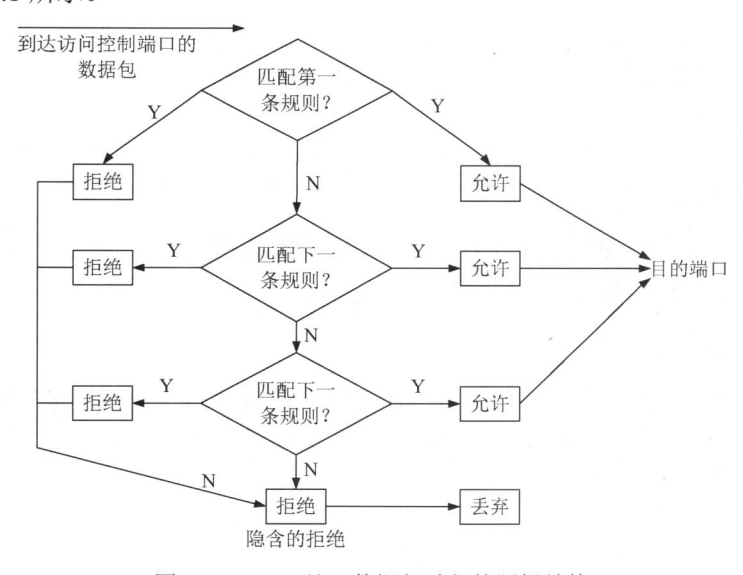

图 10.1 ACL 处理数据包过程的逻辑结构

需要注意的是，在 ACL 的末尾，总有一条隐含的拒绝所有（Deny Any）数据包通过的语句，意味着如果数据包不与任何规则匹配，则默认的动作就是拒绝该数据包通过。

在路由器或交换机端口上应用 ACL 有进(In)和出(Out)两个方向,如图 10.2 和图 10.3 所示。

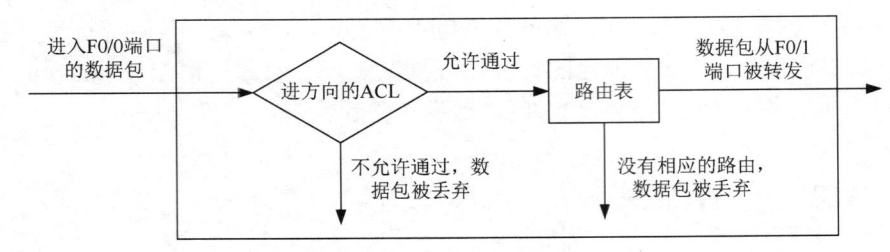

图 10.2 进方向上 ACL 的控制

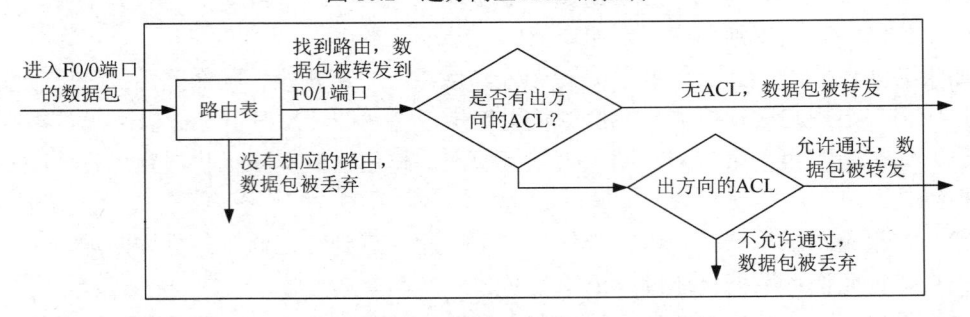

图 10.3 出方向上 ACL 的控制

进方向的 ACL 负责过滤进入端口的数据流量,出方向的 ACL 负责过滤从端口发出的数据流量。

10.2.3　ACL 的分类

ACL 分为以下几类。

1. 标准 IP ACL

标准 IP ACL 的编号范围为 1~99,其作用为根据数据包的源地址对数据包进行过滤处理,采取允许或拒绝数据包通过的动作。

2. 扩展 IP ACL

扩展 IP ACL 的编号范围为 100~199,可以处理更多的匹配项,包括源地址、目的地址、协议号、源端口、目的端口等,根据这些匹配项对数据包进行过滤,采取允许或拒绝数据包通过的动作。

【网络安全】

武汉市地震监测中心遭境外组织的网络攻击事件

网络安全牵一发而动全身,成为关乎长远、关乎未来、关乎全局的重大战略问题之一。

尤其是在外部高强度打压不断升级、数据安全威胁不断扩大、关键信息基础设施安全日趋严峻复杂的形势背景下，准确把握并及时应对各类网络安全存量风险，化解新增风险，是我们进一步筑牢国家网络安全屏障，实现由"网络大国"迈向"网络强国"的必经之路和必有征程。

2023 年 7 月，湖北省武汉市公安局江汉分局发布警情通报称，武汉市地震监测中心部分地震速报数据前端台站采集点网络设备遭境外组织的网络攻击，相关的地震烈度数据极有可能被窃取，严重威胁我国国家安全。经国家计算机病毒应急处理中心和 360 公司监测发现，武汉市地震监测中心遭受来自境外有政府背景的黑客组织的网络攻击，该组织疑似利用植入木马程序非法窃取我国地震速报数据前端台站采集点的地震烈度数据。

不少人提出疑问：地震监测中心并非军事机构，为何会接连遭到境外组织的网络攻击？在我国，有关地震监测、预警的数据都是公开的，黑客上网搜索不是更方便吗？其实，地震波等信息在判断地下结构和岩性方面的关键作用，使其具备极大的军事情报价值。掌握相关数据后，可以在结合其他情报的基础上，推测当地是否有隐藏于地下的军事基地或军事设施。此外，当某地地震波发生异常时，可以通过分析数据，判断其军事活动情况。例如，2013 年 2 月，朝鲜核试验场发生 5.1 级地震。美、韩、德等国机构，通过探测到的地震波，很快分析出了此次核试验的武器当量等信息。

当前，世界正面临百年未有之大变局，我国所处的国家安全环境也日趋严峻复杂，网络空间更是硝烟四起。在无边无际且无形的互联网世界中，一些境外间谍情报机构正不断利用信息技术，对我国党政机关、科研院所、重要行业领域及关键信息基础设施开展持续性的网络攻击，以最终达到窃取情报的目的，严重危害我国国家安全。

并且，随着敌对势力大数据挖掘和情报分析能力的增强，他们的攻击范围逐渐扩大。很多看上去和国家安全没有直接关联的领域和行业，也成为境外间谍情报机构窃取数据的重要目标。这也给能源、金融、交通、水利、卫生医疗、教育、自然资源等相关行业领域带来了新的挑战。

大国博弈已从多维度展开较量，维护国家安全，既是国家安全机关的职责，又是广大人民群众的义务。我们要不断学习法律知识，增强安全意识，共同构筑维护国家利益的"安全网"，共同筑牢国家安全的人民防线。

10.2.4 标准 IP ACL 的配置命令

标准 IP ACL 是一种简单、直接的数据控制手段，它只根据数据包的源地址进行过滤，而不考虑数据包的目的地址。同时，它只能拒绝或允许整个协议簇的数据包通过，而不能根据具体的协议对数据包进行过滤。下面仅以路由器中的命令为例来介绍。

1. 创建标准 IP ACL 的命令

```
Router>enable                //路由器从用户模式进入特权模式
```

```
Router#config terminal
Router(config)# access-list list-number permit | deny source wildcardmask
    //定义标准 IP ACL
Router(config)#end                   //直接返回特权模式
Router#show access-lists             //查看 ACL 配置信息
```

list-number：ACL 号的范围，标准 IP ACL 的列表号标识是 1～99。

permit|deny：permit 表示满足 ACL 项的数据包允许通过，deny 表示需要过滤掉该数据包。

source：源地址，对于标准 IP ACL，源地址可以是 host、any，也可以是具体主机 IP 地址或具体网络地址。当参数为"any"或"host"时，它们可用于 permit 和 deny 命令之后来说明任何主机或一台特定的主机。这两种源地址格式简化了语句，省略了一个通配符掩码。参数"any"等同于通配符掩码为 255.255.255.255，参数"host"等同于通配符掩码为 0.0.0.0，表示具体的某一台主机。

wildcardmask：源地址通配符掩码。用二进制 0 和 1 来表示，0 表示需要严格匹配，1 表示不需要严格匹配。若需要检查的源地址是 192.168.10.0/24，则对应的通配符掩码为 0.0.0.255，这一点刚好和子网掩码的作用相反。

操作示例：在路由器上定义标准 IP ACL 1 只允许网段 172.16.1.0/24 和主机 192.168.10.10 的数据通过。

```
Router>enable
Router#config terminal
Router(config)#access-list 1 permit 172.16.1.0 0.0.0.255
//允许网段 172.16.1.0/24 的数据通过
Router(config)#access-list 1 permit host 192.168.10.10
//允许主机 192.168.10.10 的数据通过
Router(config)#end
Router#show access-lists
```

需要注意，若 172.16.1.0/24 的子网掩码是 255.255.255.0，则通配符掩码为 0.0.0.255。特定主机可以用参数 host，这样后面就可以不用写通配符掩码。"access-list 1"代表一组规则。

请思考：在上一示例中，如果有来自网段 172.16.2.0/24 的数据，能否通过？

答案是不允许通过，因为在 ACL 的最后隐含了一条"拒绝所有数据包通过"的语句。如果要允许网段 172.16.2.0/24 的数据通过，则必须在 ACL 中明确地写出允许的语句，否则不能通过。

操作示例：在路由器上定义标准 IP ACL 2 拒绝来自网段 192.168.1.0/24 的数据通过，允许来自其他网段的所有数据通过。

```
Router>enable
Router#config terminal
Router(config)#access-list 2 deny 192.168.1.0 0.0.0.255
//拒绝网段 192.168.1.0/24 的数据通过
Router(config)#access-list 2 permit any
```

```
//允许来自其他网段的所有数据通过
Router(config)#end
Router#show access-lists
```

请注意，ACL 语句的执行在原则上是从上至下，逐条匹配，一旦匹配成功，就执行动作并跳出 ACL。如果要想允许来自其他所有网段的数据通过，可以在最后添加一条 permit any 语句。还要注意的是，在操作示例中的语句顺序是不能颠倒的，如果先写 permit any 语句，则其后所有网段的数据都将被允许通过，包括网段 192.168.1.0/24，这样就不符合实际功能要求了。

2．删除已建立的标准 IP ACL

```
Router>enable
Router#config terminal
Router(config)#no access-list list-number
//对于标准 IP ACL，不能删除单条语句，只能删除整个 ACL。如果要改一条或几条语句，则必须先删除整个 ACL，再重新输入所有语句
```

操作示例：在路由器上删除标准 IP ACL 1。

```
Router>enable
Router#config terminal
Router(config)#no access-list 1            //删除标准 IP ACL 1
Router(config)#end
Router#show access-lists
```

3．将标准 IP ACL 应用到端口上的命令组

```
Router>enable
Router#config terminal
Router(config)# interface slot-number/interface-number
//进入路由器端口配置模式，slot-number 代表插槽号，interface-number 代表端口号
Router(config-if)#ip access-group list-number in | out
//将标准 IP ACL 应用到指定的端口上。in | out 用来指明将标准 IP ACL 应用到端口的进方向还是出方向。注意：创建 ACL 规则后，只有将 ACL 规则应用到端口上，标准 IP ACL 才会生效
```

操作示例：在路由器上定义标准 IP ACL 3，只允许网段 192.168.10.0/24 和主机 192.168.20.20 的数据通过，并将标准 IP ACL 3 应用到路由器 F0/0 端口的进方向上。

```
Router>enable
Router#config terminal
Router(config)#access-list 3 permit 192.168.10.0 0.0.0.255
//允许网段 192.168.10.0/24 的数据通过
Router(config)#access-list 3 permit host 192.168.20.20
//允许主机 192.168.20.20 的数据通过
Router(config)#interface f0/0
Router(config-if)#ip access-group 3 in
//将标准 IP ACL 3 应用在 F0/0 端口的进方向上
Router(config-if)#end
Router#show access-lists                //查看 ACL 的配置信息
```

10.3 项目实施

某公司现有行政部、财务部、员工部等部门，各部门的主机通过交换机和路由器连接组建了公司内网，PC1 是行政部的主机，连接在三层交换机 SW1 的 F0/2 端口上。PC2 是员工部的主机，连接在 SW1 的 F0/3 端口上，PC3 是财务部的主机，连接在路由器 R2 的 F0/0 端口上。SW1 的 F0/1 端口连接在路由器 R1 的 F0/0 端口上，R1 与 R2 间通过 S3/0 端口连接，其中 R1 的 S3/0 端口为 DCE 端。

由于公司管理的需要，要求员工部的主机 PC2 不能和财务部的主机 PC3 进行通信，但行政部的主机 PC1 可以和财务部的主机 PC3 进行通信。若你是公司的网络管理员，请你通过配置标准 IP ACL 来满足上述要求。公司网络拓扑结构图和 IP 地址规划表如图 10.4 和表 10.1 所示。

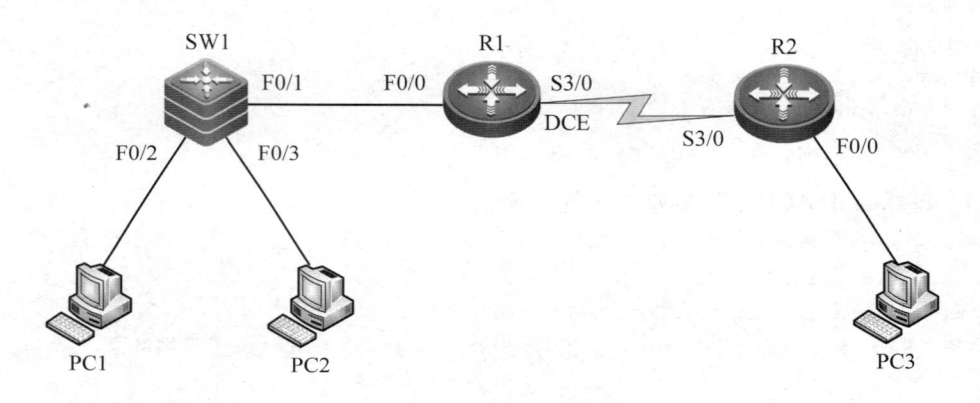

图 10.4 公司网络拓扑结构图

表 10.1 IP 地址规划表

设备名称	IP 地址	子网掩码	网关
SW1 的 F0/1	172.16.1.2	255.255.255.0	—
SW1 的 F0/2	172.16.2.1	255.255.255.0	—
SW1 的 F0/3	172.16.5.1	255.255.255.0	—
R1 的 F0/0	172.16.1.1	255.255.255.0	—
R1 的 S3/0	172.16.4.1	255.255.255.0	—
R2 的 F0/0	172.16.3.1	255.255.255.0	—
R2 的 S3/0	172.16.4.2	255.255.255.0	—
PC1	172.16.2.11	255.255.255.0	172.16.2.1
PC2	172.16.5.11	255.255.255.0	172.16.5.1
PC3	172.16.3.33	255.255.255.0	172.16.3.1

任务目标

1. 为三层交换机 SW1、路由器 R1 和路由器 R2 的端口配置 IP 地址和子网掩码。
2. 在 SW1、R1、R2 上配置 OSPF 路由协议。
3. 在 R2 上配置标准 IP ACL。
4. 将标准 IP ACL 应用到 R2 的 F0/0 端口上。
5. 在 PC1 和 PC2 上进行通信测试。

具体实施步骤

步骤 1：在三层交换机 **SW1** 上配置端口的 **IP** 地址和子网掩码。

```
Switch>enable
Switch#config terminal
Switch(config)#hostname SW1                        //将三层交换机命名为SW1
Switch1(config)#int fastEthernet 0/1
Switch1(config-if-FastEthernet 0/1)#no switchport
//关闭端口的交换模式，开启路由模式
Switch1(config-if-FastEthernet 0/1)#ip address 172.16.1.2 255.255.255.0
//为F0/1端口配置IP地址和子网掩码
Switch1(config-if-FastEthernet 0/1)#no shutdown
Switch1(config-if-FastEthernet 0/1)#exit
Switch1(config)#int fastEthernet 0/2
Switch1(config-if-FastEthernet 0/2)#no switchport
//关闭端口的交换模式，开启路由模式
Switch1(config-if-FastEthernet 0/2)#ip address 172.16.2.1 255.255.255.0
//为F0/2端口配置IP地址和子网掩码
Switch1(config-if-FastEthernet 0/2)#no shutdown
Switch1(config-if-FastEthernet 0/2)#exit
Switch1(config)#int fastEthernet 0/3
Switch1(config-if-FastEthernet 0/3)#no switchport
//关闭端口的交换模式，开启路由模式
Switch1(config-if-FastEthernet 0/3)#ip address 172.16.5.1 255.255.255.0
//为F0/3端口配置IP地址和子网掩码
Switch1(config-if-FastEthernet 0/3)#no shutdown
Switch1(config-if-FastEthernet 0/3)#end            //直接返回特权模式
Switch1#show ip int brief                          //查看IP地址配置信息
Interface              IP-Address(Pri)      OK?       Status
FastEthernet 0/1       172.16.1.2/24        YES       UP
FastEthernet 0/2       172.16.2.1/24        YES       UP
FastEthernet 0/3       172.16.5.1/24        YES       UP
```

步骤 2：在路由器 **R1** 上配置端口的 **IP** 地址和子网掩码。

```
Router>enable
Router #configure terminal
Router (config)#hostname R1                        //将路由器命名为R1
Router1(config)#int fastEthernet 0/0
```

145

```
Router1(config-if-FastEthernet 0/0)#ip address 172.16.1.1 255.255.255.0
//为 F0/0 端口配置 IP 地址和子网掩码
Router1(config-if-FastEthernet 0/0)#no shutdown    //激活端口
Router1(config-if-FastEthernet 0/0)#exit
Router1(config)#int serial 3/0
Router1(config-if-Serial 3/0)#ip address 172.16.4.1 255.255.255.0
//为 S3/0 端口配置 IP 地址和子网掩码
Router1(config-if-Serial 3/0)#clock rate 64000
//设置时钟频率，Router1 的 S3/0 端口为 DCE 端
Router1(config-if-Serial 3/0)#no shutdown
Router1(config-if-Serial 3/0)#end
Router1#show ip int brief                          //查看 IP 地址配置信息
Interface               IP-Address(Pri)     OK?      Status
Serial 3/0              172.16.4.1/24       YES      DOWN
FastEthernet 0/0        172.16.1.1/24       YES      UP
FastEthernet 0/1        no address          YES      DOWN
```

步骤 3：在路由器 **R2** 上配置端口的 **IP** 地址和子网掩码。

```
Router>enable
Router#config t
Router (config)#hostname R2                        //将路由器命名为 R2
Router2(config)#int fastEthernet 0/0
Router2(config-if-FastEthernet 0/0)#ip address 172.16.3.1 255.255.255.0
//为 F0/0 端口配置 IP 地址和子网掩码
Router2(config-if-FastEthernet 0/0)#no shutdown    //激活端口
Router2(config-if-FastEthernet 0/0)#exit
Router2(config)#int serial 3/0
Router2(config-if-Serial 3/0)#ip address 172.16.4.2 255.255.255.0
//为 S3/0 端口配置 IP 地址和子网掩码
Router2(config-if-Serial 3/0)#no shutdown          //激活端口
Router2(config-if-Serial 3/0)#exit
Router2(config)#end
Router2#show ip int brief                          //查看 IP 地址配置信息
Interface               IP-Address(Pri)     OK?      Status
Serial 3/0              172.16.4.2/24       YES      UP
Serial 4/0              no address          YES      DOWN
FastEthernet 0/0        172.16.3.1/24       YES      UP
FastEthernet 0/1        no address          YES      DOWN
```

步骤 4：在三层交换机 **SW1** 上配置 **OSPF** 路由协议。

```
Switch1#config terminal
Switch1(config)#ip routing                         //三层交换机开启路由功能
Switch1(config)#route ospf 100                     //进入 OSPF 配置模式，进程号为 100
Switch1(config-router)#network 172.16.1.0 0.0.0.255 area 0
Switch1(config-router)#network 172.16.2.0 0.0.0.255 area 0
Switch1(config-router)#network 172.16.5.0 0.0.0.255 area 0
//将 SW1 直连网段宣告出去，单区域为骨干区域 0
```

步骤 5：在 **R1** 上配置 **OSPF** 路由协议。

```
Router1 #configure terminal
Router1(config)#route ospf 100                    //进入OSPF配置模式，进程号为100
Router1(config-router)#network 172.16.4.0 0.0.0.255 area 0
Router1(config-router)#network 172.16.1.0 0.0.0.255 area 0
//将R1直连网段宣告出去，单区域为骨干区域0
```

步骤 6：在 **R2** 上配置 **OSPF** 路由协议。

```
Router2 #configure terminal
Router2(config)#route ospf 100                    //进入OSPF配置模式，进程号为100
Router2(config-router)#network 172.16.4.0 0.0.0.255 area 0
Router2(config-router)#network 172.16.3.0 0.0.0.255 area 0
//将R2直连网段宣告出去，单区域为骨干区域0
```

步骤 7：在 **R1** 上查看路由表信息。

```
Router1#show ip route                             //查看R1的路由表
Codes: C - connected, S - static, R - RIP, B - BGP
       O - OSPF, IA - OSPF inter area
       N1 - OSPF NSSA external type 1, N2 - OSPF NSSA external type 2
       E1 - OSPF external type 1, E2 - OSPF external type 2
       i - IS-IS, su - IS-IS summary, L1 - IS-IS level-1, L2 - IS-IS level-2
       ia - IS-IS inter area, * - candidate default
Gateway of last resort is no set
C    172.16.1.0/24 is directly connected, FastEthernet 0/0
C    172.16.1.1/32 is local host.
O    172.16.2.0/24 [110/2] via 172.16.1.2, 00:08:14, FastEthernet 0/0
O    172.16.3.0/24 [110/51] via 172.16.4.2, 00:06:01, Serial 3/0
C    172.16.4.0/24 is directly connected, Serial 3/0
C    172.16.4.1/32 is local host.
O    172.16.5.0/24 [110/2] via 172.16.1.2, 00:13:35, FastEthernet 0/0
```

通过查看 R1 的路由表，发现学习到了 3 条 OSPF 的路由信息，网络已收敛。PC1、PC2 和 PC3 间可以相互通信。

步骤 8：在 **R2** 上配置标准 **IP ACL**。

```
Router2 #configure terminal
Router2(config)#access-list 1 deny 172.16.5.0 0.0.0.255
//拒绝来自网段172.16.5.0/24的数据通过，即拒绝来自员工部的数据通过
Router2(config)#access-list 1 permit 172.16.2.0 0.0.0.255
//允许来自网段172.16.2.0/24的数据通过，即允许来自行政部的数据通过
Router2#show access-lists                         //查看ACL的状态
ip access-list standard 1
 10 deny 172.16.5.0 0.0.0.255
 20 permit 172.16.2.0 0.0.0.255
```

由于标准 IP ACL 仅检测数据包的源 IP 地址，能够允许和拒绝所有的协议，一般都与靠近目的网络的端口建立关联。如果在 SW1 上配置 ACL 并应用在 F0/3 端口上，那么员工

部访问任何网段都将被拒绝，包括刚刚建立的 OSPF 都不能通信。本任务的要求是不允许员工部访问财务部，所以要把 ACL 创建在 R2 上。

步骤 9：将标准 **IP ACL** 应用到 **R2** 的端口上。

```
Router2 #configure terminal
Router2(config)#interface fastEthernet 0/0
Router2(config-if-FastEthernet 0/0)#ip access-group 1 out
//在 F0/0 端口的出方向上应用 ALC 规则
```

标准 IP ACL 只检测源地址，因而应当在 ACL 尽量靠近目的网络的端口上应用 ACL 规则。

步骤 10：测试 **PC1**、**PC2** 与 **PC3** 间的通信状态。

如图 10.5 所示，PC1 可以和 PC3 通信。如图 10.6 所示，PC2 不能和 PC3 通信。

注意事项

1．在 ACL 中使用的是通配符掩码不是子网掩码，而是子网掩码的反码。
2．标准 IP ACL 要尽量应用在靠近目的网络的端口上。
3．ACL 的最后一条默认规则是拒绝所有网络数据通过。
4．所定义的 ACL 只有应用在端口上才会生效。

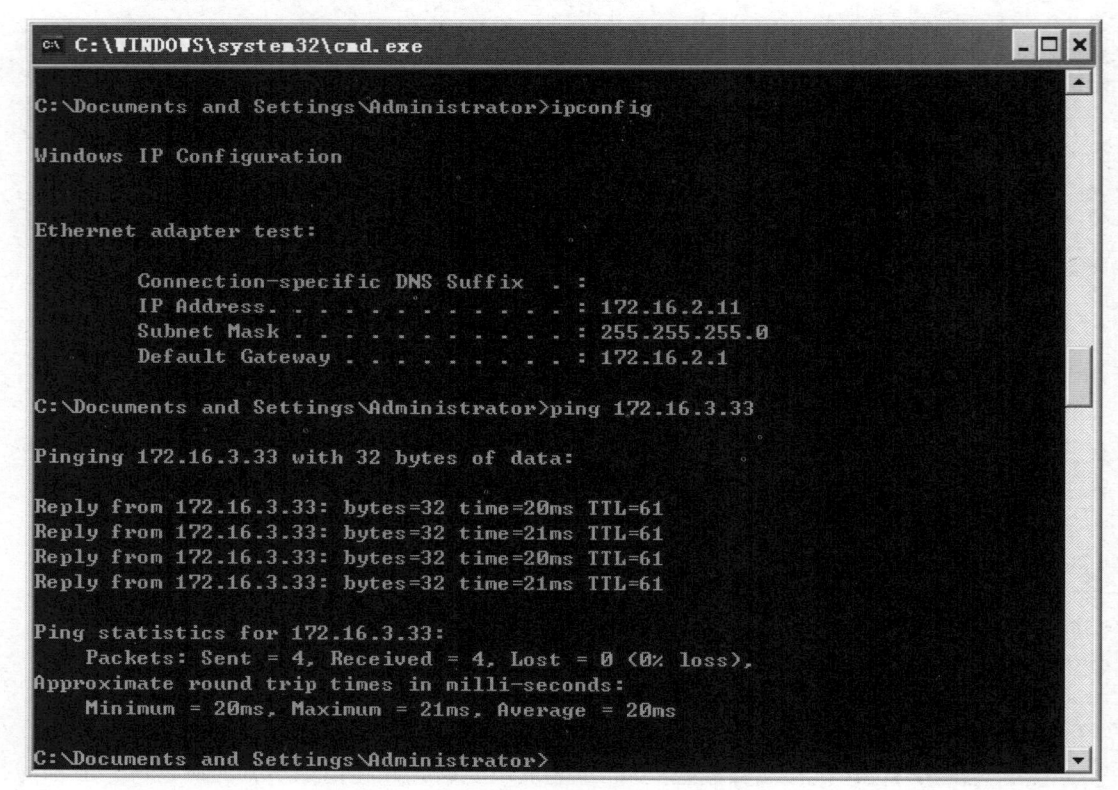

图 10.5　PC1 和 PC3 通信

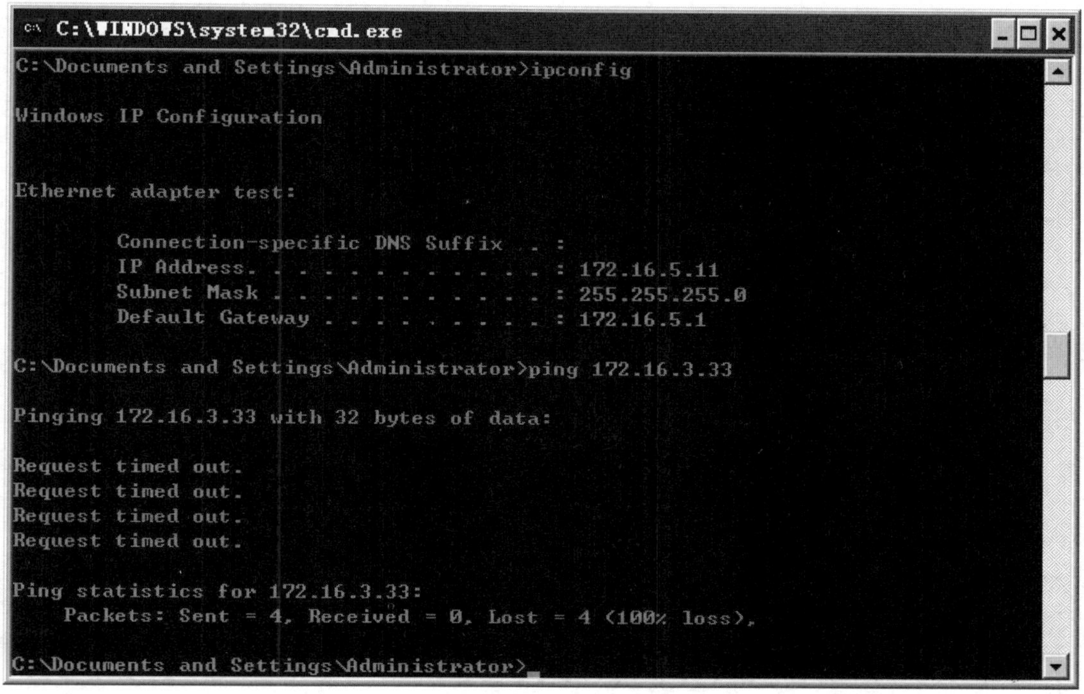

图 10.6　PC2 不能和 PC3 通信

10.4　项目拓展

某公司现有行政部、财务部、人事部、物流部等部门。行政部的主机 PC1 和财务部的主机 PC2 连接在二层交换机 SW1 的 F0/1 和 F0/2 端口上,分别属于 VLAN 10 和 VLAN 20,人事部的主机 PC3 和物流部的主机 PC4 连接在三层交换机 SW3 的 F0/1 和 F0/2 端口上,分别属于 VLAN 30 和 VLAN 40,三层交换机 SW2 的 F0/10 端口连接公司的 FTP 服务器,属于 VLAN 100。SW2 连接了 SW1 和 SW3。

由于公司管理的需要,要求 PC2 和 PC4 不能与 FTP 服务器进行通信,但 PC1 和 PC3 能够与 FTP 服务器进行通信。

若你是公司的网络管理员,请你通过配置标准 IP ACL 来满足上述要求。公司网络拓扑结构图和 IP 地址规划表如图 10.7 和表 10.2 所示。

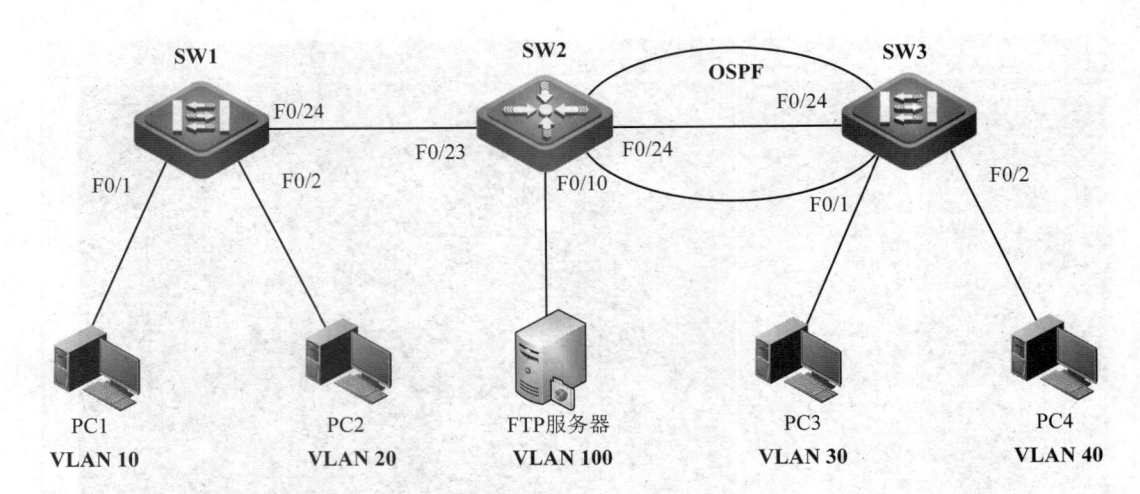

图 10.7 公司网络拓扑结构图

表 10.2 IP 地址规划表

设备名称	IP 地址	子网掩码	网关
SW2 的 SVI 10	192.168.10.1	255.255.255.0	—
SW2 的 SVI 20	192.168.20.1	255.255.255.0	—
SW2 的 F0/24	10.1.1.1	255.255.255.252	—
SW2 的 F0/10	192.168.100.1	255.255.255.0	—
SW3 的 F0/24	10.1.1.2	255.255.255.252	—
SW3 的 SVI 30	192.168.30.1	255.255.255.0	—
SW3 的 SVI 40	192.168.40.1	255.255.255.0	—
PC1	192.168.10.10	255.255.255.0	192.168.10.1
PC2	192.168.20.20	255.255.255.0	192.168.20.1
PC3	192.168.30.30	255.255.255.0	192.168.30.1
PC4	192.168.40.40	255.255.255.0	192.168.40.1
FTP 服务器	192.168.100.100	255.255.255.0	192.168.100.1

10.5 项目小结

　　三层网络设备根据 ACL 中指定的条件来检测通过端口的每个数据包，从而决定是转发还是丢弃该数据包。简单来说，ACL 就是在三层网络设备上采用包过滤技术。标准 IP ACL 只能依据数据包的源地址信息进行过滤。在应用标准 IP ACL 时，需要将其放置在靠近目标的位置，这样可以避免合法的通信数据也被标准 IP ACL 过滤掉。

10.6 思考与练习

（一）选择题

1. 标准 IP ACL 的编号范围是（　　）。
   A．1～99　　　B．100～199　　　C．200～299　　　D．300～399
2. 创建标准 IP ACL 是在下列哪种模式下？（　　）
   A．全局配置模式　　　　　　B．用户模式
   C．特权模式　　　　　　　　D．端口配置模式
3. 标准 IP ACL 根据（　　）对数据包进行过滤处理。
   A．源地址　　　B．源端口　　　C．目的地址　　　D．目的端口
4. 下面哪条命令可以查看 ACL 的配置信息？（　　）
   A．show ip　　B．show vlan　　C．show int　　D．show access-list

（二）填空题

1. ACL 是一组规则的集合，它应用在_____或_____的某个端口上。
2. ACL 的配置过程主要有两个步骤：_____和_____。
3. 若某网段的子网掩码为 255.255.240.0，则它的通配符掩码为_____。
4. ACL 中的参数"any"代表_____，参数"host"代表_____。

（三）问答题

1. 什么是 ACL？

2. 简述 ACL 的工作原理。

3. 标准 IP ACL 为什么要在尽量靠近目的网络的端口上应用规则？

项目 11　扩展 IP ACL 实现安全访问

学习目标

知识目标
- 理解扩展 IP ACL 的概念。
- 了解常见网络服务的端口号。
- 理解标准 IP ACL 和扩展 IP ACL 的区别。

能力目标
- 掌握扩展 IP ACL 的基本配置命令。
- 掌握扩展 IP ACL 的配置方法。
- 学会配置扩展 IP ACL 实现安全访问。

素质目标
- 培养学生良好的学习态度和学习习惯。
- 培养学生的团队合作精神和创新精神。
- 通过"深度伪造技术、AI 网络攻击日益成为全新风险"的思政案例,引导学生从战略高度看待网络安全问题,培养学生的道德责任感和社会责任感。

11.1 项目背景

某公司现有行政部、财务部、员工部等部门，各部门的主机通过多台交换机连接组建了内网，各部门的主机的 IP 地址分别属于不同的网段。公司现有一台服务器提供 Web 服务和 FTP 服务。为了提高网络的安全性，公司要求员工部的主机只能对服务器进行 FTP 访问，不能进行 Web 访问，行政部的主机既可以进行 FTP 访问又可以进行 Web 访问。要实现对不同应用服务的访问控制，需要使用扩展 IP ACL。

本项目内容是通过对路由器或三层交换机进行配置，实现公司各部门对不同应用服务的访问控制。

➔ 教学导航

知识重点	1. 扩展 IP ACL 的概念。 2. 常见网络服务的端口号。 3. 扩展 IP ACL 的配置方法。
知识难点	1. 标准 IP ACL 与扩展 IP ACL 的区别。 2. 扩展 IP ACL 的配置方法。 3. 学会配置扩展 IP ACL 实现安全访问。
推荐教学方式	1. 教师通过知识点讲解，使学生了解扩展 IP ACL 的概念、常见网络服务的端口号、标准 IP ACL 与扩展 IP ACL 的区别。 2. 教师通过课堂操作，演示扩展 IP ACL 的配置方法及配置扩展 IP ACL 实现安全访问。 3. 学生通过动手实践项目案例和项目拓展，掌握扩展 IP ACL 的配置方法及配置扩展 IP ACL 实现安全访问等。 4. 采用任务驱动、自主学习、小组探究学习等多种教学方法，让学生通过观察、思考、交流，提高其动手操作能力和团队协作能力。
建议学时	4 学时

11.2 项目相关知识

要实现"对不同应用服务的访问控制"，需要使用到扩展 IP ACL。为了便于掌握和理解具体的配置操作步骤，需要了解扩展 IP ACL 的概念、常见网络服务的端口号、标准 IP ACL 与扩展 IP ACL 的区别、扩展 IP ACL 的配置方法等知识。

11.2.1 扩展 IP ACL 的概念

顾名思义，扩展 IP ACL 用于扩展报文过滤能力。扩展 IP ACL 的编号范围为 100~199，可以处理更多的匹配项。一个扩展 IP ACL 允许用户根据如下内容过滤报文：源地址、目的地址、协议类型、源端口、目的端口等。例如，通过扩展 IP ACL，用户可以实现允许外部 Web 应用数据包通过，而拒绝外来的 FTP 和 Telnet 应用数据包通过。

扩展 IP ACL 既可以检测数据包的源地址，又可以检测数据包的目的地址。此外，它还可以检测数据包特定的协议类型、端口号等。这种扩展后的特性给网络管理员带来了更大的安全控制空间，可以更灵活地设置 ACL 中的条件。

扩展 IP ACL 比标准 IP ACL 提供了更多的分组处理方法。标准 IP ACL 只能允许或拒绝整个协议集，但是扩展 IP ACL 可以允许或拒绝协议集中的某个协议，如允许 FTP 而拒绝 HTTP。

11.2.2 常见网络服务的端口号

客户端可以通过 IP 地址找到对应的服务器端，但是服务器端是有很多端口的，每个应用程序都对应一个端口号，通过类似门牌号的端口号，客户端才能真正地访问该服务器端。为了对端口进行区分，将每个端口进行了编号，这就是端口号。

端口号的主要作用是表示一台主机中的特定进程所提供的服务。网络中的主机是通过 IP 地址来代表其身份的，只能表示某台特定的主机，但是一台主机上可以同时提供多个服务，如数据库服务、FTP 服务、Web 服务等。我们通过端口号来区别相同主机所提供的不同服务，如常见的端口号 21 表示 FTP 服务，端口号 23 表示 Telnet 服务，端口号 25 表示 SMTP 服务等。表 11.1 列出了常见网络服务的端口号。

表 11.1 常见网络服务的端口号

端口号	服务名称
20	FTP 数据
21	FTP 服务
23	远程登录协议（Telnet）服务
25	简单邮件传输协议（SMTP）服务
53	域名服务系统（DNS）服务
69	简单文件传输协议（TFTP）服务
80	超文本传输协议（HTTP）服务
110	邮局协议版本 3（POP3）服务
161	简单网络管理协议（SNMP）服务

【网络安全】

深度伪造技术、AI 网络攻击日益成为全新风险

以 AI（人工智能）为代表的新技术广泛应用并加速迭代，在促进数字经济和国家科技创新发展的同时，其所带来的"双刃剑"效应引发了许多前所未有的挑战与风险。

深度伪造技术泛滥，引发真实性危机。"深度伪造"是指利用 AI 技术将声音、面部表情及身体动作拼接合成虚假内容，包括 AI 换脸、语音模拟和视频合成等，通过生成高度逼真、难以甄别的虚假内容，达到以假乱真、歪曲事实的目的。例如，"AI 歌手翻唱"在网络平台爆火，"AI 诈骗"，以及网上大量的"换脸视频"等，本质上都是利用了深度伪造技术。平安包头官微信息显示，内蒙古包头市公安局电信网络犯罪侦查局发布了一起使用 AI 技术进行电信诈骗的典型案例，福州一家科技公司老板在短短 10 分钟内被骗走了 430 万元。在这起案件中，诈骗分子就是通过 AI 换脸伪装成受害者好友，并成功实施了诈骗行为。

从危害性来看，一方面，深度伪造技术会侵犯公民肖像权和名誉权。一旦个人的面部被"移花接木"到虚假视频上进行恶搞或污蔑，将严重侵犯公民个人的名誉权和肖像权，影响个人的正常生活和交往。同时，不法分子利用 AI 技术，能根据大数据和对个人信息的定向分析，生成定制化的诈骗信息，精准地发送给筛选出的受害者，使公民蒙受巨大的财产损失。另一方面，深度伪造技术还容易被境外势力和不法分子利用，成为抹黑国家形象、诽谤公众人物、策划违法犯罪，甚至煽动暴力恐怖活动的"帮凶"，这将对我国的社会和谐稳定与国家安全产生严重的负面影响。虽然近年来，国家相继出台了《互联网信息服务深度合成管理规定》《生成式人工智能服务管理办法》等法律法规，但 AI 技术迭代迅猛，深度伪造技术也在这股创新浪潮中不断花样翻新，使得"耳听且为虚，眼见也不实"，其所带来的未知风险已在不断冲击现实社会，挑战网络安全治理红线。

AI 网络攻击"兵临城下"，网络安全问题防不胜防。近年来，AI 技术的迅猛发展给各个领域带来了前所未有的重大变革。除了用于维护网络安全，AI 技术还可能被境外势力和不法分子利用，用来发动 AI 网络攻击。从近年的攻击态势来看，AI 网络攻击衍生出了"AI 生成恶意软件""AI 数据隐私攻击""AI 大模型窃取攻击""AI 生成的网络钓鱼和 BEC 诱饵""武器化模型"等多种新型攻击形式。其中，最典型的案例是恶意生成式 AI 的兴起，如 FraudGPT 和 WormGPT，这类不法产品已经潜伏在网络空间的黑暗角落。未来，随着 AI 技术的进一步应用和推广，AI 网络攻击将变得更加泛化，并呈现出全新的未知特征，给个人、企业乃至整个国家带来巨大的风险和危害。

为了应对日益严峻的国际网络安全形势，有效防范敌对势力针对我国的网络攻击和渗透，必须掌握网络空间自主权和主导权。因此，需要从政策、法律、技术、制度、体制、机制、标准等方面多管齐下，织密网络空间保护网，落实关键信息基础设施保护制度，重点加强数据安全和供应链安全保障能力，建立起国家网络空间的安全屏障。

11.2.3 扩展 IP ACL 的配置命令

1. 创建扩展 IP ACL 的命令

```
Router>enable                          //从用户模式进入特权模式
Router#config terminal                 //从特权模式进入全局配置模式
Router(config)# access-list list-number permit | deny protocol source source-wildcardmask destination destination-wildcardmask operator port
//定义扩展 IP ACL
Router(config)#end                     //返回特权模式
Router#show access-lists               //查看 ACL 的配置信息
```

list-number：扩展 IP ACL 的编号，其范围是 100～199。

permit|deny：关键字 permit 或 deny 用来指明满足 ACL 项条件的数据包是允许通过端口，还是被过滤掉。

protocol：用来指定协议类型，如 IP、TCP、UDP、ICMP 等。若过滤应用层数据，则此处必须为 TCP 或 UDP。

source：源地址，可以是"host""any"，还可以是具体主机 IP 地址或具体网络地址。

source-wildcardmask：源地址通配符掩码，与源地址对应。用二进制 0 和 1 来表示，0 表示需要严格匹配，1 表示不需要严格匹配，一般与子网掩码相反。

destination：目的地址，可以是"host""any"，还可以是具体主机 IP 地址或具体网络地址。

destination-wildcardmask：目的地址通配符掩码，与目的地址对应。用二进制 0 和 1 来表示，0 表示需要严格匹配，1 表示不需要严格匹配，一般与子网掩码相反。

operator port：操作码与端口号。常用的操作码有 lt（小于）、gt（大于）、eq（等于）、neq（不等于），端口号为网络服务的端口号。

操作示例：在路由器上创建编号为 100 的扩展 IP ACL，允许来自网络 172.16.1.0/24 且访问网络 192.168.10.0/24 的数据包通过，拒绝其他所有数据包。

```
Router>enable
Router#config terminal
Router(config)#access-list 100 permit ip 172.16.1.0 0.0.0.255 192.168.10.0 0.0.0.255
Router(config)#exit
Router#show access-lists
```

permit ip 代表允许所有数据包通过，因为上层应用服务在网络层用的都是 IP 协议。如果是具体某个应用服务，则要根据服务使用的 TCP 或 UDP 进行选择。例如，Telnet 服务是面向连接的服务，所以要选择 TCP。

注意：ACL 在最后隐含拒绝所有数据包的语句，所以拒绝其他网络数据包的命令可以省略不写，只需写出允许通过数据包的命令。

操作示例：在路由器上定义编号为 101 的扩展 IP ACL，拒绝来自网络 192.168.100.0/24

且访问 FTP 服务器 192.168.2.100 的数据包通过，允许其他所有数据包通过。

```
Router>enable
Router#config terminal
Router(config)#access-list 101 deny tcp 192.168.100.0 0.0.0.255 host 192.168.2.100 eq 21
Router(config)#access-list 101 permit ip any any
Router(config)#exit
Router#show access-lists
```

FTP 服务的端口号为 21，在传输层使用的协议是 TCP，所以在配置命令中，协议要选择 TCP，"eq 21"代表协议号为 21，即 FTP。"permit ip any any"代表允许所有网络数据包通过，第一个"any"代表任何源地址，第二个"any"代表任何目的地址。

操作示例：在路由器上定义编号为 102 的扩展 IP ACL，拒绝来自网络 172.16.1.0/24 且访问 FTP 服务器 192.168.2.100 的数据包通过，但允许访问 Web 服务器 192.168.2.101 的数据包通过，拒绝其他所有数据包通过。

```
Router>enable
Router#config terminal
Router(config)#access-list 102 deny tcp 172.16.1.0 0.0.0.255 host 192.168.2.100 eq ftp
Router(config)#access-list 102 permit tcp 172.16.1.0 0.0.0.255 host 192.168.2.101 eq http
Router(config)#access-list 102 deny ip any any
Router(config)#exit
```

扩展 IP ACL 中以数字表示的端口号也可以直接用具体的协议名称，如 FTP、HTTP 等来代替，拒绝其他所有网络数据包提供这条命令可以省略不写。需要注意的是，在具体定义 ACL 中各条命令时，一定要注意命令的前后顺序。与标准 IP ACL 一样，扩展 IP ACL 也是按照由上至下的顺序执行命令的。如果顺序不对，则可能会导致不能实现事先规定的控制策略。

2. 删除已建立的扩展 IP ACL 命令

```
Router>enable                      //从用户模式进入特权模式
Router#config terminal             //从特权模式进入全局配置模式
Router(config)#no access-list list-number
//删除已建立的扩展 IP ACL。语法与标准 IP ACL 一样，也不能删除单条语句，只能删除整个 ACL，如 no access-list 100
```

3. 将扩展 IP ACL 应用到端口上

```
Router>enable                      //从用户模式进入特权模式
Router#config terminal             //从特权模式进入全局配置模式
Router(config)# interface slot-number/interface-number
//选择路由器端口，进入端口配置模式，参数 slot-number 代表插槽号，interface-number 代表端口号
Router(config-if)#ip access-group list-number in | out
//将扩展 IP ACL 应用到端口上，扩展 IP ACL 才会生效。参数 in | out 用来指明将 ACL 应用到端口的进方向还是出方向上
```

操作示例：在路由器上定义编号为 103 的扩展 IP ACL，不允许来自主机 172.16.10.10 且访问 FTP 服务器 192.168.2.100 的数据包通过，但允许访问 Web 服务器 192.168.2.101 的数据包通过，拒绝其他所有网络数据包通过。将扩展 IP ACL 的规则应用到路由器 F0/1 端口的进方向上。

```
Router>enable
Router#config terminal
Router(config)#access-list 103 permit tcp host 172.16.10.10 host 192.168.2.101 eq http
Router(config)#interface f0/1
Router(config-if)#ip access-group 103 in
Router(config-if)#end
Router#show access-lists
```

因为在 ACL 中最后都隐含一条拒绝所有数据包通过的语句，包含不允许来自主机 172.16.10.10 且访问 FTP 服务器 192.168.2.100 的数据包通过，所以这条命令可以省略不写。

11.3 项目实施

某公司现有行政部、财务部、员工部等部门，各部门的主机通过交换机和路由器连接组建了内网，PC1 是行政部的主机，连接在三层交换机 SW3 的 F0/2 端口上。PC2 是员工部的主机，连接在三层交换机 SW3 的 F0/3 端口上。公司有一台提供 FTP 服务和 Web 服务的服务器，连接在路由器 R2 的 F0/1 端口上。SW3 的 F0/1 端口连接在路由器 R1 的 F0/1 端口上，R1 与 R2 间通过 S3/0 端口连接，其中 R1 的 S3/0 端口为 DCE 端。

由于公司管理的需要，要求 PC2 只能对公司服务器进行 FTP 访问，不能进行 Web 访问，行政部的主机 PC1 既可以进行 FTP 访问，又可以进行 Web 访问。

若你是公司的网络管理员，请你通过配置扩展 IP ACL 来满足上述要求。公司网络拓扑结构图和 IP 地址规划表如图 11.1 和表 11.2 所示。

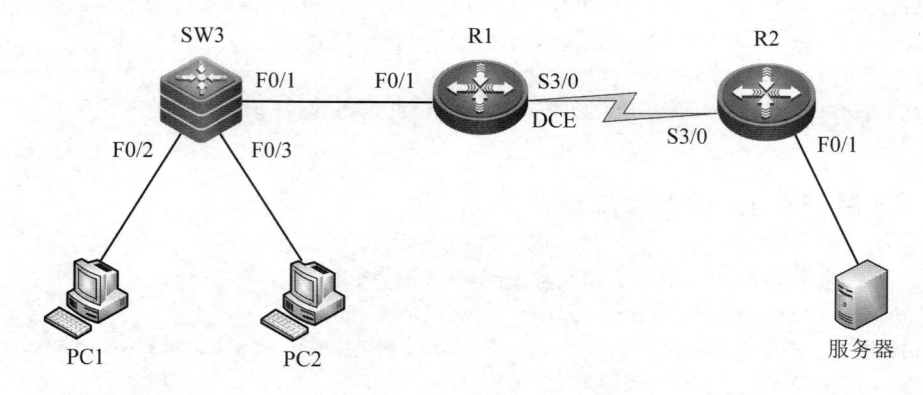

图 11.1 公司网络拓扑结构图

表 11.2 IP 地址规划表

设备名称	IP 地址	子网掩码	网关
SW3 的 F0/1	172.16.1.1	255.255.255.0	—
SW3 的 F0/2	192.168.10.1	255.255.255.0	—
SW3 的 F0/3	192.168.20.1	255.255.255.0	—
R1 的 F0/1	172.16.1.2	255.255.255.0	—
R1 的 S3/0	10.10.10.1	255.255.255.0	—
R2 的 S3/0	10.10.10.2	255.255.255.0	—
R2 的 F0/1	192.168.30.1	255.255.255.0	—
PC1	192.168.10.10	255.255.255.0	192.168.10.1
PC2	192.168.20.20	255.255.255.0	192.168.20.1
服务器	192.168.30.254	255.255.255.0	192.168.30.1

任务目标

1. 为三层交换机 SW3 和路由器 R1、R2 的端口配置 IP 地址和子网掩码。
2. 在三层交换机 SW3 和路由器 R1、R2 上配置 OSPF 路由协议，实现全网贯通。
3. 在三层交换机 SW3 上配置扩展 IP ACL。
4. 把 ACL 应用到三层交换机 SW3 的端口上。
5. 在服务器上配置 Web 服务和 FTP 服务，用 PC1 和 PC2 进行通信测试。

具体实施步骤

步骤 1：在三层交换机 SW3 上配置端口的 IP 地址和子网掩码。

```
Switch>enable
Switch#config terminal
Switch(config)#hostname SW3
SW3(config)#interface fastEthernet 0/2
SW3(config-if-FastEthernet 0/2)#no switchport
SW3(config-if-FastEthernet 0/2)#ip address 192.168.10.1 255.255.255.0
SW3(config-if-FastEthernet 0/2)#no shutdown
SW3(config-if-FastEthernet 0/2)#exit
SW3(config)#interface fastEthernet 0/3
SW3(config-if-FastEthernet 0/3)#no switchport
SW3(config-if-FastEthernet 0/3)#ip address 192.168.20.1 255.255.255.0
SW3(config-if-FastEthernet 0/3)#no shutdown
SW3(config-if-FastEthernet 0/3)#exit
SW3(config)# interface fastEthernet 0/1
SW3(config-if-FastEthernet 0/1)#no switchport
SW3(config-if-FastEthernet 0/1)#ip address 172.16.1.1 255.255.255.0
SW3(config-if-FastEthernet 0/1)#no shutdown
SW3(config-if-FastEthernet 0/1)#end
SW3#show ip interface brief              //查看 IP 地址配置信息
Interface                IP-Address(Pri)       OK?        Status
FastEthernet 0/1         172.16.1.1/24         YES        UP
```

```
FastEthernet 0/2                    192.168.10.1/24        YES        UP
FastEthernet 0/3                    192.168.20.1/24        YES        UP
```

步骤 2：在路由器 **R1** 上配置端口的 **IP** 地址和子网掩码。

```
Router>enable
Router#config terminal
Router(config)#hostname R1
R1(config)#interface fastEthernet 0/1
R1(config-if-FastEthernet 0/1)#ip address 172.16.1.2 255.255.255.0
R1(config-if-FastEthernet 0/1)#no shutdown
R1(config-if-FastEthernet 0/1)#exit
R1(config)#interface serial 3/0
R1(config-if-Serial 3/0)#ip address 10.10.10.1 255.255.255.0
R1(config-if-Serial 3/0)#clock rate 64000      //在 DCE 端设置时钟频率
R1(config-if-Serial 3/0)#no shutdown
R1(config-if-Serial 3/0)#end
R1#show ip interface brief                     //查看 IP 地址配置信息
Interface                  IP-Address(Pri)     OK?        Status
Serial 3/0                 10.10.10.1/24       YES        UP
Serial 4/0                 no address          YES        DOWN
FastEthernet 0/0           no address          YES        DOWN
FastEthernet 0/1           172.16.1.2/24       YES        UP
```

步骤 3：在路由器 **R2** 上配置端口的 **IP** 地址和子网掩码。

```
Router>enable
Router#config terminal
Router(config)#hostname R2
R2(config)#interface serial 3/0
R2(config-if-Serial 3/0)#ip address 10.10.10.2 255.255.255.0
R2(config-if-Serial 3/0)#no shutdown
R2(config-if-Serial 3/0)#exit
R2(config)#interface fastEthernet 0/1
R2(config-if-FastEthernet 0/1)#ip address 192.168.30.1 255.255.255.0
R2(config-if-FastEthernet 0/1)#no shutdown
R2(config-if-FastEthernet 0/1)#exit
R2#show ip interface brief                     //查看 IP 地址配置信息
Interface                  IP-Address(Pri)     OK?        Status
Serial 3/0                 10.10.10.2/24       YES        UP
FastEthernet 0/0           no address          YES        DOWN
FastEthernet 0/1           192.168.30.1/24     YES        UP
```

步骤 4：在三层交换机 **SW3** 上配置 **OSPF** 路由协议。

```
SW3#config t
SW3(config)#ip routing                         //三层交换机开启路由功能
SW3(config)#route ospf 100                     //进入 OSPF 配置模式，进程号为 100
SW3(config-router)#network 172.16.1.0 0.0.0.255 area 0
SW3(config-router)#network 192.168.10.0 0.0.0.255 area 0
SW3(config-router)#network 192.168.20.0 0.0.0.255 area 0
```

```
//将三层交换机 SW3 的直连网段宣告出去，单区域为骨干区域 0
SW3(config-router)#end
```

步骤 5：在路由器 **R1** 上配置 **OSPF** 路由协议。

```
R1#config t
R1(config)#route ospf 100                        //进入 OSPF 配置模式，进程号为 100
R1(config-router)#network 10.10.10.0 0.0.0.255 area 0
R1(config-router)#network 172.16.1.0 0.0.0.255 area 0
//将路由器 R1 的直连网段宣告出去，单区域为骨干区域 0
R1(config-router)#end
```

步骤 6：在路由器 **R2** 上配置 **OSPF** 路由协议。

```
R2#config t
R2(config)#route ospf 100                        //进入 OSPF 配置模式，进程号为 100
R2(config-router)#network 10.10.10.0 0.0.0.255 area 0
R2(config-router)#network 192.168.30.0 0.0.0.255 area 0
//将路由器 R2 的直连网段宣告出去，单区域为骨干区域 0
R2(config-router)#end
```

步骤 7：在三层交换机 **SW3**、路由器 **R1** 和路由器 **R2** 上查看路由表信息。

```
SW3#show ip route                                //查看 SW3 的路由表信息
Codes:  C - connected, S - static, R - RIP, B - BGP
        O - OSPF, IA - OSPF inter area
        N1 - OSPF NSSA external type 1, N2 - OSPF NSSA external type 2
        E1 - OSPF external type 1, E2 - OSPF external type 2
        i - IS-IS, su - IS-IS summary, L1 - IS-IS level-1, L2 - IS-IS level-2
        ia - IS-IS inter area, * - candidate default
Gateway of last resort is no set
O    10.10.10.0/24 [110/51] via 172.16.1.2, 00:01:16, FastEthernet 0/1
C    172.16.1.0/24 is directly connected, FastEthernet 0/1
C    172.16.1.1/32 is local host.
C    192.168.10.0/24 is directly connected, FastEthernet 0/2
C    192.168.10.1/32 is local host.
C    192.168.20.0/24 is directly connected, FastEthernet 0/3
C    192.168.20.1/32 is local host.
O    192.168.30.0/24 [110/52] via 172.16.1.2, 00:00:37, FastEthernet 0/1
R1#show ip route                                 //查看 R1 的路由表信息
Codes:  C - connected, S - static, R - RIP, B - BGP
        O - OSPF, IA - OSPF inter area
        N1 - OSPF NSSA external type 1, N2 - OSPF NSSA external type 2
        E1 - OSPF external type 1, E2 - OSPF external type 2
        i - IS-IS, su - IS-IS summary, L1 - IS-IS level-1, L2 - IS-IS level-2
        ia - IS-IS inter area, * - candidate default
Gateway of last resort is no set
C    10.10.10.0/24 is directly connected, Serial 3/0
C    10.10.10.1/32 is local host.
C    172.16.1.0/24 is directly connected, FastEthernet 0/1
C    172.16.1.2/32 is local host.
```

```
O    192.168.10.0/24 [110/2] via 172.16.1.1, 00:01:22, FastEthernet 0/1
O    192.168.20.0/24 [110/2] via 172.16.1.1, 00:01:22, FastEthernet 0/1
O    192.168.30.0/24 [110/51] via 10.10.10.2, 00:00:38, Serial 3/0
R2#show ip route                                    //查看 R2 的路由表信息
Codes: C - connected, S - static, R - RIP, B - BGP
       O - OSPF, IA - OSPF inter area
       N1 - OSPF NSSA external type 1, N2 - OSPF NSSA external type 2
       E1 - OSPF external type 1, E2 - OSPF external type 2
       i - IS-IS, su - IS-IS summary, L1 - IS-IS level-1, L2 - IS-IS level-2
       ia - IS-IS inter area, * - candidate default
Gateway of last resort is no set
C    10.10.10.0/24 is directly connected, Serial 3/0
C    10.10.10.2/32 is local host.
O    172.16.1.0/24 [110/51] via 10.10.10.1, 00:00:45, Serial 3/0
O    192.168.10.0/24 [110/52] via 10.10.10.1, 00:00:45, Serial 3/0
O    192.168.20.0/24 [110/52] via 10.10.10.1, 00:00:45, Serial 3/0
C    192.168.30.0/24 is directly connected, FastEthernet 0/1
C    192.168.30.1/32 is local host.
```

通过查看三层交换机 SW3、路由器 R1 和路由器 R2 的路由表信息，发现都已学习到 OSPF 的路由信息，网络已收敛。PC1、PC2 和服务器间可以相互通信。

步骤 8：在三层交换机 SW3 上配置扩展 IP ACL。

```
SW3#config t
SW3(config)#access-list 100 deny tcp 192.168.20.0 0.0.0.255 host  192.168.30.254 eq 80
//定义扩展 IP ACL，拒绝 PC2 访问服务器的 HTTP 服务
SW3(config)#access-list 100 permit ip any any
//定义扩展 IP ACL 的一条规则，允许其他所有网络数据通过
SW3(config)#end
SW3#show access-lists                               //查看 ACL 的配置信息
ip access-list extended 100
10 deny tcp 192.168.10.0 0.0.0.255 host 192.168.30.254 eq www
20 permit ip any any
```

步骤 9：将扩展 IP ACL 应用到三层交换机 SW3 的端口上。

```
SW3#config t
SW3(config)# interface fastEthernet 0/3         //选择三层交换机的 F0/3 端口
SW3(config-if)#ip access-group 100 in
//将扩展 IP ACL 应用到三层交换机 SW3 的 F0/3 端口上
```

由于扩展 IP ACL 可以检测源地址、目的地址、协议号、源端口、目的端口，从而实现精确的过滤，因此其一般都与靠近源网段的网络端口建立关联。这样可以避免不必要的通信数据在网络中传播，以节约宝贵的网络带宽资源。

步骤 10：在服务器上配置 HTTP 服务和 FTP 服务。

要想在计算机上配置 HTTP 服务和 FTP 服务，需要安装 IIS（Internet Information Services）服务器。IIS 是微软提供的一款基于 Windows 操作系统的 Web 服务器软件，它允

许在 Windows 服务器上托管网站、Web 应用程序、Web 服务和 FTP 站点。

在计算机上打开"控制面板",选择"程序和功能",单击"启用或关闭 Windows 功能",如图 11.2 所示。

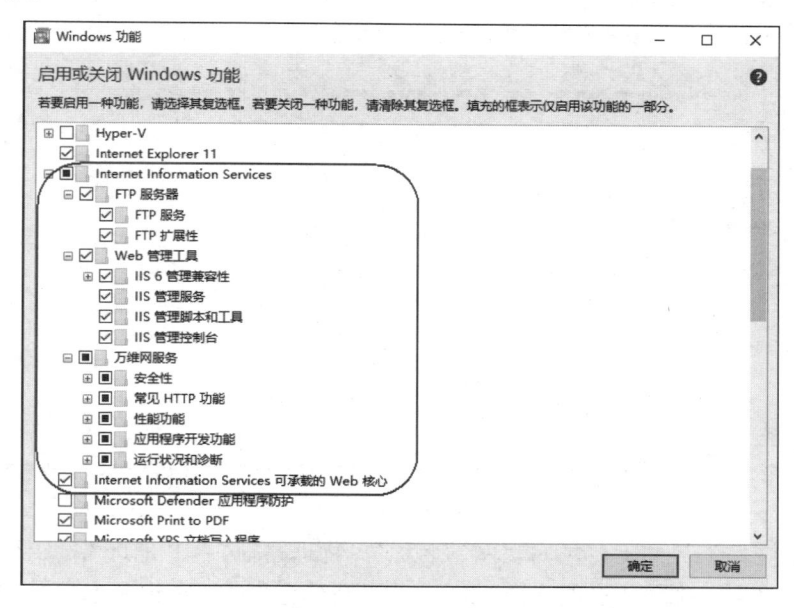

图 11.2　安装 IIS 服务器

安装好 IIS 服务器后,在浏览器中输入 http://localhost,如果能打开如图 11.3 所示的界面,则说明 IIS 服务器安装成功。

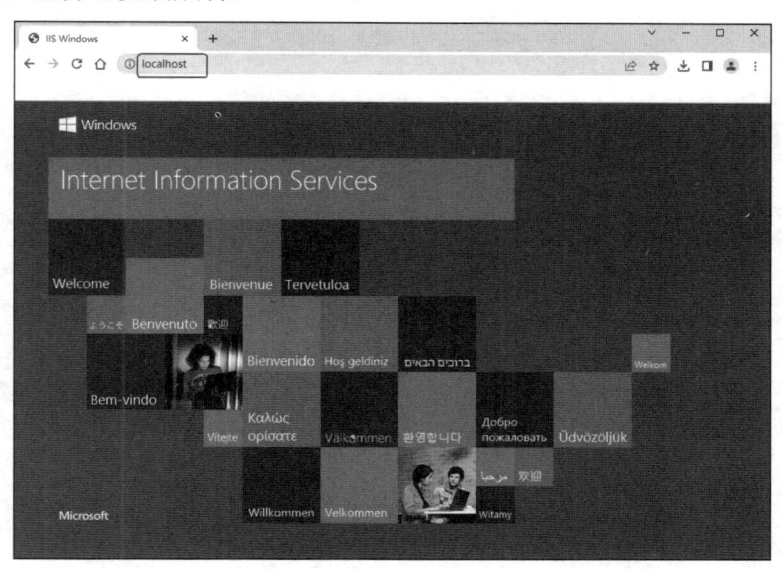

图 11.3　IIS 服务器安装成功

打开 IIS 服务器管理界面,右击"网站",在弹出的快捷菜单中选择"添加网站"选项,如图 11.4 所示。

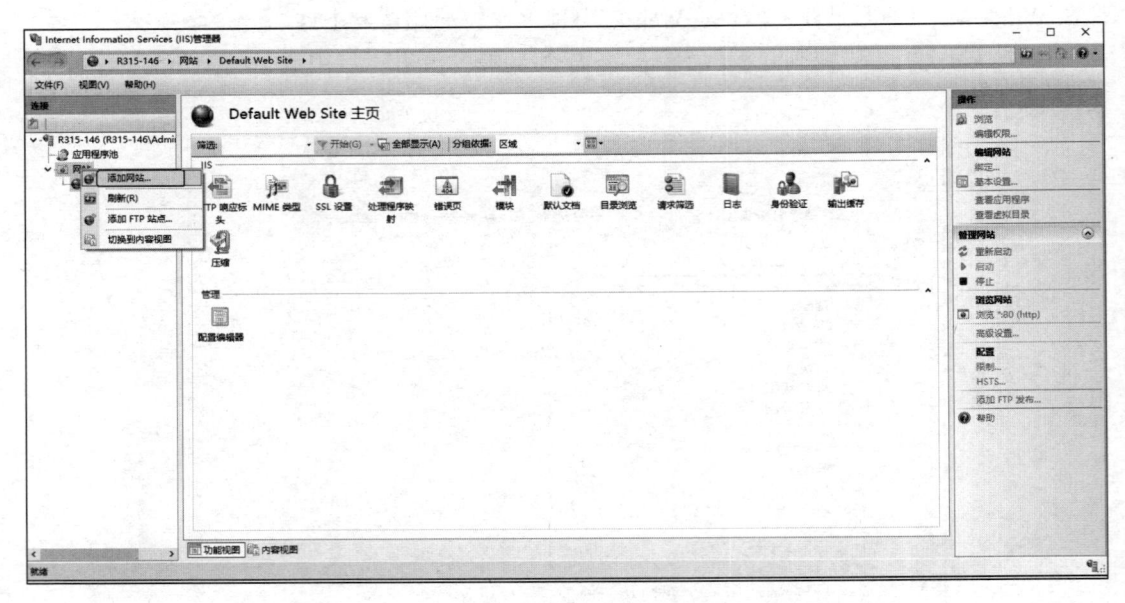

图 11.4 添加网站

在"添加网站"界面上,填写"网站名称""物理路径""IP 地址",如图 11.5 所示。

制作测试网页,在网站物理路径"E:\aaa"下新建记事本,在记事本中键入如图 11.6 所示的内容,保存并退出后,将文件名称修改为"index.html"。

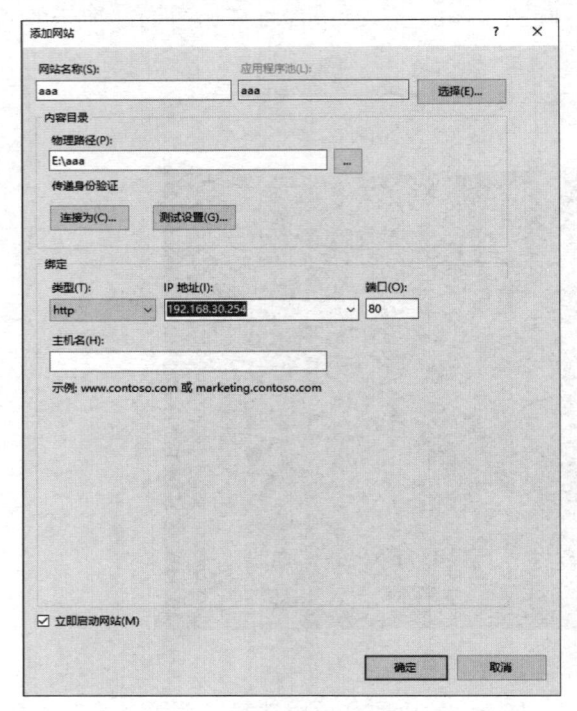

图 11.5 网站参数设置

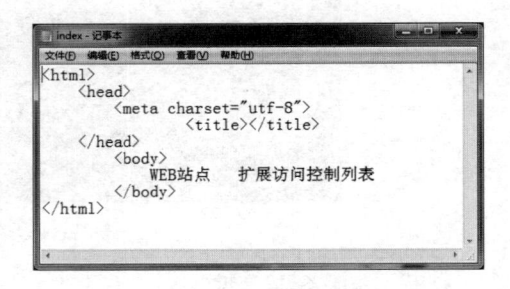

图 11.6 制作测试网页

发布 FTP 服务器，打开 IIS 服务器管理界面，右击"网站"，在弹出的快捷菜单中选择"添加 FTP 站点"选项，如图 11.7 所示。

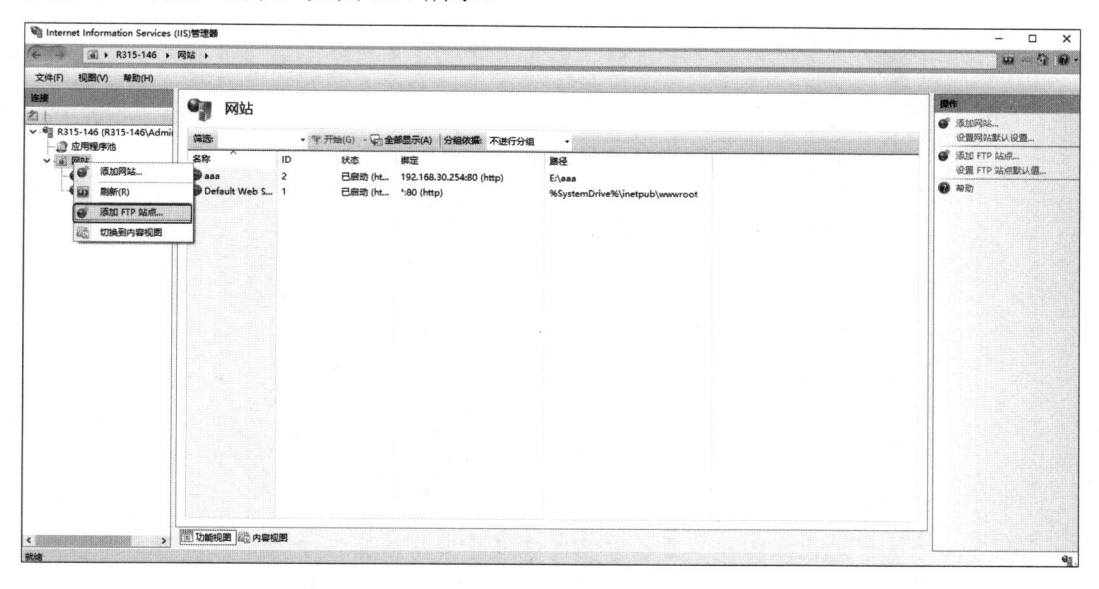

图 11.7　添加 FTP 站点

在"添加 FTP 站点"界面中，填写"FTP 站点名称"和"物理路径"，存放在计算机的"E:\"目录下，如图 11.8 所示。

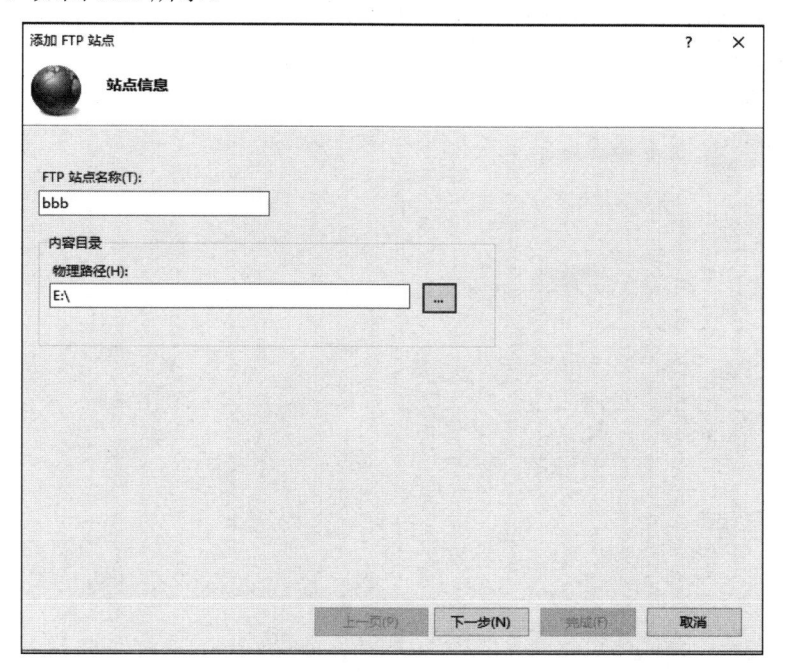

图 11.8　设置 FTP 站点的物理路径

在"绑定和 SSL 设置"界面中，绑定 FTP 站点的 IP 地址（192.168.30.254），单击"无

SSL"单选按钮,如图 11.9 所示。

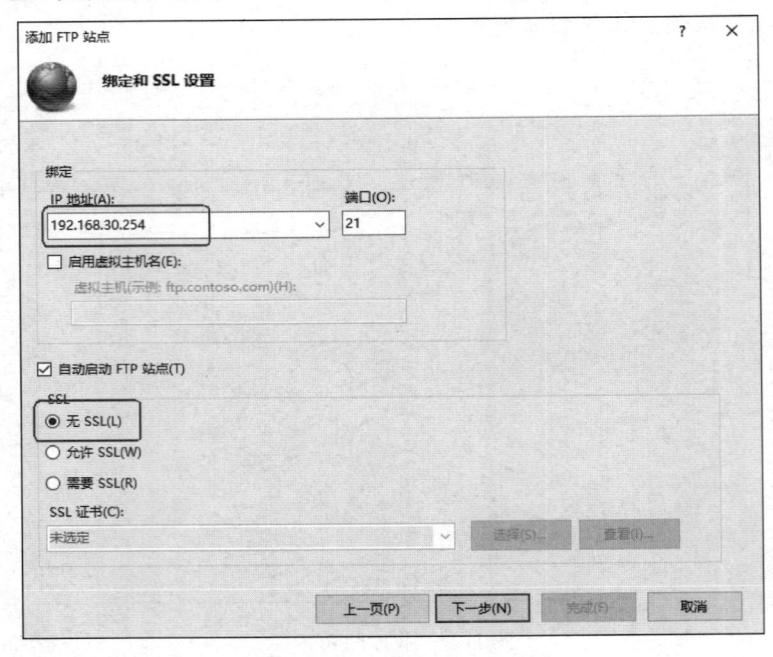

图 11.9 绑定 FTP 站点的 IP 地址

在"身份验证和授权信息"界面中,在"身份验证"选区中勾选"匿名"和"基本"复选框,在"允许访问"下拉列表中选择"所有用户"选项,在"权限"选区中勾选"读取"和"写入"复选框,如图 11.10 所示。

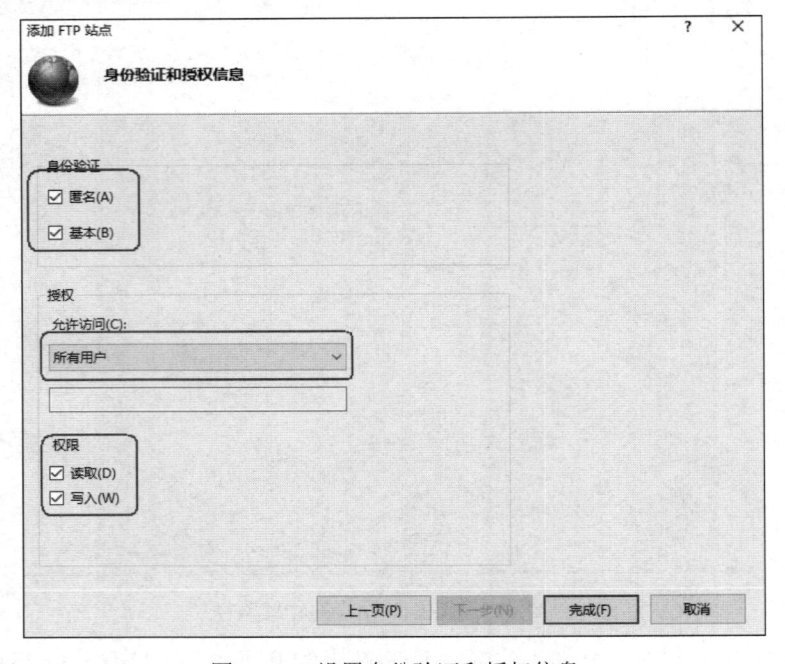

图 11.10 设置身份验证和授权信息

步骤 11：在行政部的 **PC1** 和员工部的 **PC2** 间进行通信测试。

在行政部的 PC1 上访问"Web 服务器"和"FTP 服务器"，如图 11.11 和图 11.12 所示，行政部的 PC1 既可以访问 Web 服务器，又可以访问 FTP 服务器。

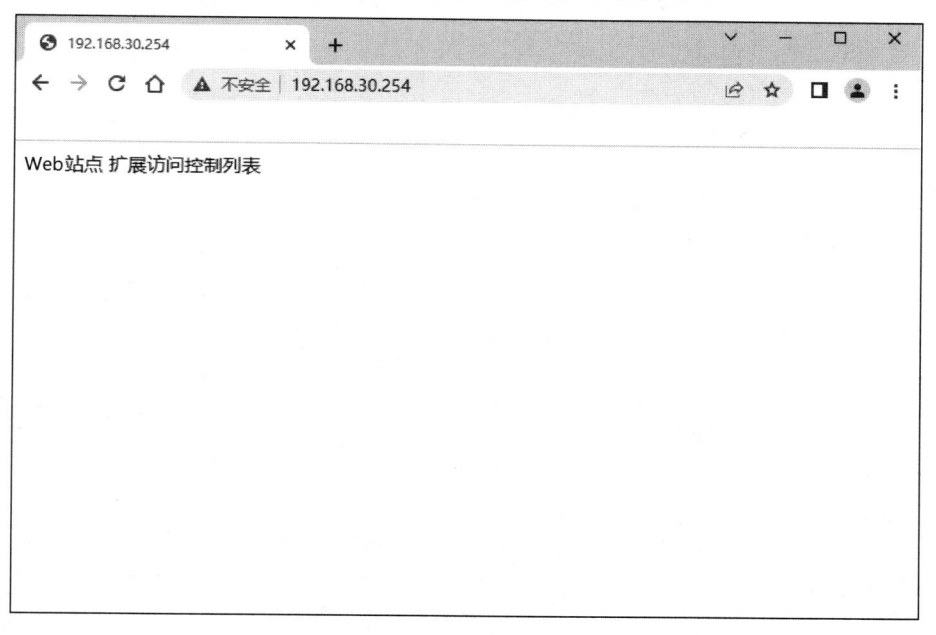

图 11.11　行政部的 PC1 访问 Web 服务器

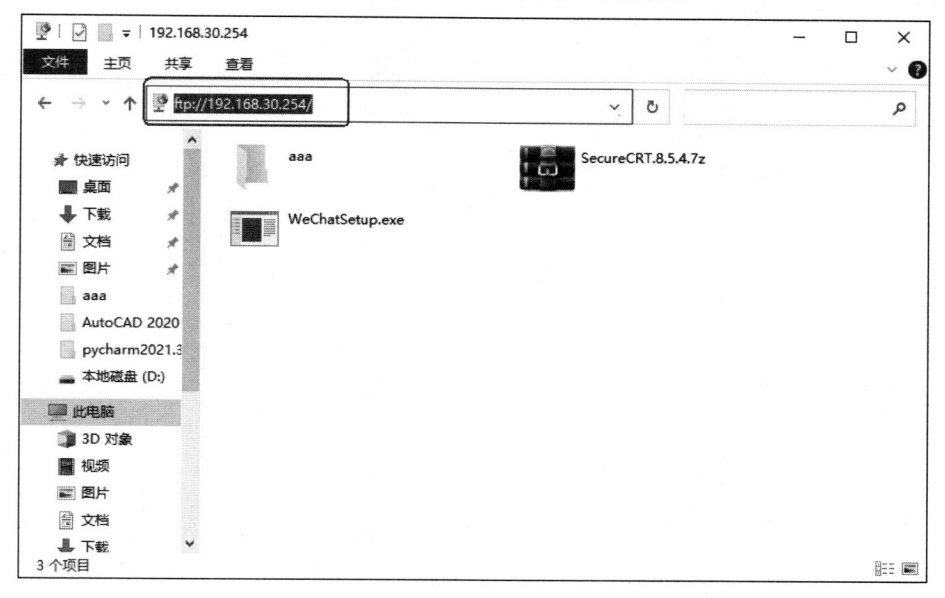

图 11.12　行政部的 PC1 访问 FTP 服务器

在员工部的 PC2 上访问"Web 服务器"和"FTP 服务器"，如图 11.13 和图 11.14 所示，员工部的 PC2 无法访问 Web 服务器，但可以访问 FTP 服务器。

图 11.13　员工部的 PC2 无法访问 Web 服务器

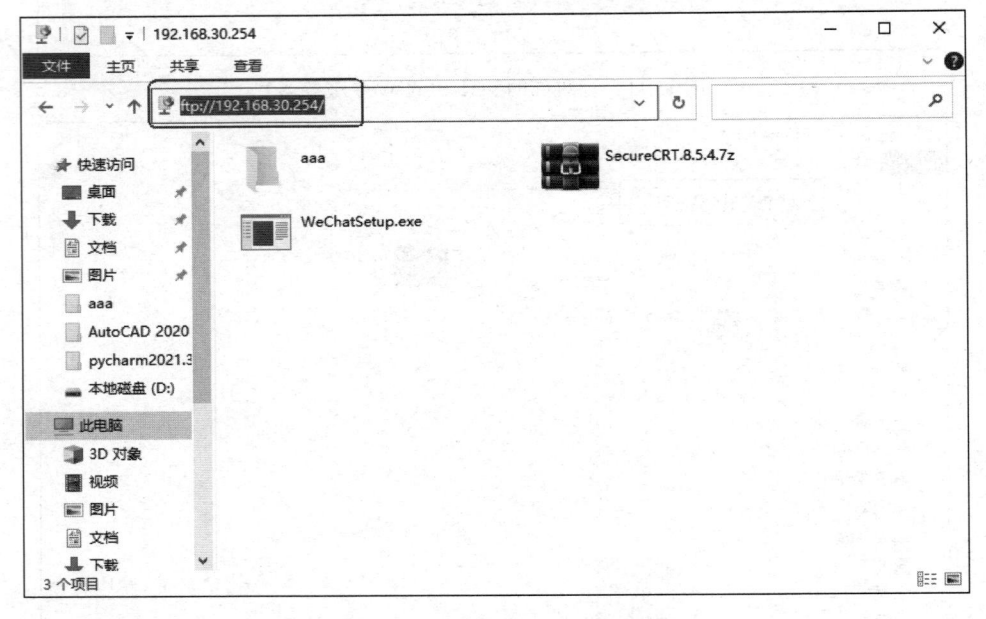

图 11.14　员工部的 PC2 访问 FTP 服务器

注意事项

1. 若用作服务器的计算机自带防火墙，则要将其关闭。
2. 扩展 IP ACL 要尽量应用在靠近源网段的端口上。

11.4 项目拓展

某公司现有行政部、财务部、人事部、物流部等部门。行政部的主机 PC1 和财务部的主机 PC2 连接在二层交换机 SW1 的 F0/1 和 F0/2 端口上，分别属于 VLAN 10 和 VLAN 20，人事部的主机 PC3 连接在三层交换机 SW2 的 F0/1 端口上，属于 VLAN 30，物流部的主机 PC4 连接在三层交换机 SW3 的 F0/2 端口上，属于 VLAN 40，SW3 的 F0/1 端口连接了公司服务器，属于 VLAN 88。SW2 连接了 SW1 和 SW3。

由于公司管理的需要，要求 PC2 不能进行 FTP 访问，但可以进行 HTTP 访问。PC4 不能进行 HTTP 访问，但可以进行 FTP 访问。提示：标准 IP ACL 和扩展 IP ACL 需要在三层网络设备上进行配置。

若你是公司的网络管理员，请你通过配置扩展 IP ACL 来满足上述要求。公司网络拓扑结构图和 IP 地址规划表如图 11.15 和表 11.3 所示。

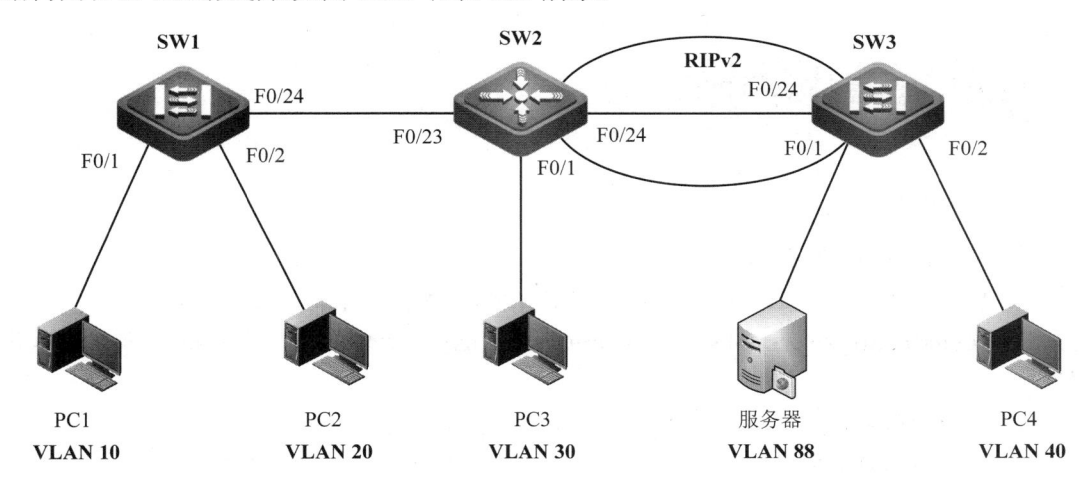

图 11.15 公司网络拓扑结构图

表 11.3 IP 地址规划表

设备名称	IP 地址	子网掩码	网关
SW2 的 SVI 10	192.168.10.1	255.255.255.0	—
SW2 的 SVI 20	192.168.20.1	255.255.255.0	—
SW2 的 SVI 30	192.168.30.1	255.255.255.0	—
SW2 的 F0/24	10.0.0.1	255.255.255.252	—
SW3 的 F0/24	10.0.0.2	255.255.255.252	—
SW3 的 SVI 88	192.168.88.1	255.255.255.0	—
SW3 的 SVI 40	192.168.40.1	255.255.255.0	—
PC1	192.168.10.10	255.255.255.0	192.168.10.1
PC2	192.168.20.20	255.255.255.0	192.168.20.1

续表

设备名称	IP 地址	子网掩码	网关
PC3	192.168.30.30	255.255.255.0	192.168.30.1
PC4	192.168.40.40	255.255.255.0	192.168.40.1
服务器	192.168.88.88	255.255.255.0	192.168.88.1

11.5 项目小结

扩展 IP ACL 可以依据源地址、目的地址、协议、源端口号、目的端口号进行过滤，也就是可以对应用层和网络层的数据进行过滤。在应用扩展 IP ACL 时，因扩展 IP ACL 可以实现更精确的过滤，所以可以将其放置在靠近源端口的位置，这样可以避免不必要的数据在网络中传输。此外，我们在配置 ACL 规则时，需要将更精确、更具体的规则放置在其他规则的前面，这样可以避免更具体的规则被相对粗略的规则覆盖。

11.6 思考与练习

（一）选择题

1. 扩展 IP ACL 的编号范围是（　　）。
   A．1~99   B．100~199   C．200~299   D．300~399
2. Router(config)#access-list 101 permit ip any any 命令中的第二个"any"代表什么意思？（　　）
   A．任何源地址   B．指定源地址
   C．任何目的地址   D．指定目的地址
3. ACL 分为标准 IP ACL 和扩展 IP ACL 两种。下面关于 ACL 的描述中，错误的是（　　）。
   A．标准 IP ACL 可以根据分组中的 IP 源地址进行过滤
   B．扩展 IP ACL 可以根据分组中的 IP 目标地址进行过滤
   C．标准 IP ACL 可以根据分组中的 IP 目标地址进行过滤
   D．扩展 IP ACL 可以根据不同的上层协议信息进行过滤
4. 在配置 ACL 的规则时，关键字"any"代表的通配符掩码是（　　）。
   A．0.0.0.0   B．所使用的子网掩码的反码
   C．255.255.255.255   D．无此关键字
5. 在 ACL 配置中，操作符"gt port-number"表示控制的是（　　）。

A．端口号小于此数字的服务　　B．端口号大于此数字的服务
C．端口号等于此数字的服务　　D．端口号不等于此数字的服务

（二）填空题

1．扩展 IP ACL 的过滤条件是_____。

2．一般情况下，标准 IP ACL 应用在_____端口做_____操作，扩展 IP ACL 应用在_____端口做_____操作。

3．将编号为 101 的扩展 IP ACL 应用到路由器的 F0/0 端口的出方向上，其命令是_____。

（三）问答题

1．简述标准 IP ACL 与扩展 IP ACL 的区别。

2．扩展 IP ACL 的隐含语句是什么？

项目 12

PAP 与 CHAP 认证实现链路安全

学习目标

知识目标

- 了解 PPP 的概念与特点。
- 了解 PPP 的组成。
- 理解 PPP 的会话过程。
- 理解 PAP 和 CHAP 的认证过程。
- 理解 PAP 与 CHAP 认证的区别。

能力目标

- 掌握 PAP 与 CHAP 认证的基本配置命令。
- 掌握 PAP 与 CHAP 认证的配置方法。
- 学会配置 PAP 和 CHAP 认证实现链路安全。

素质目标

- 培养学生良好的学习态度和学习习惯。
- 培养学生的团队合作精神和社会责任感。
- 通过"天河漫漫,北斗璀璨"的思政案例,展示中国人民的智慧和努力,培养学生的民族自豪感和爱国情怀。

12.1 项目背景

某公司现有行政部、财务部、人事部、物流部等部门,为了提高公司网络性能,网络管理员已按照部门将公司网络划分成多个不同的 VLAN。公司有多台路由器,路由器间通过端口相连并使用 PPP,为了提高路由器端口间的链路安全,要求使用 PAP 或 CHAP 认证。

本项目内容是在路由器端口间配置 PAP 和 CHAP 认证功能,以提高网络接入的安全性。

➡ 教学导航

知识重点	1. PPP 的概念与特点。 2. PPP 的组成。 3. PPP 的会话过程
知识难点	1. PAP 的认证过程。 2. CHAP 的认证过程。 3. PAP 与 CHAP 认证的区别。 4. PAP 与 CHAP 认证的配置方法。 5. 学会配置 PAP 与 CHAP 认证实现链路安全
推荐教学方式	1. 教师通过知识点讲解,使学生了解 PPP 的概念、PPP 的特点、PPP 的组成、PPP 的会话过程、PAP 的认证过程、CHAP 的认证过程及 PAP 与 CHAP 认证的区别。 2. 教师通过课堂操作,演示 PAP 认证的配置方法、CHAP 认证的配置方法,以及配置 PAP 与 CHAP 认证实现链路安全。 3. 学生通过动手实践项目案例和项目拓展,掌握 PAP 认证的配置方法、CHAP 认证的配置方法,以及配置 PAP 与 CHAP 认证实现链路安全等。 4. 采用任务驱动、自主学习、小组探究学习等多种教学方法,让学生通过观察、思考、交流,提高其动手操作能力和团队协作能力
建议学时	4 学时

12.2 项目相关知识

为了实现路由器端口间的链路安全,需要使用 PAP 和 CHAP。为了便于掌握和理解具体的配置操作步骤,需要先了解 PPP 的概念、特点、组成、会话过程,PAP 的认证过程,PAP 认证的基本配置命令,CHAP 的认证过程,CHAP 认证的基本配置命令等知识。

12.2.1　PPP 的概念

任何第三层的协议要通过拨号或专用链路穿越外网时，都必须封装一种数据链路层协议。TCP/IP 协议是 Internet 中使用最为广泛的协议，在外网的数据链路层主要有两种用于封装 TCP/IP 的协议：SLIP 和 PPP。

SLIP（Serial Line IP，串行线 IP 协议）出现在 20 世纪 80 年代中期，它是一种在串行线路上封装 IP 数据包的简单形式。SLIP 只支持 IP 网络层协议，不支持 IPX 网络层协议，不提供纠错机制，无协商过程，尤其是不能协商通信双方 IP 地址等网络层属性。由于 SLIP 具有种种缺陷，逐步被 PPP 替代。

PPP（Point-to-Point Protocol，点到点协议）是一种在点到点链路上传输、封装网络层数据包的数据链路层协议。PPP 处于 OSI 参考模型的数据链路层，主要用于支持全双工的同步链路和异步链路，进行点到点的数据传输。

12.2.2　PPP 的特点

PPP 是目前使用最为广泛的外网协议，其具有以下特点。
（1）PPP 是面向字符的，既支持同步链路又支持异步链路。
（2）PPP 通过链路控制协议（LCP）能够有效控制数据链路的建立。
（3）PPP 支持密码验证协议（PAP）和询问握手验证协议（CHAP），可以保证网络的安全性。
（4）PPP 支持各种网络控制协议（NCP），可以同时支持多种网络层协议。
（5）PPP 可以对网络层地址进行协商，支持 IP 地址的远程分配，能够满足拨号线路的需求。
（6）PPP 无重传协议，网络开销较小。

12.2.3　PPP 的组成

PPP 并非单一的协议，而是由一系列协议组成的协议簇，其组成如图 12.1 所示。

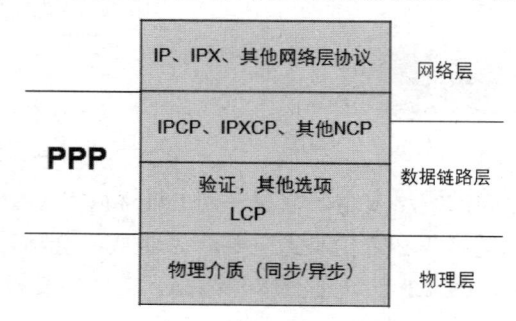

PPP	IP、IPX、其他网络层协议	网络层
	IPCP、IPXCP、其他NCP	数据链路层
	验证，其他选项 LCP	
	物理介质（同步/异步）	物理层

图 12.1　PPP 的组成

LCP 主要用于管理 PPP 数据链路，包括进行数据链路层参数的协商，建立、拆除和监控数据链路。NCP 主要用于协商所承载的网络层协议的类型和属性，以及在该数据链路上传输的数据包的格式和类型，配置网络层协议等。验证协议主要是指 PAP 和 CHAP，用于验证 PPP 对端设备的身份合法性，在一定程度上保证了链路安全。

12.2.4　PPP 的会话过程

PPP 的会话过程主要分为以下三个阶段。

1．链路建立阶段

运行 PPP 的设备会发送 LCP 报文来检测链路的可用情况，如果链路可用，则链路建立成功，否则链路建立失败。

2．可选的验证阶段

成功建立链路后，根据 PPP 数据帧中的验证选项来决定是否进行验证。如果需要验证，则开始进行 PAP 或 CHAP 验证，验证成功后进入网络层协商阶段。

3．网络层协商阶段

运行 PPP 的设备双方发送 NCP 报文来选择并配置网络层协议，双方协商使用网络层协议，同时选择并配置网络层地址。如果协商通过，则链路建立成功。

PPP 的会话建立流程如图 12.2 所示。

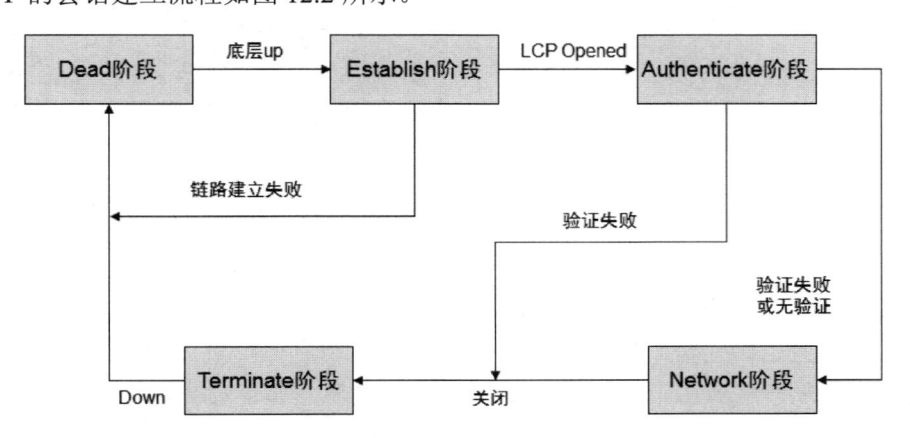

图 12.2　PPP 的会话建立流程

（1）当物理层不可用时，链路处于 Dead 阶段，链路必须从这个阶段开始和结束。当通信双方的两端检测到物理线路激活（通常是检测到链路上有载波信号）时，就会从当前阶段跃迁至下一个阶段。

（2）当物理层可用时，进入 Establish 阶段。链路在 Establish 阶段进行 LCP 协商，协商的内容包括是否采用链路捆绑、使用何种验证方式、最大传输单元等。协商成功后 LCP 进入 Opened 状态，表示底层链路已经建立。

（3）如果配置了验证，则进入 Authenticate 阶段，开始 PAP 或 CHAP 验证。这个阶段仅支持 LCP、验证协议和质量检查数据报文，其他的数据报文都被丢弃。

（4）如果验证失败，则进入 Terminate 阶段，拆除链路，LCP 状态转为 Down；如果验证成功，则进入 Network 阶段，由 NCP 协商网络层协议参数，此时 LCP 状态仍为 Opened，而 NCP 状态从 Initial 转为 Request。

（5）NCP 协商支持 IPCP 协商，IPCP 协商主要包括双方的 IP 地址。通过 NCP 协商来选择和配置一个网络层协议。只有相应的网络层协议协商成功后，该协议才可以通过这条链路发送报文。

（6）链路将一直保持通信，直至有明确的 LCP 或 NCP 帧来关闭这条链路，或者发生了某些外部事件。

（7）PPP 能在任何时候终止链路。在载波丢失、验证失败、链路质量检测失败和网络管理员人为关闭链路等情况下均会导致链路终止。

12.2.5　PAP 的认证过程

PAP 认证为两次握手验证，认证过程仅在链路初始建立阶段进行，PAP 的认证过程如图 12.3 所示。

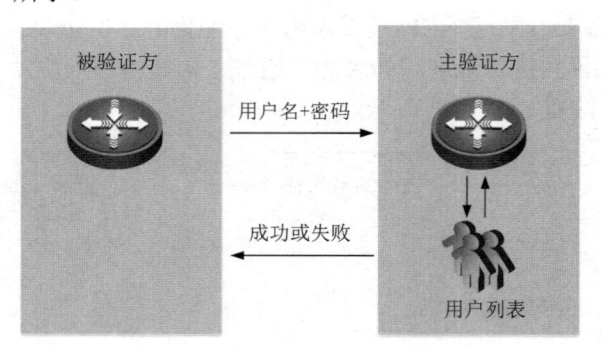

图 12.3　PAP 的认证过程

被验证方以明文的形式发送用户名和密码到主验证方。主验证方验证用户名和密码，如果用户名合法且密码正确，则给对端发送 ACK 消息，通告对端验证成功，允许进入下一阶段协商；如果用户名或密码不正确，则发送 NAK 消息，通告对端验证失败。

为了确认用户名和密码的正确性，主验证方要么检索本机预先配置的用户列表，要么采用类似 RADIUS（远程验证拨入用户服务协议）的远程验证协议向网络上的验证服务器检查用户名和密码。

验证失败后并不会直接将链路关闭。只有当验证失败次数达到一定值时，链路才会被关闭，这样可以防止因误传、链路干扰等造成不必要的 LCP 重新协商过程。

PAP 可以进行单向验证，即由一方验证另一方的身份，也可以进行双向验证，双向验证可以理解为两个独立的单向验证，即要求通信双方都通过对方的验证，否则无法建立两者之间的链路。在 PAP 验证中，用户名和密码在网络上以明文的形式传输，如果在传输过程中被监听,则监听者可以获知用户名和密码,并利用其通过验证,可能对网络安全造成威胁。因此,PAP 认证适用于对网络安全要求相对较低的环境。

12.2.6 PAP 认证的基本配置命令

因为 PAP 认证与 CHAP 认证都是属于 PPP 的认证,所以要将端口类型封装为 PPP 类型,默认情况下端口类型为 HDLC 类型。

微课:PAP 认证的基本配置命令

1. 将端口类型封装为 PPP 类型

```
Router(config)# interface type number        //选择端口,进入端口配置模式
Router(config-if)# encapsulation ppp         //将端口类型封装为 PPP 类型
```

2. 主验证方创建用户列表

```
Router(config-if)# ppp authentication pap
//配置端口认证为 PAP 认证,若设备上配置了这条命令,则这台设备为主验证方
Router(config-if)#exit                       //返回全局配置模式
Router(config)# username 用户名 password 密码  //创建用户名和密码
```

3. 被验证方发送用户名和密码给主验证方进行验证

```
Router(config)# interface type number        //选择端口,进入端口配置模式
Router(config-if)# encapsulation ppp         //将端口类型封装为 PPP 类型
Router(config-if)# ppp pap sent-username 用户名 password 密码
//被验证方发送用户名和密码给主验证方,注意是在端口配置模式下
```

操作示例: 如图 12.4 所示,网络中有两台路由器 R1 和 R2,R1 的 S0/0 端口为 DCE 端,IP 地址为 10.0.0.1/30,R2 的 S0/0 端口为 DTE 端,IP 地址为 10.0.0.2/30。R1 的 F0/0 端口的 IP 地址为 192.168.10.1/24,R2 的 F0/0 端口的 IP 地址为 192.168.20.1/24,PC1 和 PC2 的 IP 地址为 192.168.10.10 和 192.168.20.20。

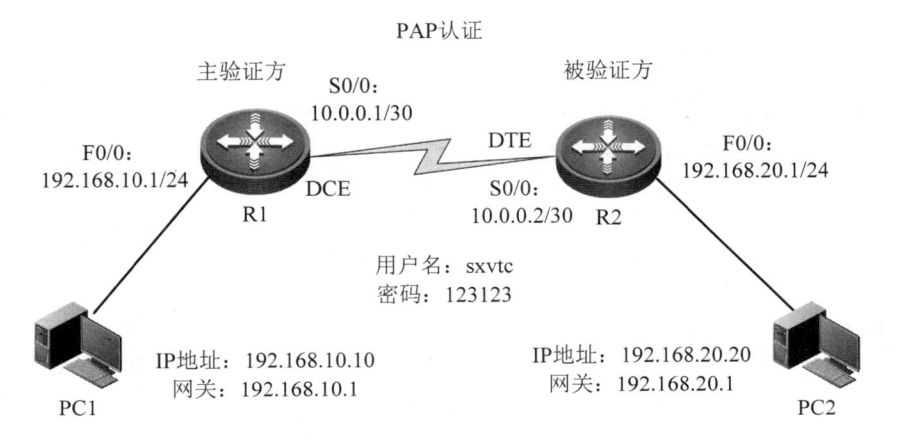

图 12.4 PAP 认证示例图

为了提高端口间的安全性,使用 PAP 认证,R1 为主验证方,R2 为被验证方,用户名

为 sxvtc，密码为 123123。若你是网络工程师，请通过合理的设置使得 PC1 和 PC2 能够相互通信。

（1）在 R1 上配置基本 IP 地址。

```
Router>enable
Router#config t
Router(config)#hostname R1
R1(config)#int s0/0
R1(config-if)#ip address 10.0.0.1 255.255.255.252
R1(config-if)#clock rate 64000
R1(config-if)#no shutdown
R1(config-if)#exit
R1(config)#int f0/0
R1(config-if)#ip address 192.168.10.1 255.255.255.0
R1(config-if)#no shutdown
R1(config-if)#end
```

（2）在 R2 上配置基本 IP 地址。

```
Router>enable
Router#config t
Router(config)#hostname R2
R2(config)#int s0/0
R2(config-if)#ip address 10.0.0.2 255.255.255.252
R2(config-if)#no shutdown
R2(config-if)#exit
R2(config)#int f0/0
R2(config-if)#ip address 192.168.20.1 255.255.255.0
R2(config-if)#no shutdown
R2(config-if)#end
```

（3）配置 R1 为主验证方，用户名为 sxvtc，密码为 123123。

```
R1(config)#int s0/0
R1(config-if)#encapsulation ppp                 //端口类型封装为 PPP 类型
%LINEPROTO-5-UPDOWN: Line protocol on Interface Serial0/0, changed state to down
//因为端口默认的类型为 HDLC 类型，R1 的 S0/0 端口类型为 PPP 类型，R2 的 S0/0 端口类型为 HDLC 类型，两边端口类型不一致，端口状态为 down
R1(config-if)#ppp authentication pap            //配置 PPP 为 PAP
R1(config-if)#exit
R1(config)#username sxvtc password 123123       //配置验证的用户名和密码
```

（4）配置 R2 为被验证方，发送用户名和密码给主验证方。

```
R2(config)#int s0/0
R2(config-if)#encapsulation ppp                 //端口类型封装为 PPP 类型
R2(config-if)#ppp pap sent-username sxvtc password 123123
//发送用户名和密码给主验证方
%LINEPROTO-5-UPDOWN: Line protocol on Interface Serial0/0, changed state to up
//验证的用户名和密码正确，端口状态转为 up
```

（5）要使 PC1 和 PC2 能够相互通信，需要在 R1 和 R2 上配置路由，这里配置默认路由。

```
R1(config)#ip route 0.0.0.0 0.0.0.0 10.0.0.2    //在 R1 上配置默认路由
R2(config)#ip route 0.0.0.0 0.0.0.0 10.0.0.1    //在 R2 上配置默认路由
```

为 PC1 和 PC2 配置 IP 地址和网关，测试 PC1 和 PC2 的连通性，如图 12.5 所示。

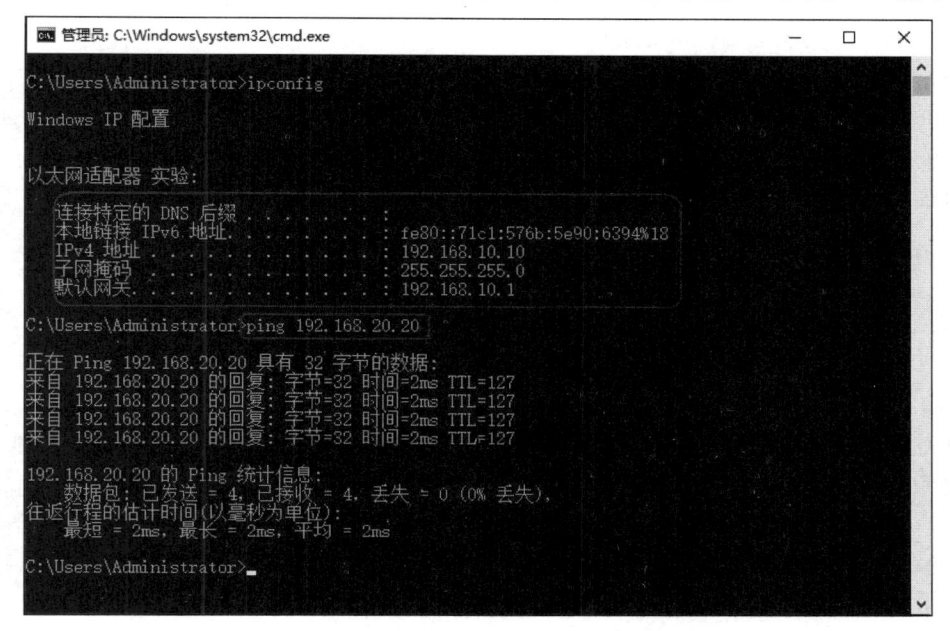

图 12.5　测试 PC1 和 PC2 的连通性

12.2.7　CHAP 的认证过程

CHAP 认证为三次握手验证，认证过程在链路建立的开始就完成。在链路建立完成后的任何时间都可以重复发送进行再验证，CHAP 的认证过程如图 12.6 所示。

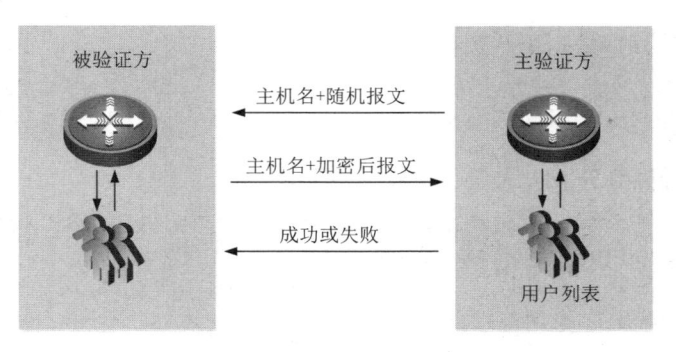

图 12.6　CHAP 的认证过程

（1）主验证方主动发送验证请求，主验证方向被验证方发送一个随机报文，同时将本端的主机名一起发送给被验证方。

（2）被验证方收到主验证方的验证请求后，检查本地密码。如果本端端口上配置了默认的 CHAP 密码，则被验证方选用此密码；如果没有配置默认的 CHAP 密码，则被验证方根据主验证方的用户名在本端的用户列表中查找该用户名对应的密码，并选用找到的密码。随后，被验证方利用 MD5 算法对报文 ID、密码和随机报文生成一个摘要，并将此摘要和自己的用户名一起发送回主验证方。

（3）主验证方用 MD5 算法对报文 ID、本地保持的被验证方密码和原随机报文生成一个摘要，并与收到的摘要进行比较。如果相同，则主验证方向被验证方发送 Acknowledge 消息声明验证成功；如果不同，则验证失败，主验证方向被验证方发送 Not Acknowledge 消息。

CHAP 单向认证是指一端为主验证方，另一端为被验证方。双向认证是单向认证的简单叠加，即两端既作为主验证方又作为被验证方。

12.2.8 PAP 与 CHAP 认证的区别

PAP 与 CHAP 认证的区别如下。

（1）PAP 通过两次握手的方式来完成验证，而 CHAP 通过三次握手的方式来完成验证。PAP 认证由被验证方首先发起验证请求，而 CHAP 认证由主验证方首先发起验证请求。

（2）PAP 密码以明文的形式在链路上发送，并且当链路建立后，被验证方会不停地在链路上反复发送用户名和密码，直到验证结束，所以不能防止攻击。CHAP 认证只在网络上发送用户名，并不发送密码，因此它的安全性要比 PAP 认证的安全性高。

（3）PAP 和 CHAP 都支持双向验证，即参与验证的一方可以同时是主验证方和被验证方。由于 CHAP 认证的安全性高于 PAP 认证的安全性，因此 CHAP 认证的应用更加广泛。

12.2.9 CHAP 认证的基本配置命令

因为 PAP 认证和 CHAP 认证都是 PPP 的认证，所以要将端口类型封装为 PPP 类型，默认情况下端口类型为 HDLC 类型。

1. 将端口类型封装为 PPP 类型

```
Router(config)# interface type number          //选择端口，进入端口配置模式
Router(config-if)# encapsulation ppp           //将端口类型封装为 PPP 类型
```

2. 主验证方开启 CHAP 认证，创建用户列表

```
Router(config-if)# ppp authentication chap     //配置端口认证为 CHAP 认证，若设备上配置了
这条命令，则这台设备为主验证方，如果是双向认证，两端都需要配置
Router(config-if)#exit                         //返回全局配置模式
Router(config)# username 用户名 password 密码
  //配置验证默认的用户名和密码，注意这里的用户名为对方的设备名称
```

3. 被验证方发送用户名给主验证方进行验证

```
Router(config)# interface type number          //选择端口，进入端口配置模式
Router(config-if)# encapsulation ppp           //将端口类型封装为 PPP 类型
```

```
Router(config)# username 用户名 password 密码
```
//配置验证默认的用户名和密码，注意这里的用户名为对方的设备名称

操作示例：如图 12.7 所示，网络中有两台路由器 R1 和 R2，R1 的 S0/0 端口为 DCE 端，IP 地址为 30.1.1.1/30，R2 的 S0/0 端口为 DTE 端，IP 地址为 30.1.1.2/30。R1 的 F0/0 端口的 IP 地址为 192.168.30.1/24，R2 的 F0/0 端口的 IP 地址为 192.168.40.1/24，PC1 和 PC2 的 IP 地址为 192.168.30.30 和 192.168.40.40。

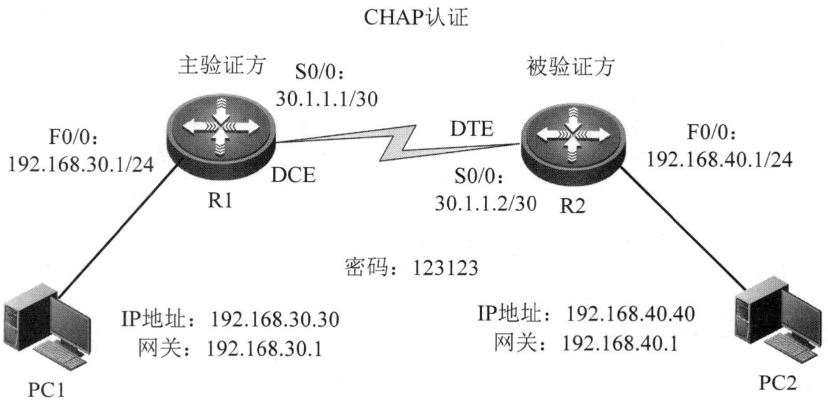

图 12.7 CHAP 认证示例图

为了提高端口间的安全性，使用 CHAP 认证，R1 和 R2 既为主验证方又为被验证方，要求采用默认设备名称进行验证，密码为 123123。若你是网络工程师，请通过合理的设置使得 PC1 和 PC2 能够相互通信。

（1）在 R1 上配置基本 IP 地址。

```
Router>enable
Router#config t
Router(config)#hostname R1
R1(config)#int s0/0
R1(config-if)#ip address 30.1.1.1 255.255.255.252
R1(config-if)#no shutdown
R1(config-if)#exit
R1(config)#int f0/0
R1(config-if)#ip address 192.168.30.1 255.255.255.0
R1(config-if)#no shutdown
R1(config-if)#end
```

（2）在 R2 上配置基本 IP 地址。

```
Router>enable
Router#config t
Router(config)#hostname R2
R2(config)#int s0/0
R2(config-if)#ip address 30.1.1.2 255.255.255.252
R2(config-if)#no shutdown
R2(config-if)#exit
```

```
R2(config)#int f0/0
R2(config-if)#ip address 192.168.40.1 255.255.255.0
R2(config-if)#no shutdown
```

（3）配置 R1 为主验证方。

```
R1(config)#int s0/0
R1(config-if)#encapsulation ppp                    //端口类型封装为 PPP 类型
R1(config-if)#ppp authentication chap              //配置 PPP 为 CHAP
R1(config-if)#exit
R1(config)#username R2 password 123123             //配置验证默认的用户名和密码,注意这里
的用户名为对方的设备名称
```

（4）配置 R2 为被验证方,发送用户名和密码给主验证方。

```
R2(config)#int s0/0
R2(config-if)#encapsulation ppp                    //端口类型封装为 PPP 类型
R2(config-if)#ppp authentication chap              //配置 PPP 为 CHAP
R2(config-if)#exit
R2(config)#username R1 password 123123             //配置验证默认的用户名和密码,注意这里
的用户名为对方的设备名称
```

（5）要使 PC1 和 PC2 能够相互通信,需要在 R1 和 R2 上配置路由,这里配置默认路由。

```
R1(config)#ip route 0.0.0.0 0.0.0.0 30.1.1.2       //在 R1 上配置默认路由
R2(config)#ip route 0.0.0.0 0.0.0.0 30.1.1.1       //在 R2 上配置默认路由
```

为 PC1 和 PC2 配置 IP 地址和网关,测试 PC1 和 PC2 的连通性,如图 12.8 所示。

图 12.8　测试 PC1 和 PC2 的连通性

【科技创新】

天河漫漫，北斗璀璨

在我们日常生活中，北斗卫星系统扮演着不可或缺的角色，其应用范围极为广泛。在北斗卫星系统还未成功问世之前，我国的日常生活总是受到美国全球定位系统（GPS）的束缚与限制。北斗卫星的成功升空，确凿地宣告了美国长达54年的技术垄断被打破，我国拥有了独立自主研发的定位系统，从此在使用过程中摆脱了任何外部桎梏，真正实现了自主可控。

导航系统的诞生，最初源于战争中的迫切需求，人们渴望通过精准的定位和导航功能，为战争中的行动带来便利和优势。20世纪90年代初期，以美国为首的多国部队对伊拉克发起了震惊世界的海湾战争。在这场战争中，美国摒弃了惯常的战术模式，转而大规模运用精确制导武器，令伊拉克措手不及，无法应对。美国之所以能在战斗中取得压倒性的优势，归功于其先进的GPS，它赋予了美军精确获取位置和情报的能力。

受限于多重因素的制约，我国长期未能实现自主研发卫星导航系统的突破。然而，即便面临重重限制，研究人员并未就此止步，而是勇敢地提出了新的假设。中科院院士陈芳允在北京一处面积不足30平方米的简陋临时机房中首次利用两颗卫星，精彩地展示了"卫星定位系统"的强大功能。经过多次反复的实验，我们成功获取了宝贵的数据，这些数据为后续的北斗一号研发奠定了坚实基础。

先解决有无。作为"第一步"，北斗一号要"花小钱，办大事"，验证系统设计思想的正确性。1993年年初，五院提出卫星总体方案，初步确定了卫星技术状态和总体技术指标。1994年，北斗一号工程立项，组建卫星团队全面展开研制工作。经过艰苦卓绝的关键技术攻关，终于在2000年建成北斗一号，使我国成为继美、俄之后第三个拥有自主卫星导航系统的国家。

面对快速增长的应用需求，在保留北斗特色的同时，北斗二号迈出了提升性能的"第二步"。2004年，北斗二号正式立项研制，并于2006年成为国家16个重大科技专项之一。2012年12月27日，北斗卫星导航系统面向亚太区域提供服务，成为国际卫星导航系统四大服务商之一。

站在前两代星座的肩膀上，北斗的"第三步"迈得自信而坚定。立项于2009年12月的北斗三号开始尝试冲刺和领跑，并于2018年完成10箭19星发射，创下世界卫星导航系统建设的新纪录，在太空中再次刷新了"中国速度"。星间链路、全球搜救载荷、新一代原子钟……伴随着这些新"神器"闪耀登场，北斗卫星导航系统的整体性能大幅提升。

在北斗三号全球组网建设中，五院率先提出国际上首个高中轨道星间链路混合型新体制，形成了具有自主知识产权的星间链路网络协议、自主定轨、时间同步等系统方案；研发出国内首个适用于直接入轨一箭多星发射的"全桁架式卫星平台"，实现了卫星自主监测和自主健康管理；成功应用星载大功率微波开关、行波管放大器等关键国产化元器件和组件，打破了核心器件长期依赖进口、受制于人的局面，为全球快速组网建设铺平了道路。

"这是一项团队工程，没有个人英雄，航天事业的成功是一个团队的成功。"北斗三号工程副总设计师、卫星首席总设计师谢军说。探寻北斗卫星研制的背后故事，也就领悟到自主创新、团结协作、攻坚克难、追求卓越的北斗精神。天河漫漫，北斗璀璨，浩渺的星河从未离我们如此之近。

12.3 项目实施

微课：PAP 与 CHAP 认证工作任务示例

某公司现有行政部、财务部、人事部、物流部等部门，为了提高公司网络性能，网络管理员已按照部门将公司网络划分成多个不同的 VLAN。如图 12.9 所示，PC1 属于行政部的主机，PC2 属于财务部的主机，PC3 属于人事部的主机，PC4 属于物流部的主机，分别属于 VLAN 10、VLAN 20、VLAN 30 和 VLAN 40。R1、R2 和 R3 通过端口相连，为了提高端口间的安全性，R1 和 R2 间配置 PAP 认证，R1 为主验证方，R2 为被验证方，用户名为 test1，密码为 123456。R2 和 R3 间配置 CHAP 认证，用户名为对方的路由器名称，密码为 123123。三层交换机 SW3 和路由器 R1、R2、R3 间运行 OSPF 路由协议。若你是公司的网络管理员，请按照要求进行合理设置，使得全网互通。

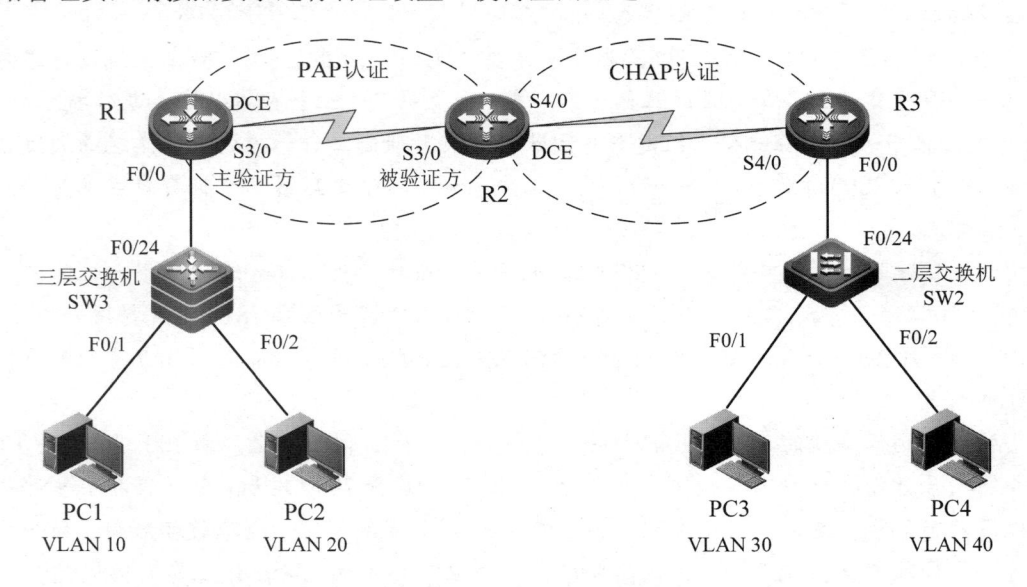

图 12.9　PAP 与 CHAP 认证的网络拓扑结构图

IP 地址规划表如表 12.1 所示。

表 12.1 IP 地址规划表

设备名称	IP 地址	子网掩码	网关
SW3 的 F0/24	10.1.1.1	255.255.255.0	—
SW3 的 SVI VLAN 10	192.168.10.1	255.255.255.0	—
SW3 的 SVI VLAN 20	192.168.20.1	255.255.255.0	—
R1 的 F0/0	10.1.1.2	255.255.255.0	—
R1 的 S3/0	20.1.1.1	255.255.255.0	—
R2 的 S3/0	20.1.1.2	255.255.255.0	—
R2 的 S4/0	30.1.1.1	255.255.255.0	—
R3 的 S4/0	30.1.1.2	255.255.255.0	—
R3 的 F0/0.30	192.168.30.1	255.255.255.0	—
R3 的 F0/0.40	192.168.40.1	255.255.255.0	—
PC1	192.168.10.10	255.255.255.0	192.168.10.1
PC2	192.168.20.20	255.255.255.0	192.168.20.1
PC3	192.168.30.30	255.255.255.0	192.168.30.1
PC4	192.168.40.40	255.255.255.0	192.168.40.1

任务目标

1. 为三层交换机 SW3 和路由器 R1、R2、R3 的端口配置 IP 地址。
2. 为三层交换机 SW3 和路由器 R1、R2、R3 配置 OSPF 路由协议。
3. 为 PC1、PC2、PC3、PC4 配置 IP 地址和网关，测试其连通性。
4. 在 R1 的 S3/0 端口和 R2 的 S3/0 端口间配置 PAP 认证，其中 R1 是主验证方，R2 是被验证方。
5. 在 R2 和 R3 间配置 CHAP 认证。
6. 测试 PC1 与 PC2、PC3、PC4 间的连通性。

具体实施步骤

步骤 1：为三层交换机 SW3 和路由器 R1、R2、R3 的端口配置 IP 地址。

在 SW3 上划分 VLAN，配置基本 IP 地址。

```
Ruijie>enable                                    //从用户模式进入特权模式
Ruijie#config t                                  //从特权模式进入全局配置模式
Ruijie(config)#hostname SW3                      //将三层交换机命名为 SW3
SW3(config)#vlan 10                              //创建 VLAN 10
SW3(config-vlan)#vlan 20                         //创建 VLAN 20
SW3(config-vlan)#exit
SW3(config)#interface fastEthernet 0/1           //进入 F0/1 端口
SW3(config-if)#switchport access vlan 10         //将 F0/1 端口加入 VLAN 10
SW3(config-if)#exit
SW3(config)#interface fastEthernet 0/2
SW3(config-if)#switchport access vlan 20         //将 F0/2 端口加入 VLAN 20
SW3(config)#int vlan 10                          //设置 VLAN 10 的网关为 192.168.10.1
SW3(config-if-VLAN 10)#ip address 192.168.10.1 255.255.255.0
```

```
SW3(config-if-VLAN 10)#exit
SW3(config)#int vlan 20                          //设置 VLAN 20 的网关为 192.168.20.1
SW3(config-if-VLAN 20)#ip address 192.168.20.1 255.255.255.0
SW3(config-if-VLAN 20)#exit
SW3(config)#interface fastEthernet 0/24          //进入 F0/24 端口
SW3(config-if)#no switchport                     //开启路由模式
SW3(config-if)#ip address 10.1.1.1 255.255.255.0
SW3(config-if)#end
SW3#show ip int b                                //查看 SW3 的 IP 地址配置信息
Interface                  IP-Address(Pri)      OK?      Status
FastEthernet 0/24          10.1.1.1/24          YES      UP
VLAN 10                    192.168.10.1/24      YES      UP
VLAN 20                    192.168.20.1/24      YES      UP
```

在 **R1** 上配置基本 **IP** 地址。

```
Ruijie>enable
Ruijie#config t
Ruijie(config)#hostname R1                       //将路由器命名为 R1
R1(config)#interface fastEthernet 0/0
R1(config-if)#ip address 10.1.1.2 255.255.255.0
R1(config-if)#no shutdown
R1(config-if)#exit
R1(config)#interface s3/0
R1(config-if)#ip address 20.1.1.1 255.255.255.0
R1(config-if)#clock rate 64000                   //R1 为 DCE 端，设置时钟频率为 64000
R1(config-if)#no shutdown
R1(config-if)#end
R1# show ip int b                                //查看 R1 的 IP 地址配置信息
Interface                  IP-Address(Pri)      OK?      Status
Serial 3/0                 20.1.1.1/24          YES      UP
FastEthernet 0/0           10.1.1.2/24          YES      UP
FastEthernet 0/1           no address           YES      DOWN
```

在 **R2** 上配置基本 **IP** 地址。

```
Ruijie>enable
Ruijie#config t
Ruijie(config)#hostname R2                       //将路由器命名为 R2
R2(config)#int s3/0
R2(config-if)#ip address 20.1.1.2 255.255.255.0
R2(config-if)#no shutdown
R2(config-if)#exit
R2(config)#int s4/0
R2(config-if)#ip address 30.1.1.1 255.255.255.0
R2(config-if)#no shutdown
R2(config-if)#clock rate 64000                   //R2 为 DCE 端，设置时钟频率为 64000
R2(config-if)#end
R2#show ip int b                                 //查看 R2 的 IP 地址配置信息
```

```
Interface                IP-Address(Pri)       OK?      Status
Serial 3/0               20.1.1.2/24           YES      UP
Serial 4/0               30.1.1.1/24           YES      UP
FastEthernet 0/0         no address            YES      DOWN
FastEthernet 0/1         no address            YES      DOWN
```

在 **R3** 上配置基本 **IP** 地址。

```
Ruijie>enable
Ruijie#config t
Ruijie(config)#hostname R3                      //将路由器命名为R3
R3(config)#int s4/0
R3(config-if)# ip address 30.1.1.2 255.255.255.0
R3(config-if)# exit
R3(config)#int fastEthernet 0/0
R3(config-if)# no shutdown                      //配置单臂路由首先要开启F0/0端口
R3(config-if)# exit
R3(config)#in fastEthernet 0/0.30               //创建F0/0.30子接口
R3(config-subif)# encapsulation dot1Q 30
//将子接口封装为dot1q, 绑定VLAN 30
R3(config-subif)# ip address 192.168.30.1 255.255.255.0
//配置子接口的IP地址
R3(config-subif)# exit
R3(config)#int fastEthernet 0/0.40              //创建F0/0.40子接口
R3(config-subif)# encapsulation dot1Q 40
//将子接口封装为dot1q, 绑定VLAN 40
R3(config-subif)# ip address 192.168.40.1 255.255.255.0
//配置子接口的IP地址
R3(config-subif)# end
R3#show ip int b                                //查看R3的IP地址配置信息
Interface                IP-Address(Pri)       OK?      Status
Serial 3/0               no address            YES      DOWN
Serial 4/0               30.1.1.2/24           YES      UP
FastEthernet 0/0.40      192.168.40.1/24       YES      UP
FastEthernet 0/0.30      192.168.30.1/24       YES      UP
FastEthernet 0/0         no address            YES      DOWN
FastEthernet 0/1         no address            YES      DOWN
```

在 **SW2** 上划分 **VLAN 30** 和 **VLAN 40**,将端口加入相应的 **VLAN**。

```
Ruijie>enable
Ruijie#config t
Ruijie(config)#hostname SW2                     //将二层交换机命名为SW2
SW2(config)#vlan 30                             //创建VLAN 30
SW2(config-vlan)#exit
SW2(config)#vlan 40                             //创建VLAN 40
SW2(config-vlan)#exit
SW2(config)#int FastEthernet 0/1                //将端口加入VLAN 30
SW2(config-if)# switchport access vlan 30
```

```
SW2(config-if)# exit
SW2(config)#in FastEthernet 0/2                    //将端口加入 VLAN 40
SW2(config-if)# switchport access vlan 40
SW2(config)#int FastEthernet 0/24                  //进入 F0/24 端口
SW2(config-if)# switchport mode trunk              //将端口设置为 Trunk
SW2(config-if)# exit
```

步骤 2：为三层交换机 SW3 和路由器 R1、R2、R3 配置 OSPF 路由协议。

为 SW3 配置 OSPF 动态路由。

```
SW3(config)#route ospf 10                          //SW3 开启进程号为 10 的 OSPF 路由协议
SW3(config-router)#network 10.1.1.0 0.0.0.255 area 0    //宣告网段 10.1.1.0
SW3(config-router)#network 192.168.10.0 0.0.0.255 area 0
//宣告网段 192.168.10.0
SW3(config-router)#network 192.168.20.0 0.0.0.255 area 0
//宣告网段 192.168.20.0
SW3(config-router)#end
```

为 R1 配置 OSPF 动态路由。

```
R1(config)#route ospf 10                           //R1 开启进程号为 10 的 OSPF 路由协议
R1(config-router)#network 10.1.1.0 0.0.0.255 area 0     //宣告网段 10.1.1.0
R1(config-router)#network 20.1.1.0 0.0.0.255 area 0     //宣告网段 20.1.1.0
R1(config-router)#end
```

为 R2 配置 OSPF 动态路由。

```
R2(config)#route ospf 10                           //R2 开启进程号为 10 的 OSPF 路由协议
R2(config-router)#network 30.1.1.0 0.0.0.255 area 0     //宣告网段 30.1.1.0
R2(config-router)#network 20.1.1.0 0.0.0.255 area 0     //宣告网段 20.1.1.0
R2(config-router)#end
```

为 R3 配置 OSPF 动态路由。

```
R3(config)#route ospf 10                           //R3 开启进程号为 10 的 OSPF 路由协议
R3(config-router)#network 30.1.1.0 0.0.0.255 area 0     //宣告网段 30.1.1.0
R3(config-router)#network 192.168.30.0 0.0.0.255 area 0  //宣告网段
R3(config-router)#network 192.168.40.0 0.0.0.255 area 0  //宣告网段
R1#show ip route                                   //在 R1 上查看路由表信息，学习到全网路由
Codes: C - connected, S - static, R - RIP, B - BGP
       O - OSPF, IA - OSPF inter area
       N1 - OSPF NSSA external type 1, N2 - OSPF NSSA external type 2
       E1 - OSPF external type 1, E2 - OSPF external type 2
       i - IS-IS, su - IS-IS summary, L1 - IS-IS level-1, L2 - IS-IS level-2
       ia - IS-IS inter area, * - candidate default
Gateway of last resort is no set
C    10.1.1.0/24 is directly connected, GigabitEthernet 0/0
C    10.1.1.2/32 is local host.
C    20.1.1.0/24 is directly connected, Serial 3/0
C    20.1.1.1/32 is local host.
O    30.1.1.0/24 [110/100] via 20.1.1.2, 00:02:05, Serial 3/0
O    192.168.10.0/24 [110/2] via 10.1.1.1, 00:00:00, FastEthernet0/0
```

```
O    192.168.20.0/24 [110/2] via 10.1.1.1, 00:00:37, FastEthernet0/0
O    192.168.30.0/24 [110/101] via 20.1.1.2, 00:02:05, Serial 3/0
O    192.168.40.0/24 [110/101] via 20.1.1.2, 00:02:05, Serial 3/0
```

步骤 3：为 **PC1**、**PC2**、**PC3**、**PC4** 配置 **IP** 地址和网关，测试其连通性。

通过测试，各 PC 间可以正常通信，如图 12.10～图 12.12 所示，但是 R1 和 R2 间、R2 和 R3 间还没有配置 PAP 与 CHAP 认证。

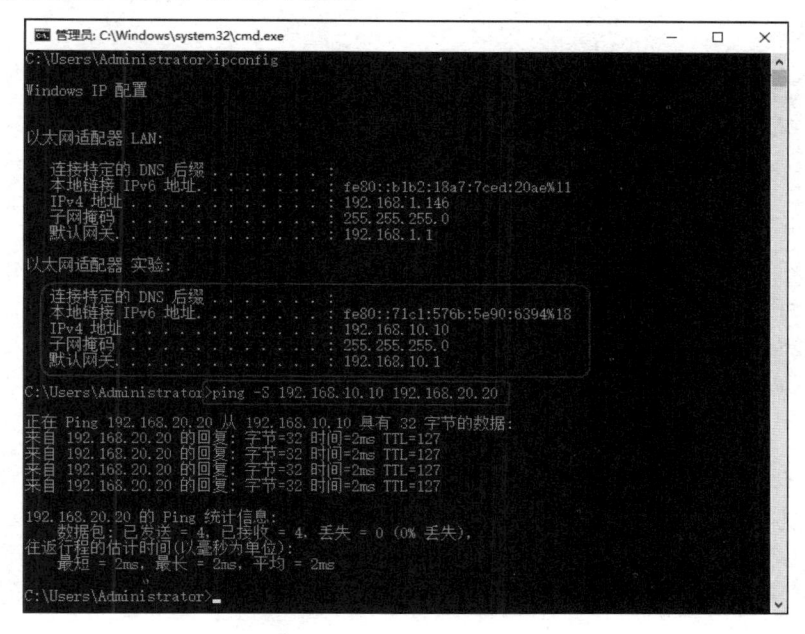

图 12.10　PC1 和 PC2 可以正常通信

图 12.11　PC1 和 PC3 可以正常通信

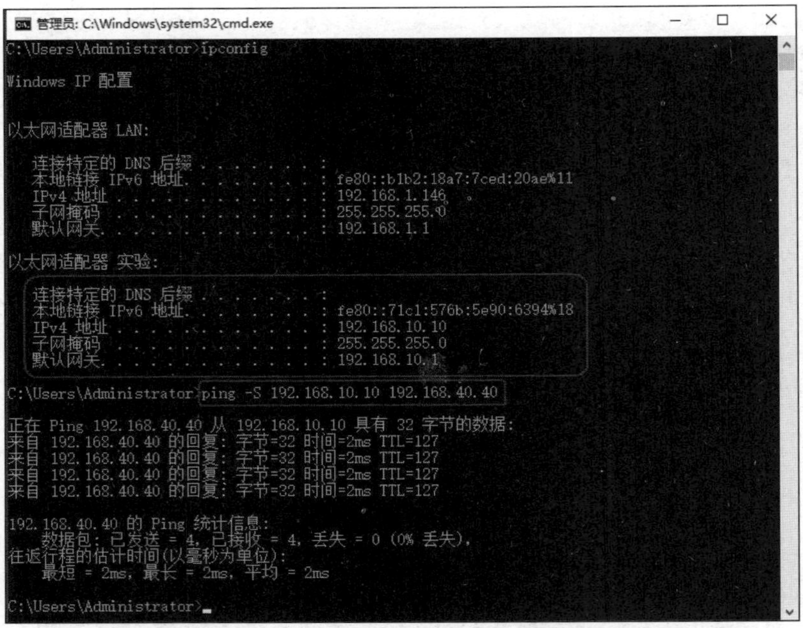

图 12.12　PC1 和 PC4 可以正常通信

步骤 4：在 **R1** 的 **S3/0** 端口和 **R2** 的 **S3/0** 端口间配置 **PAP** 认证，其中 **R1** 是主验证方，**R2** 是被验证方。

```
R1(config)#int serial 3/0
R1(config-if)#encapsulation ppp              //将端口类型封装为 PPP 类型
R1(config-if)#ppp authentication pap         //配置 PAP 认证
R1(config-if)#exit
R1(config)#username test1 password 123456
R1(config)#exit
```

PAP 认证。

```
R2(config)#int s3/0
R2(config-if)#shutdown                       //关闭 R2 的 S3/0 端口
R2(config-if)#no shutdown                    //开启 R2 的 S3/0 端口
R2#sh ip int b                               //查看 R2 的 IP 地址配置信息
Interface              IP-Address(Pri)     OK?      Status
Serial 3/0             20.1.1.2/24         YES      DOWN
Serial 4/0             30.1.1.1/24         YES      UP
FastEthernet 0/0       no address          YES      DOWN
FastEthernet 0/1       no address          YES      DOWN
```
//通过关闭和开启 S3/0 端口，PAP 认证生效，查看 S3/0 端口的状态，发现 S3/0 端口状态为 **down**，因为 **R1** 配置了 PAP 认证
```
R2(config-if)#encapsulation ppp
R2(config-if)#ppp pap sent-username test1 password 0 123456
```
//R2 将用户名和密码发给主验证方 R1
```
Aug 23 16:47:26: %LINEPROTO-5-UPDOWN: Line protocol on Interface Serial 3/0, changed state to up.
```

```
//PAP 认证成功，路由器弹出提示 S3/0 端口的状态变为 up
*Aug 23 16:47:36: %OSPFV2-5-NBRCHG: OSPF[10] Nbr[20.1.1.1-Serial 3/0] Loading to
Full, LoadingDone                          //路由器弹出提示 OSPF 的状态变为 full
R2(config-if)#end
R2#sh ip int b                             //R2 查看路由表发现 S3/0 端口状态变为 up
Interface              IP-Address(Pri)     OK?       Status
Serial 3/0             20.1.1.2/24         YES       UP
Serial 4/0             30.1.1.1/24         YES       UP
FastEthernet 0/0       no address          YES       DOWN
FastEthernet 0/1       no address          YES       DOWN
```

步骤 5：R2 和 R3 间配置 CHAP 认证。

```
R2(config)#in S4/0
R2(config-if)#encapsulation ppp
R2(config-if)#ppp authentication chap     //配置 CHAP 认证
R2(config-if)#exit
R2(config)#username R3 password 123123    //创建默认用户名为 R3，密码为 123123
```

CHAP 认证。

```
R3(config)#in s4/0
R3(config-if)#encapsulation ppp
R3(config-if)#ppp authentication chap     //配置 CHAP 认证
R3(config-if)#exit
R3(config)#username R2 password 123123    //创建默认用户名为 R2，密码为 123123
R3(config)#exit
R3#show ip int b
Interface              IP-Address(Pri)     OK?       Status
Serial 3/0             no address          YES       DOWN
Serial 4/0             30.1.1.2/24         YES       UP
FastEthernet 0/0.40    192.168.40.1/24     YES       UP
FastEthernet 0/0.30    192.168.30.1/24     YES       UP
FastEthernet 0/0       no address          YES       DOWN
FastEthernet 0/1       no address          YES       DOWN
```

步骤 6：再次查看 R1 的路由表发现仍能学习到全网路由。

```
R1#sh ip route                             //查看 R1 的路由表仍能学习到全网路由
Codes: C - connected, S - static, R - RIP, B - BGP
       O - OSPF, IA - OSPF inter area
       N1 - OSPF NSSA external type 1, N2 - OSPF NSSA external type 2
       E1 - OSPF external type 1, E2 - OSPF external type 2
       i - IS-IS, su - IS-IS summary, L1 - IS-IS level-1, L2 - IS-IS level-2
       ia - IS-IS inter area, * - candidate default
Gateway of last resort is no set
C    10.1.1.0/24 is directly connected, FastEthernet 0/0
C    10.1.1.2/32 is local host.
C    20.1.1.0/24 is directly connected, Serial 3/0
C    20.1.1.1/32 is local host.
C    20.1.1.2/32 is directly connected, Serial 3/0
```

O   30.1.1.0/24 [110/100] via 20.1.1.2, 00:03:17, Serial 3/0
O   192.168.10.0/24 [110/2] via 10.1.1.1, 00:29:58, FastEthernet 0/0
O   192.168.20.0/24 [110/2] via 10.1.1.1, 00:29:58, FastEthernet 0/0
O   192.168.30.0/24 [110/101] via 20.1.1.2, 00:02:51, Serial 3/0
O   192.168.40.0/24 [110/101] via 20.1.1.2, 00:02:51, Serial 3/0

步骤 7：测试 PC1 与 PC2、PC3、PC4 间的连通性，发现实现了全网互通（见图 12.13～图 12.15）。

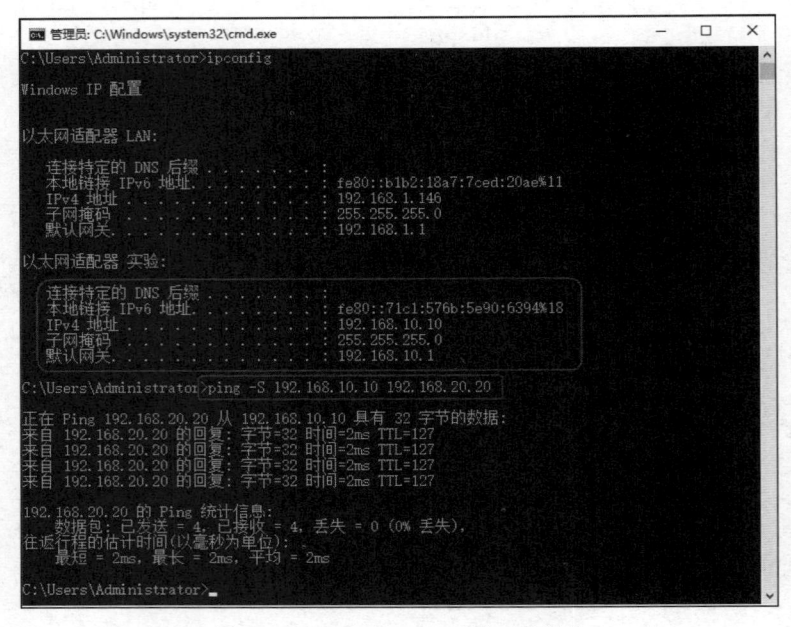

图 12.13　PC1 和 PC2 可以正常通信

图 12.14　PC1 和 PC3 可以正常通信

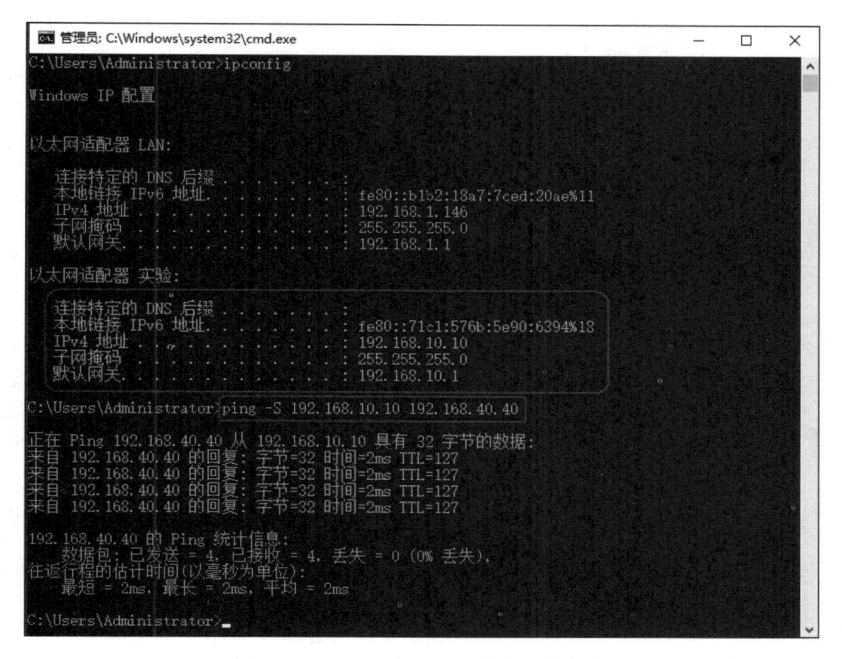

图 12.15　PC1 和 PC4 可以正常通信

注意事项

1．在验证都通过的情况下如果更改口令，则会发现仍然能正常通信，原因是当验证通过后会一直保存已经建立好的连接。解决方法是先将端口关闭再启动。

2．在配置 CHAP 认证时，被验证方和主验证方的密码必须相同，因为这样经 MD5 算法所获得的 hash 值才有可能相同。

3．主验证方发起挑战信息时，会把自己的路由器名称发送过去，所以其路由器名称必须与被验证方配置的用户名相同。

12.4　项目拓展

某公司设有员工部、行政部、采购部、销售部等部门。如图 12.16 所示。PC1 属于员工部的主机，PC2 属于行政部的主机，PC3 属于采购部的主机，PC4 属于销售部的主机，分别属于 VLAN 100、VLAN 200、VLAN 300 和 VLAN 400。R1、R2 和 R3 通过端口相连，为了提高端口间的安全性，R1 和 R2 间配置 PAP 认证，R1 和 R2 既为主验证方又为被验证方，用户名为 sxvtc，密码为 888888。R2 和 R3 间配置 CHAP 认证，R3 为主验证方，密码为 wlsbpz。三层交换机 SW3 和路由器 R1、R2、R3 间运行 RIP v2。若你是公司的网络管理员，请按照要求进行合理设置，使得全网互通。

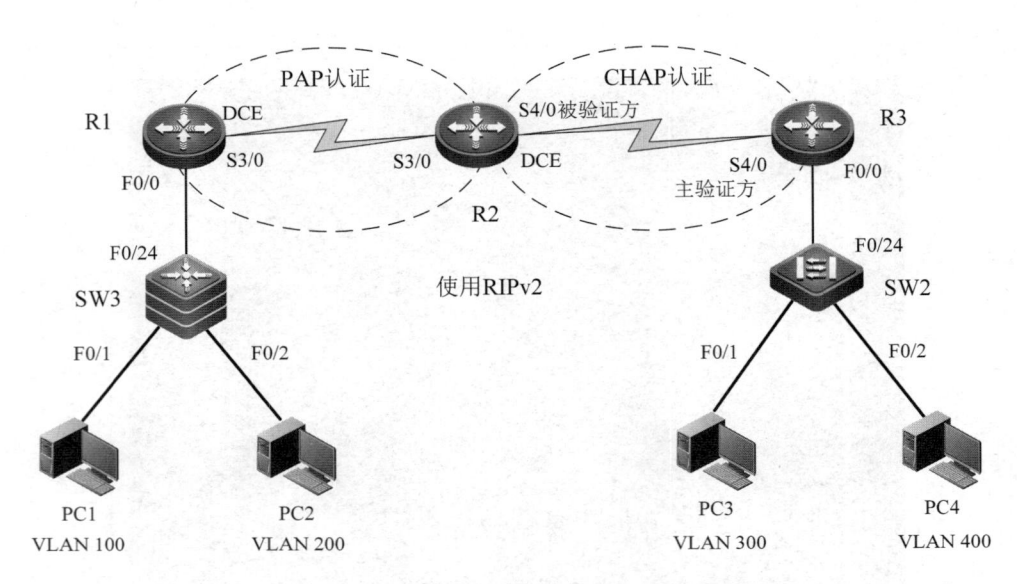

图 12.16　PAP 与 CHAP 认证的网络拓扑结构图

IP 地址规划表如表 12.2 所示。

表 12.2　IP 地址规划表

设备名称	IP 地址	子网掩码	网关
SW3 的 F0/24	66.66.66.1	255.255.255.0	—
SW3 的 SVI VLAN 100	192.168.100.1	255.255.255.0	—
SW3 的 SVI VLAN 200	192.168.200.1	255.255.255.0	—
R1 的 F0/0	66.66.66.2	255.255.255.0	—
R1 的 S3/0	12.1.1.1	255.255.255.252	—
R2 的 S3/0	12.1.1.2	255.255.255.252	—
R2 的 S4/0	23.1.1.1	255.255.255.252	—
R3 的 S4/0	23.1.1.2	255.255.255.252	—
R3 的 F0/0.300	192.168.130.1	255.255.255.0	—
R3 的 F0/0.400	192.168.140.1	255.255.255.0	—
PC1	192.168.100.100	255.255.255.0	192.168.100.1
PC2	192.168.200.200	255.255.255.0	192.168.200.1
PC3	192.168.130.130	255.255.255.0	192.168.130.1
PC4	192.168.140.140	255.255.255.0	192.168.140.1

12.5　项目小结

PAP 的认证过程非常简单，为两次握手验证，使用明文的形式发送用户名和密码。PAP 的发起方为被验证方，可以做无限次的尝试（暴力破解），只在链路建立的阶段进行 PAP 认证，一旦链路建立成功将不再进行认证，目前在 PPPOE 拨号环境中比较常见。CHAP 的认证过程比较复杂，为三次握手验证，使用密文的形式发送 CHAP 认证信息，由主验证方发起 CHAP 认证，有效避免暴力破解。在链路建立成功后具有再次认证检测机制，目前在企业网络的远程接入环境中比较常见。

12.6 思考与练习

（一）选择题

1. 锐捷路由器外网链路的默认封装类型是（　　）。
   A．PPP　　　　B．HDLC　　　　C．PAP　　　　D．CHAP
2. 下列对 PPP 特点的说法正确的是？（　　）
   A．PPP 支持同/异步链路
   B．PPP 支持身份验证
   C．PPP 可以对网络地址进行协商
   D．以上都是
3. 下面对 PAP 认证的描述，正确的是？（　　）
   A．PAP 认证是二次握手协议
   B．PAP 的用户名是明文的，但是密码是密文的
   C．PAP 的用户名是密文的，但是密码是明文的
   D．PAP 的用户名和密码都是密文的
4. 在配置完 PAP 认证后，发现协议层状态为 Down，可能的原因有（　　）。
   A．主验证方没有创建认证用户
   B．被验证方发送了错误的用户名和密码
   C．外网端口类型没有封装为 PPP 类型
   D．以上都是
5. 下面对 CHAP 认证的描述，正确的是？（　　）
   A．CHAP 认证是二次握手协议
   B．CHAP 认证是三次握手协议
   C．CHAP 的用户名是明文的，但是密码是密文的
   D．CHAP 的用户名是密文的，但是密码是明文的

（二）填空题

1. PPP 的会话过程主要分为＿＿＿＿＿、＿＿＿＿＿和＿＿＿＿＿三个阶段。
2. PPP 主要工作在＿＿＿＿＿层、＿＿＿＿＿层、＿＿＿＿＿层。
3. 使用＿＿＿＿＿＿＿＿＿＿命令可以查看 S3/0 端口封装类型。

（三）问答题

1．PPP 的特点是什么？

2．相比于 PAP 认证，CHAP 认证有什么区别和好处？

3．CHAP 单向认证和双向认证有什么区别？

项目 13

DHCP 与 DHCP 中继实现地址分配

学习目标

知识目标

- 了解 DHCP 的概念。
- 理解 DHCP 的工作原理。
- 理解 DHCP 中继的工作原理。
- 了解 DHCP 中继的使用场景。

能力目标

- 掌握 DHCP 与 DHCP 中继的基本配置命令。
- 掌握 DHCP 与 DHCP 中继的配置方法。
- 学会配置 DHCP 与 DHCP 中继实现地址分配。

素质目标

- 培养学生良好的学习态度和学习习惯。
- 培养学生的团队合作精神和契约精神。
- 通过"诚信是做人之本,守信是立业之基"的思政案例,培养学生正确的价值观、道德品质,提升学生社会责任感和促进个人全面发展。

13.1 项目背景

某公司现有行政部、财务部、员工部等部门，通过交换机和路由器组建了内网，随着网络规模的不断扩大及网络复杂程度的不断提高，尤其是智能设备接入网络频繁更换，导致网络地址分配工作愈发庞杂，手动配置 IP 地址的方式已经无法满足复杂网络环境下对网络 IP 地址的实际需求。手动配置 IP 地址不仅会给网络管理员带来非常大的工作量，还会带来 IP 地址出错的风险。

本项目内容是通过对路由器或三层交换机配置 DHCP 与 DHCP 中继，实现对网络 IP 地址的动态分配管理。

➡ 教学导航

知识重点	1. DHCP 的概念。 2. DHCP 的工作原理。 3. DHCP 中继的工作原理
知识难点	1. DHCP 中继的使用场景。 2. DHCP 与 DHCP 中继的配置方法。 3. 学会配置 DHCP 与 DHCP 中继实现地址分配
推荐教学方式	1. 教师通过知识点讲解，使学生了解 DHCP 的概念、DHCP 的工作原理、DHCP 中继的工作原理及使用场景等。 2. 教师通过课堂操作，演示 DHCP 与 DHCP 中继的配置方法及配置 DHCP 与 DHCP 中继实现地址分配。 3. 学生通过动手实践项目案例和项目拓展，掌握 DHCP 与 DHCP 中继的配置方法及配置 DHCP 与 DHCP 中继实现地址分配等。 4. 采用任务驱动、自主学习、小组探究学习等多种教学方法，让学生通过观察、思考、交流，提高其动手操作能力和团队协作能力
建议学时	4 学时

13.2 项目相关知识

为了使计算机能够自动获取 IP 地址，需要使用 DHCP 与 DHCP 中继。为了便于掌握和理解具体的配置操作步骤，需要先了解 DHCP 的概念、工作原理、特点、基本配置命令，DHCP 中继的概念、工作原理、基本配置命令等知识。

13.2.1 DHCP 的概念

随着网络的快速发展，传统的手动配置 IP 地址存在很多问题，如大型公司 IP 地址手动配置将极大增加网络管理员的工作量，而且可能因为输入错误导致 IP 地址冲突；一旦 IP 地址进行改变，又要手动更改每台主机的 IP 地址，导致效率低下。为了解决以上问题，DHCP（Dynamic Host Configuration Protocol，动态主机配置协议）应运而生。

DHCP 能够动态为主机分配 IP 地址，并设定主机的其他信息，如默认网关、DNS 服务器地址等。DHCP 运行在客户端/服务器模式，服务器负责集中管理 IP 地址等配置信息，客户端使用从服务器中获得的 IP 地址等配置信息与外部主机进行通信。DHCP 报文采用 UDP 方式封装，DHCP 服务器监听的端口号为 67，客户端监听的端口号为 68。

13.2.2 DHCP 的特点

（1）即插即用：在一个通过 DHCP 实现 IP 地址分配和管理的网络中，客户端无须配置即可自动获取所需的网络参数，网络管理员的工作量大大降低。

（2）统一管理：在 DHCP 中，由服务器对客户端的所有配置信息进行统一管理。服务器通过监听客户端的请求，根据预先配置的策略给予相应的回复，将设置好的 IP 地址、子网掩码、默认网关等参数分配给客户端。

（3）有效利用 IP 地址资源：在 DHCP 中，服务器可以设定所分配的 IP 地址资源的使用期限。到期后的 IP 地址资源可以由服务器进行回收。

13.2.3 DHCP 的工作原理

DHCP 服务器和客户端的信息交互分为 4 个阶段。

（1）发现阶段：DHCP 客户端在它所在的本地物理子网中广播一个 DHCP Discover 报文，目的是寻找能够分配 IP 地址的 DHCP 服务器。DHCP Discover 报文包含 IP 地址和 IP 地址租约的建议值。

（2）提供阶段：本地物理子网中的所有 DHCP 服务器都将通过 DHCP Offer 报文响应 DHCP Discover 报文。DHCP Offer 报文包括可用网络地址和其他 DHCP 配置参数。当 DHCP 服务器分配新的 IP 地址时，应该确认被分配的 IP 地址没有被其他 DHCP 客户端使用（DHCP 服务器可以通过发送指向被分配 IP 地址的 ICMP Echo Request 报文来确认被分配的 IP 地址没有被使用），DHCP 服务器发送 DHCP Offer 报文给 DHCP 客户端。

（3）选择阶段：DHCP 客户端收到一个或多个 DHCP 服务器发送的 DHCP Offer 报文后，将从多个 DHCP 服务器中选择一个，并且广播 DHCP Request 报文来表明哪个 DHCP 服务器被选中，同时包括其他配置参数的期望值。如果 DHCP 客户端在一定时间后依然没有收到 DHCP Offer 报文，它就会重新发送 DHCP Discover 报文。

（4）确认阶段：DHCP 服务器收到 DHCP 客户端的 DHCP Request 报文后，发送 DHCP Ack 报文作为响应，其中包含 DHCP 客户端的配置参数。DHCP Ack 报文中的配置参数不能和以前相应 DHCP 客户端的 DHCP Offer 报文中的配置参数有冲突。如果因请求的地址已经被分配等情况导致被选中的 DHCP 服务器不能满足需求，则 DHCP 服务器应该响应一个 DHCP Nak 报文。

DHCP 的工作过程如图 13.1 所示。

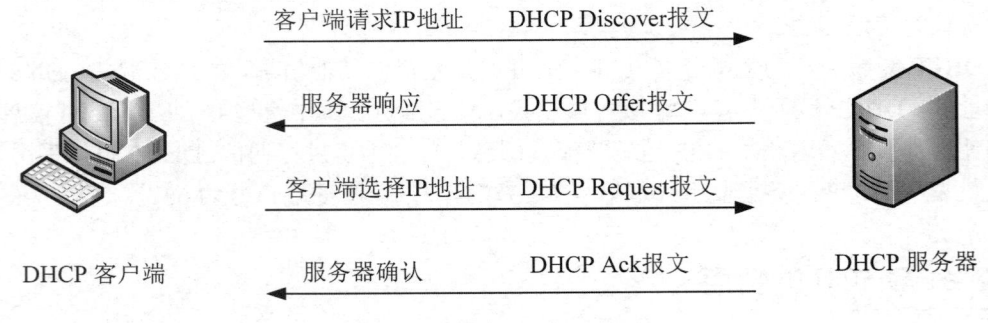

图 13.1　DHCP 的工作过程

当 DHCP 客户端的租期达到 50%时，重新更新租约，DHCP 客户端必须发送 DHCP Request 报文；当租期达到 87.5%时，进入重新申请状态，DHCP 客户端必须发送 DHCP Discover 报文。

DHCP 客户端使用 ipconfig /renew 命令向 DHCP 服务器发送 DHCP Request 报文。如果 DHCP 服务器没有响应，DHCP 客户端将继续使用当前的配置；如果更换 IP 地址，就要使用 IP 地址租约释放，需要在 DHCP 客户端上使用 ipconfig/release 命令让 DHCP 客户端向 DHCP 服务器发送 DHCP Release 报文并释放其租约。

【职业素养】

诚信是做人之本，守信是立业之基

诚信是人类的普遍道德要求，是中华民族的传统美德，是培育和践行社会主义核心价值观的重要内容。诚信的要义是真实无欺不作假、真诚待人不说谎、践行约定不食言。

诚信是中华传统道德文化的精华。邓小平同志曾说："讲信义是我们民族的传统。"具体来说，"诚"是尊重事实、真诚待人，既不自欺也不欺人。故朱熹曰："诚者，真实无妄之谓。""信"是忠于良心、信守诺言。故张载曰："诚善于心谓之信。""诚"是"信"之根，"信"是"诚"之用。中华传统美德把诚信视为人"立身进业之本"，要求人们"内诚于心，外信于人"。

诚信是立身处世之道，是人之为人的道德规定。孔子曰："人而无信，不知其可也。"诚信是个人社会化的"初始原则"。人是通过"社会化"完成从生命体的自然人到具有社会角色的社会人的转化的。人的社会化，不仅要学习和掌握社会生活所必需的知识和技能，而且要学习社会交往的规则。其中，遵循不说谎、说话算数等诚信规则，是每个人最早接受的规则教育之一。

诚信是市场经济发展的基石。从一定意义上说，市场经济是以信任为基础的信用交易活动。这种交易活动，蕴含着对市场主体诚实守信的道德和法律要求。诚信是实现信用交易的前提和保障，是市场经济健康发展的金规则和生命线。市场主体诚实守信，不仅能够避免逆向选择和道德风险、降低交易成本，而且能够形成合理的市场秩序，增强经济社会活动的可预期性，提高经济效率。

"德盛者其群必盛，德衰者其群必衰"，诚信的重要性不言而喻。讲诚信者，遍行天下；失信者则寸步难行。诚信本身就是道德本源，诚信是道德的立脚点，建设良好道德，就要从诚信入手。诚信和道德是中华民族的传统美德，我们应该继承和发扬。一个人的诚信意识、诚信行为、诚信品质，关系着良好社会风尚的形成，关系着社会主义和谐社会的构建，并在一定意义上关系着中华民族的未来。所以我们更加应该自觉加强诚信道德建设，把诚信道德作为高尚的人生追求、优良的学习品质、立身处世的根本原则。

13.2.4　DHCP 的基本配置命令

1. 开启 DHCP 服务

```
Router(config)#service dhcp           //开启 DHCP 服务
```

2. 创建 DHCP 地址池

```
Router(config)#ip dhcp pool pool-name
   // pool-name 代表地址池名，由字母、数字组成
Router(dhcp-config)#
```
//地址池是一个可分配给客户端的地址空间，DHCP 按顺序分配地址池中的地址给客户端。分配的地址带有租期，当租期快到时，客户端必须进行续租，否则服务器会收回该地址。这条命令用于配置地址池名并进入 DHCP 配置模式，允许定义多个地址池，用地址池名进行区分

3. 定义 IP 地址池范围

```
Router(dhcp-config)#network network-number mask
```
//network 用于指定地址池子网，network-number 代表网络号，mask 代表掩码。如果省略 mask，则使用默认掩码。在 DHCP 地址池中放置的是整个网段，默认情况下，该网段中的所有地址都可以分配给客户端，可以通过配置地址排除，把其中部分地址排除在外

4. 配置客户端使用的默认网关

```
Router(dhcp-config)#default-router address
```
//用于配置客户端使用的默认网关，它必须和客户端的地址在同一个网段中，可以配置多个网关

5. 配置 DNS 服务器地址

```
Router(dhcp-config)#dns-server address
   //为客户端配置 DNS 服务器地址
Router(dhcp-config)#exit
```

6. 配置排除的地址

```
Router(config)#ip dhcp excluded-address start-address end-address
```
//排除的地址是为路由器、服务器等保留的地址，这些地址不会分配给客户端。`start-address` 代表起始地址，`end-address` 代表结束地址。如果没有 `end-address`，则排除的是单一地址。

注意：排除地址是在全局配置模式中配置的，而不是在 DHCP 配置模式中。排除的地址范围可配置多个，用 no 命令可删除指定的地址段。

操作示例：如图 13.2 所示，路由器 R1 为网络中的 DHCP 服务器，PC1 和 R1 的 F0/0 端口相连，要求 PC1 能够获取网段 192.168.10.0/24 的 IP 地址，获取网关为 192.168.10.1，DNS 服务器的地址为 192.168.10.100。

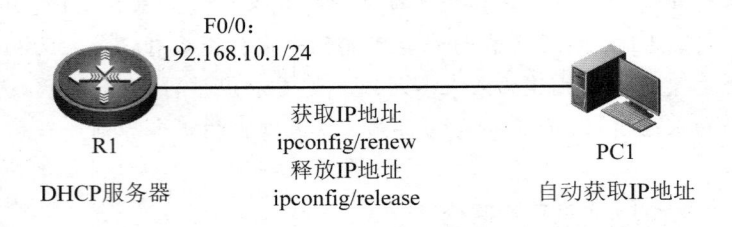

图 13.2　DHCP 获取 IP 地址示例图

（1）在路由器 R1 上配置基本 IP 地址。

```
Router>enable
Router#config t
Router(config)#hostname R1                //将路由器命名为R1
R1(config)#int fastEthernet 0/0           //为F0/0端口配置IP地址
R1(config-if)#ip address 192.168.10.1 255.255.255.0
R1(config-if)#no shutdown
R1(config-if)#exit
R1(config)#
```

（2）路由器 R1 开启 DHCP 服务，配置分配给客户端的网段、网关和 DNS 地址。

```
R1(config)#service dhcp                   //开启DHCP服务
R1(config)#ip dhcp pool abc               //创建名为abc的DHCP地址池
R1(dhcp-config)#network 192.168.10.0 255.255.255.0
//配置分配给客户端的网段
R1(dhcp-config)#default-router 192.168.10.1
//配置分配给客户端的网关
R1(dhcp-config)#dns-server 192.168.10.100
//配置分配给客户端的DNS地址
R1(dhcp-config)#exit
```

（3）客户端 PC1 使用 ipconfig/renew 命令获取 IP 地址。

如图 13.3 所示，PC1 获取 192.168.10.2/24 的 IP 地址，网关为 192.168.10.1，且 PC1 可以和网关 192.168.10.1 实现通信。

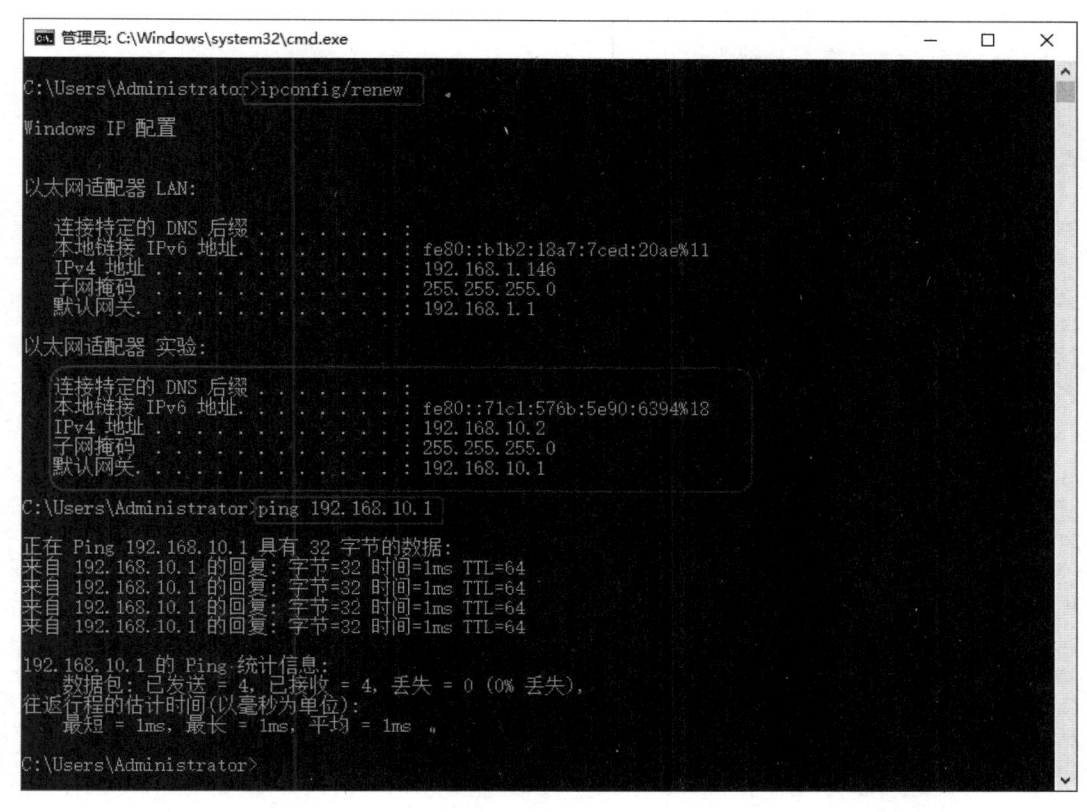

图 13.3 PC1 获取 IP 地址

操作示例：如图 13.4 所示，路由器 R1 为网络中的 DHCP 服务器，PC1 和 R1 的 F0/0 端口相连，PC2 和 R1 的 F0/1 端口相连，要求 PC1 能够获取网段 172.16.1.0/24 的 IP 地址，获取网关为 172.16.1.1，DNS 服务器地址为 172.16.1.1。PC2 能够获取网段 172.16.2.0/24 的 IP 地址，获取网关为 172.16.2.1，DNS 服务器地址为 172.16.2.1。

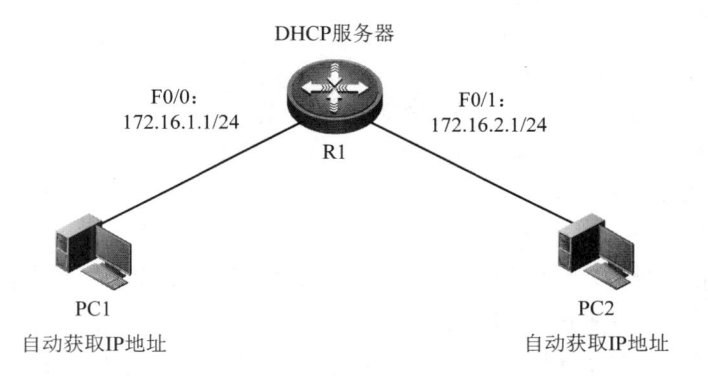

图 13.4 PC 获取不同网段的 IP 地址示例图

（1）在路由器 R1 上配置基本 IP 地址。

```
Router>enable
Router#config t
Router(config)#hostname R1
R1(config)#int f0/0                    //为 F0/0 端口配置 IP 地址
R1(config-if)#ip address 172.16.1.1 255.255.255.0
R1(config-if)#no shutdown
R1(config-if)#exit
R1(config)#int fastEthernet 0/1        //为 F0/1 端口配置 IP 地址
R1(config-if)#ip address 172.16.2.1 255.255.255.0
R1(config-if)#no shutdown
R1(config-if)#exit
R1(config)#
```

（2）路由器 R1 开启 DHCP 服务，配置分配给 PC1 和 PC2 的网段、网关和 DNS 地址。

```
R1(config)#service dhcp                //开启 DHCP 服务
R1(config)#ip dhcp pool wd1            //创建名为 wd1 的 DHCP 地址池
R1(dhcp-config)#network 172.16.1.0 255.255.255.0
//配置分配给 PC1 的网段
R1(dhcp-config)#default-router 172.16.1.1
//配置分配给 PC1 的网关
R1(dhcp-config)#dns-server 172.16.1.1
//配置分配给 PC1 的 DNS 地址
R1(dhcp-config)#exit
R1(config)#ip dhcp pool wd2            //创建名为 wd1 的 DHCP 地址池
R1(dhcp-config)#network 172.16.2.0 255.255.255.0
//配置分配给 PC2 的网段
R1(dhcp-config)#default-router 172.16.2.1
//配置分配给 PC2 的网关
R1(dhcp-config)#dns-server 172.16.2.1
//配置分配给 PC2 的 DNS 地址
R1(dhcp-config)#exit
R1(config)#ip dhcp excluded-address 172.16.1.1
R1(config)#ip dhcp excluded-address 172.16.2.1
//配置排除的地址，即不分配给 PC1 和 PC2 的地址
```

（3）PC1 和 PC2 使用 ipconfig /renew 命令获取 IP 地址。

如图 13.5 所示，PC1 获取 172.16.1.2/24 的 IP 地址，网关为 172.16.1.1，且 PC1 和 PC2 可以相互通信。

在使用 ping 命令时，可以指定通信双方的源地址和目的地址，命令格式为"ping -S 源地址 目的地址"，如测试 PC1 和 PC2 连通性的命令为"ping -S 172.16.1.2 172.16.2.2"。

如图 13.6 所示，PC2 获取 172.16.2.2/24 的 IP 地址，网关为 172.16.2.1，且 PC2 和 PC1 可以相互通信。

图 13.5　PC1 获取 IP 地址

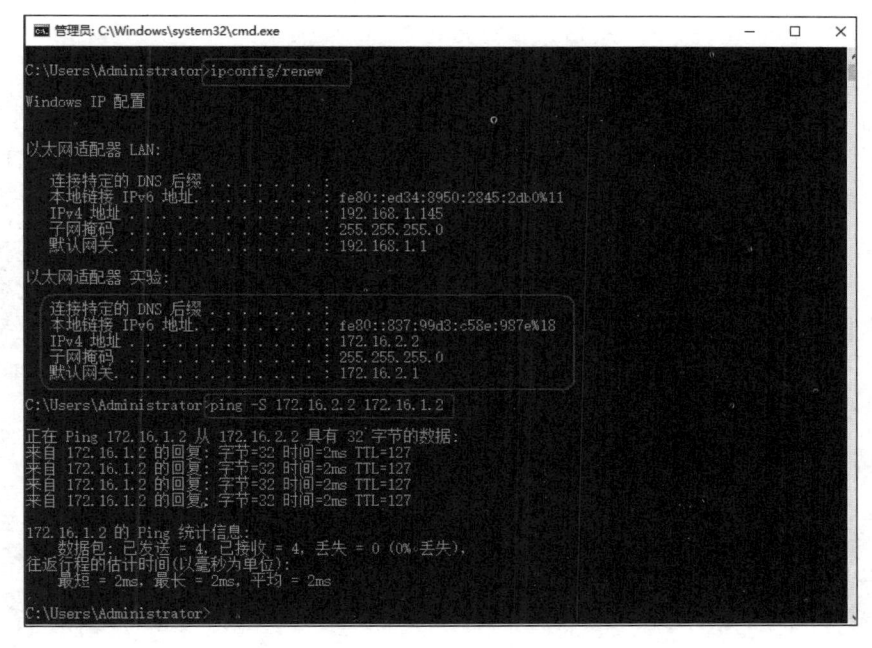

图 13.6　PC2 获取 IP 地址

13.2.5　DHCP 中继的工作原理

由于在动态获取 IP 地址的过程中采用广播的方式发送报文，这些广播报文无法跨越路由器，因此 DHCP 只适用于 DHCP 服务器和 DHCP

微课：DHCP 中继的工作原理

客户端在同一个子网内的情况。当网络中有多个子网时,需要搭建多个 DHCP 服务器,这样显然是不经济的。

DHCP 中继的引入解决了这一难题。DHCP 客户端可以通过 DHCP 中继与其他子网中的 DHCP 服务器进行通信,获取 IP 地址。使用 DHCP 中继,不同子网的 DHCP 客户端可以使用同一个 DHCP 服务器,既节约了成本,又便于集中管理。DHCP 中继的工作原理图如图 13.7 所示。

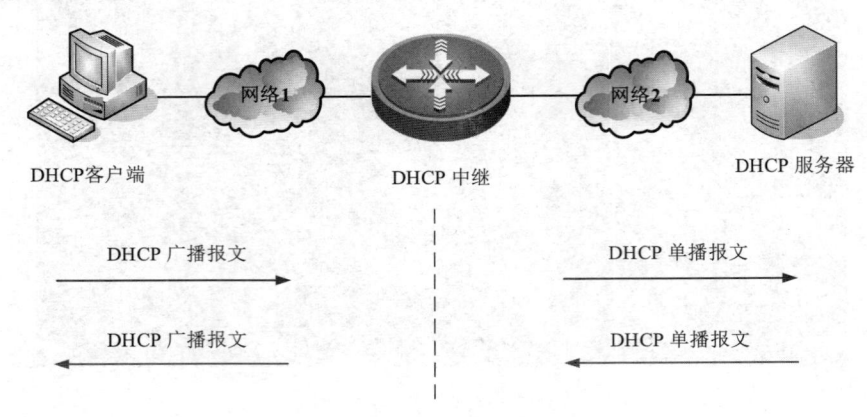

图 13.7 DHCP 中继的工作原理图

DHCP 中继的工作原理如下。

(1)具有 DHCP 中继功能的网络设备收到 DHCP 客户端以广播方式发送的 DHCP Discover 报文或 DHCP Request 报文后,根据配置将报文单播转发给指定的 DHCP 服务器。

(2)DHCP 服务器进行 IP 地址分配,并通过 DHCP 中继将配置信息广播发送给 DHCP 客户端,可完成对 DHCP 客户端的动态配置。

13.2.6　DHCP 中继的基本配置命令

1. 开启 DHCP 服务

```
Router(config)#service dhcp        //配置 DHCP 中继需要先开启 DHCP 服务
```

2. 在路由器上配置 DHCP 中继

```
Router(config)# interface slot-number/interface-number
   //进入端口配置模式
Router(config-if)# ip help-address dhcp-server-ip
   //指定 DHCP 服务器地址
Router(config-if)# exit
```

在三层交换机上配置 DHCP 中继时,如果划分有 VLAN,不同的 VLAN 需要获取不同网段的 IP 地址,则要在三层交换机的 SVI 上配置 DHCP 中继。

3. 在三层交换机上配置 DHCP 中继

```
Switch(config)# interface vlan vlan-id
```

```
//进入 VLAN 的 SVI 配置模式
Switch(config-if)# ip help-address dhcp-server-ip
//在 SVI 上，指定 DHCP 服务器地址
Switch(config-if)# exit
```

操作示例：如图 13.8 所示，路由器 R1 为网络中的 DHCP 服务器，R1 的 F0/0 端口和三层交换机 SW3 的 F0/1 端口相连。PC1 和 PC2 分别与 SW3 的 F0/2 和 F0/3 端口相连，PC1 属于 VLAN 100，PC2 属于 VLAN 200。SVI 100 的地址为 192.168.100.1/24，SVI 200 的地址为 192.168.200.1/24。若你是网络管理员，需要对 R1 和 SW3 进行合理的配置，使得 PC1 能够获取 192.168.100.0/24 的 IP 地址，PC2 能够获取 192.168.200.0/24 的 IP 地址。

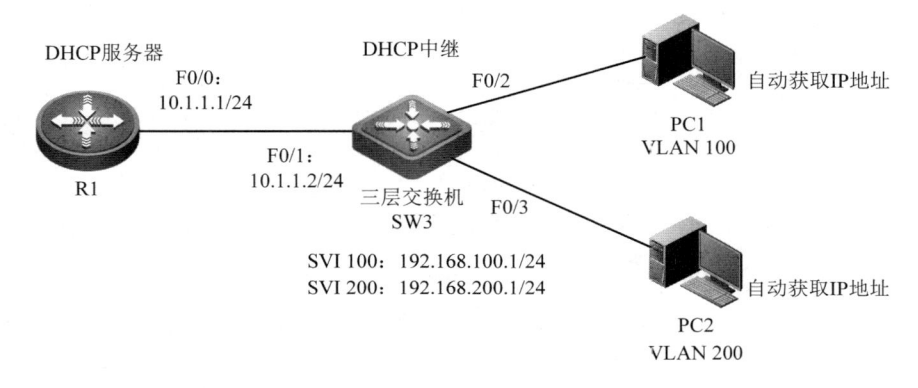

图 13.8　DHCP 中继获取 IP 地址示例图

（1）在路由器 R1 上配置基本 IP 地址。

```
Router>enable
Router#config t
Router(config)#hostname R1                              //将路由器命名为 R1
R1(config)#int fastEthernet 0/0                         //为 F0/0 端口配置 IP 地址
R1(config-if)#ip address 10.1.1.1 255.255.255.0
R1(config-if)#no shutdown
R1(config-if)#exit
```

（2）在三层交换机 SW3 上创建 VLAN 100 和 VLAN 200，将端口加入相应的 VLAN，配置 SVI 100 和 SVI 200 的 IP 地址。

```
Switch>enable
Switch#config t
Switch(config)#hostname SW3
SW3(config)#vlan 100                                    //创建 VLAN 100
SW3(config-vlan)#exit
SW3(config)#vlan 200                                    //创建 VLAN 200
SW3(config-vlan)#exit
SW3(config)#int fastEthernet 0/2
SW3(config-if)#switchport access vlan 100               //将 F0/2 端口加入 VLAN
SW3(config-if)#exit
SW3(config)#int fastEthernet 0/3
SW3(config-if)#switchport access vlan 200               //将 F0/3 端口加入 VLAN
```

```
SW3(config-if)#exit
SW3(config)#int f0/1
SW3(config-if)#no switchport                    //F0/1 端口关闭交换模式
SW3(config-if)#ip address 10.1.1.2 255.255.255.0 //配置 IP 地址
SW3(config-if)#exit
SW3(config)#int vlan 100                        //配置 SVI 100 的 IP 地址
SW3(config-if)#ip address 192.168.100.1 255.255.255.0
SW3(config-if)#exit
SW3(config)#int vlan 200                        //配置 SVI 200 的 IP 地址
SW3(config-if)#ip address 192.168.200.1 255.255.255.0
SW3(config-if)#end
SW3#show ip int b
Interface              IP-Address(Pri)     OK?      Status
FastEthernet 0/1       10.1.1.2/24         YES      UP
VLAN 100               192.168.100.1/24    YES      UP
VLAN 200               192.168.200.1/24    YES      UP
```

（3）路由器 R1 开启 DHCP 服务，配置分配给 PC1 和 PC2 的网段、网关和 DNS 地址。

```
R1#config t
R1(config)#service dhcp                         //开启 DHCP 服务
R1(config)#ip dhcp pool vlan100                 //创建名为 VLAN 100 的 DHCP 地址池
R1(dhcp-config)#network 192.168.100.0 255.255.255.0
//配置分配给 PC1 的网段
R1(dhcp-config)#default-router 192.168.100.1
//配置分配给 PC1 的网关
R1(dhcp-config)#dns-server 192.168.100.1
//配置分配给 PC1 的 DNS 地址
R1(dhcp-config)#exit
R1(config)#ip dhcp pool vlan200                 //创建名为 VLAN 200 的 DHCP 地址池
R1(dhcp-config)#network 192.168.200.0 255.255.255.0
//配置分配给 PC2 的网段
R1(dhcp-config)#default-router 192.168.200.1
//配置分配给 PC2 的网关
R1(dhcp-config)#dns-server 192.168.200.1
//配置分配给 PC2 的 DNS 地址
R1(dhcp-config)#exit
R1(config)#ip route 0.0.0.0 0.0.0.0 10.1.1.2
//若要网络互通，则要配置路由。配置默认路由指向三层交换机的 F0/1 端口
R1(config)#exit
```

（4）三层交换机 SW3 配置 DHCP 中继，使 PC1 和 PC2 能够获取 IP 地址。

```
SW3(config)# service dhcp                       //开启 DHCP 服务
SW3(config)#int vlan 100
SW3(config-if)#ip helper-address 10.1.1.1
//在 SVI 100 上，配置 DHCP 中继，指定 DHCP 的地址
SW3(config-if)#exit
SW3(config)#int vlan 200
```

```
SW3(config-if)#ip helper-address 10.1.1.1
//在 SVI 200 下，配置 DHCP 中继，指定 DHCP 的地址
SW3(config-if)#exit
```

（5）PC1 和 PC2 使用 ipconfig /renew 命令获取 IP 地址。

如图 13.9 所示，PC1 获取 192.168.100.2/24 的 IP 地址，网关为 192.168.100.1，且 PC1 和 PC2 可以相互通信。

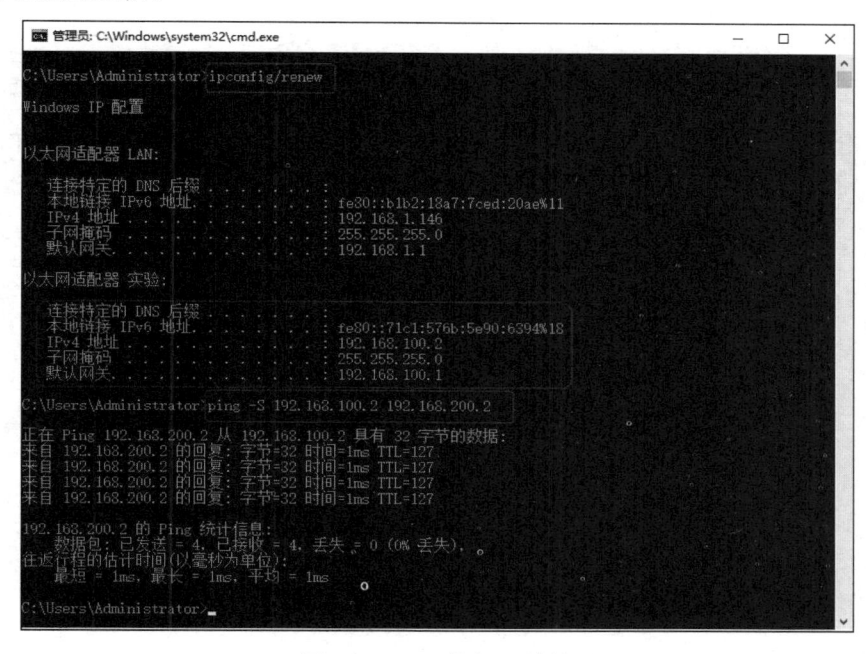

图 13.9　PC1 获取 IP 地址

如图 13.10 所示，PC2 获取 192.168.200.2/24 的 IP 地址，网关为 192.168.200.1，且 PC2 和 PC1 也可以相互通信。

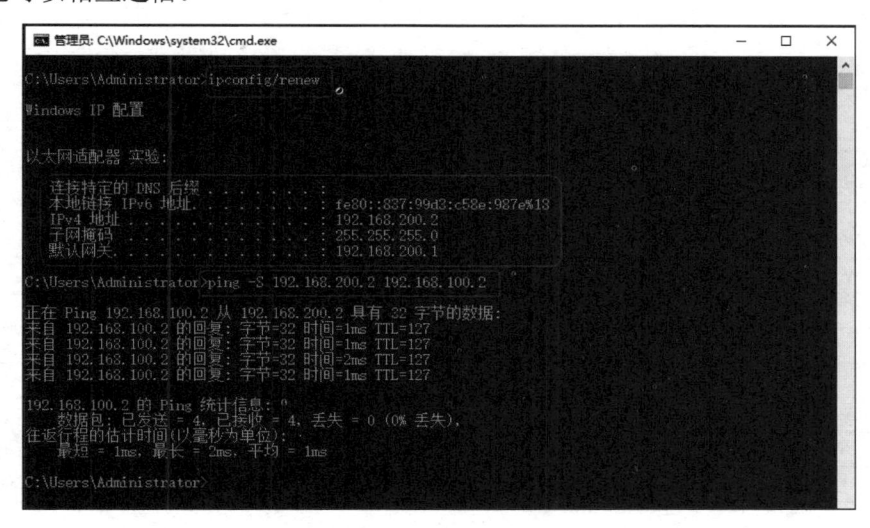

图 13.10　PC2 获取 IP 地址

13.3 项目实施

某公司设有员工部、行政部、经理部等部门。公司网络拓扑结构图如图 13.11 所示。PC1 是员工部的主机，属于 VLAN 10。PC2 是行政部的主机，属于 VLAN 20。PC3 是经理部的主机。PC1 与三层交换机 SW 的 F0/1 端口相连，PC2 与 SW 的 F0/5 端口相连。SW 的 F0/10 端口与路由器 R1 的 F0/1 端口相连，R1 的 S3/0 端口与路由器 R2 的 S3/0 端口相连，R1 的 S3/0 端口为 DCE 端。PC3 与 R2 的 F0/0 端口相连。SW、R1 和 R2 间使用 OSPF 路由协议。

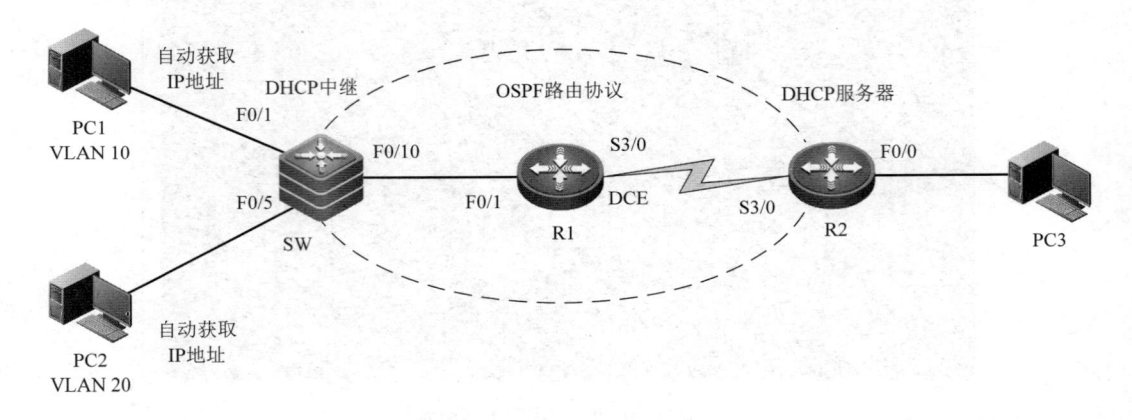

图 13.11 公司网络拓扑结构图

R2 为 DHCP 服务器，为 PC1 和 PC2 分配 IP 地址，SW 开启 DHCP 中继功能。若你是公司的网络管理员，请按照要求进行合理设置，使得 PC1 和 PC2 能够自动获取 IP 地址并全网互通。IP 地址规划表如表 13.1 所示。

表 13.1 IP 地址规划表

设备名称	IP 地址	子网掩码	网关
SW 的 F0/10	10.1.1.1	255.255.255.252	—
SW 的 SVI VLAN 10	192.168.10.254	255.255.255.0	—
SW 的 SVI VLAN 20	192.168.20.254	255.255.255.0	—
R1 的 F0/1	10.1.1.2	255.255.255.252	—
R1 的 S3/0	20.1.1.1	255.255.255.252	—
R2 的 S3/0	20.1.1.2	255.255.255.252	—
R2 的 F0/0	66.66.66.1	255.255.255.0	—
PC1	自动获取	自动获取	自动获取
PC2	自动获取	自动获取	自动获取
PC3	66.66.66.66	255.255.255.0	66.66.66.1

任务目标

1. 在三层交换机 SW3 上创建 VLAN，并将端口加入相应的 VLAN。
2. 为三层交换机 SW3 的 SVI 和相应端口配置 IP 地址。
3. 为路由器 R1 和 R2 的端口配置基本 IP 地址，并配置 OSPF 路由协议。
4. 在路由器 R2 上开启 DHCP 服务，配置分配给 PC1 和 PC2 的网段、网关和 DNS 地址。
5. 在三层交换机 SW 上配置 DHCP 中继，使得 PC1 和 PC2 能够自动获取 IP 地址。
6. 检查 PC1 和 PC2 的 IP 地址获取情况，测试 PC1 和 PC3 的连通性。

具体实施步骤

步骤 1：在三层交换机 SW 上创建 VLAN 10 和 VLAN 20，配置 VLAN 10、VLAN 20 和 F/10 端口的 IP 地址。

```
S3760_01>enable
S3760_01#config t
S3760_01(config)#hostname SW                         //将三层交换机命名为 SW
SW(config)#vlan 10
SW(config-vlan)#exit
SW(config)#vlan 20
SW(config-vlan)#exit
SW(config)#int fastEthernet 0/1                      //将 F0/1 端口加入 VLAN 10
SW(config-if-FastEthernet 0/1)#switchport access vlan 10
SW(config-if-FastEthernet 0/1)#exit
SW(config)#int fastEthernet 0/5                      //将 F0/5 端口加入 VLAN 20
SW(config-if-FastEthernet 0/5)#switchport access vlan 20
SW(config-if-FastEthernet 0/5)#exit
SW(config)#int vlan 10                               //为 SVI 10 配置 IP 地址
SW(config-if-VLAN 10)#ip address 192.168.10.254 255.255.255.0
SW(config-if-VLAN 10)#exit
SW(config)#int vlan 20                               //为 SVI 20 配置 IP 地址
SW(config-if-VLAN 20)#ip address 192.168.20.254 255.255.255.0
SW(config-if-VLAN 20)#exit
SW(config)#int FastEthernet 0/10
SW(config-if-FastEthernet 0/10)#no switchport        //将端口设置为路由模式
SW(config-if-FastEthernet 0/10)#ip address 10.1.1.1 255.255.255.252
SW(config-if-FastEthernet 0/10)#exit
SW(config)#exit
SW#show ip int b                                     //查看 SW 的 IP 地址配置信息
Interface              IP-Address(Pri)      OK?      Status
FastEthernet 0/10      10.1.1.1/30          YES      UP
VLAN 10                192.168.10.254/24    YES      UP
VLAN 20                192.168.20.254/24    YES      UP
```

步骤 2：在路由器 R1 上配置基本 IP 地址。

```
RSR20_01>enable
RSR20_01#config t
```

```
RSR20_01(config)#hostname R1                              //将路由器命名为R1
R1(config)#int f0/1                                       //为F0/1端口配置IP地址
R1(config-if-FastEthernet 0/1)#ip address 10.1.1.2 255.255.255.252
R1(config-if-FastEthernet 0/1)#no shutdown                //激活端口
R1(config-if-FastEthernet 0/1)#exit
R1(config)#int s3/0                                       //为S3/0端口配置IP地址
R1(config-if-Serial 3/0)#ip address 20.1.1.1 255.255.255.252
R1(config-if-Serial 3/0)#clock rate 64000                 //在DCE端设置时钟频率
R1(config-if-Serial 3/0)#no shutdown                      //激活端口
R1(config-if-Serial 3/0)#end
R1#show ip int b                                          //查看R1的IP地址配置信息
Interface                IP-Address(Pri)      OK?      Status
Serial 3/0               20.1.1.1/30          YES      UP
FastEthernet 0/0         no address           YES      DOWN
FastEthernet 0/1         10.1.1.2/30          YES      UP
```

步骤3：在路由器R2上配置基本IP地址。

```
RSR20_02>enable
RSR20_02#config t
RSR20_02(config)#hostname R2                              //将路由器命名为R2
R2(config)#int s3/0                                       //为S3/0端口配置IP地址
R2(config-if-Serial 3/0)#ip address 20.1.1.2 255.255.255.252
R2(config-if-Serial 3/0)#no shutdown                      //激活端口
R2(config-if-Serial 3/0)#exit
R2(config)#int f0/0                                       //为F0/0端口配置IP地址
R2(config-if-FastEthernet 0/0)#ip address 66.66.66.1 255.255.255.0
R2(config-if-FastEthernet 0/0)#no shutdown                //激活端口
R2(config-if-FastEthernet 0/0)#end
R2#show ip int b                                          //查看R2的IP地址配置信息
Interface                IP-Address(Pri)      OK?      Status
Serial 3/0               20.1.1.2/30          YES      UP
Serial 4/0               no address           YES      DOWN
FastEthernet 0/0         66.66.66.1/24        YES      UP
FastEthernet 0/1         no address           YES      DOWN
```

步骤4：为三层交换机SW配置OSPF路由协议。

```
SW#config t
SW(config)#route ospf 100                                 //SW配置OSPF路由协议，宣告网段
SW(config-router)#network 10.1.1.0 0.0.0.3 area 0
SW(config-router)#network 192.168.10.0 0.0.0.255 area 0
SW(config-router)#network 192.168.20.0 0.0.0.255 area 0
SW(config-router)#exit
```

步骤5：为路由器R1配置OSPF路由协议。

```
R1#config t
R1(config)#route ospf 100                                 //R1配置OSPF路由协议，宣告网段
R1(config-router)#network 20.1.1.0 0.0.0.3 area 0
```

```
R1(config-router)#network 10.1.1.0 0.0.0.3 area 0
R1(config-router)#exit
```

步骤 6：为路由器 R2 配置 OSPF 路由协议。
```
R2#config t
R2(config)#route ospf 100                              //R2 配置 OSPF 路由协议，宣告网段
R2(config-router)#network 20.1.1.0 0.0.0.3 area 0
R2(config-router)#network 66.66.66.0 0.0.0.255 area 0
R2(config-router)#end
R2#show ip route                                       //查看 R2 的路由表，已经学习到全网路由
Codes:  C - connected, S - static, R - RIP, B - BGP
        O - OSPF, IA - OSPF inter area
        N1 - OSPF NSSA external type 1, N2 - OSPF NSSA external type 2
        E1 - OSPF external type 1, E2 - OSPF external type 2
        i - IS-IS, su - IS-IS summary, L1 - IS-IS level-1, L2 - IS-IS level-2
        ia - IS-IS inter area, * - candidate default
Gateway of last resort is no set
O    10.1.1.0/30 [110/51] via 20.1.1.1, 00:01:10, Serial 3/0
C    20.1.1.0/30 is directly connected, Serial 3/0
C    20.1.1.2/32 is local host.
C    66.66.66.0/24 is directly connected, FastEthernet 0/0
C    66.66.66.1/32 is local host.
O    192.168.10.0/24 [110/52] via 20.1.1.1, 00:01:00, Serial 3/0
O    192.168.20.0/24 [110/52] via 20.1.1.1, 00:01:00, Serial 3/0
```

步骤 7：R2 开启 DHCP 服务，配置分配给 PC1 和 PC2 的网段、网关和 DNS 地址。
```
R2#config t
R2(config)#service dhcp                                //R2 开启 DHCP 服务
R2(config)#ip dhcp pool vlan10                         //创建名为 VLAN 10 的 DHCP 地址池
R2(dhcp-config)#network 192.168.10.0 255.255.255.0     //配置分配给 PC1 的网段
R2(dhcp-config)#default-router 192.168.10.254          //配置分配给 PC1 的网关
R2(dhcp-config)#dns-server 192.168.10.254              //配置分配给 PC1 的 DNS 地址
R2(dhcp-config)#exit
R2(config)#ip dhcp pool vlan20                         //创建名为 VLAN 20 的 DHCP 地址池
R2(dhcp-config)#network 192.168.20.0 255.255.255.0     //配置分配给 PC2 的网段
R2(dhcp-config)#default-router 192.168.20.254          //配置分配给 PC2 的网关
R2(dhcp-config)#dns-server 192.168.20.254              //配置分配给 PC2 的 DNS 地址
R2(dhcp-config)#exit
```

步骤 8：SW 配置 DHCP 中继，使 PC1 和 PC2 能够自动获取 IP 地址。
```
SW#config t
SW(config)#service dhcp                                //SW 配置 DHCP 中继
SW(config)#int vlan 10
SW(config-if-VLAN 10)#ip helper-address 20.1.1.2
SW(config-if-VLAN 10)#exit
SW(config)#int vlan 20
SW(config-if-VLAN 20)#ip helper-address 20.1.1.2
SW(config-if-VLAN 20)#exit
```

步骤 9：将 PC1 和 PC2 开启自动获取功能，PC3 的 IP 地址配置为 66.66.66.66/24。检查 PC1 和 PC2 的 IP 地址获取情况，测试 PC1 和 PC3 的连通性。

如图 13.12 所示，PC1 获取 192.168.10.1/24 的 IP 地址，网关为 192.168.10.254，且 PC1 和 PC3 可以相互通信。

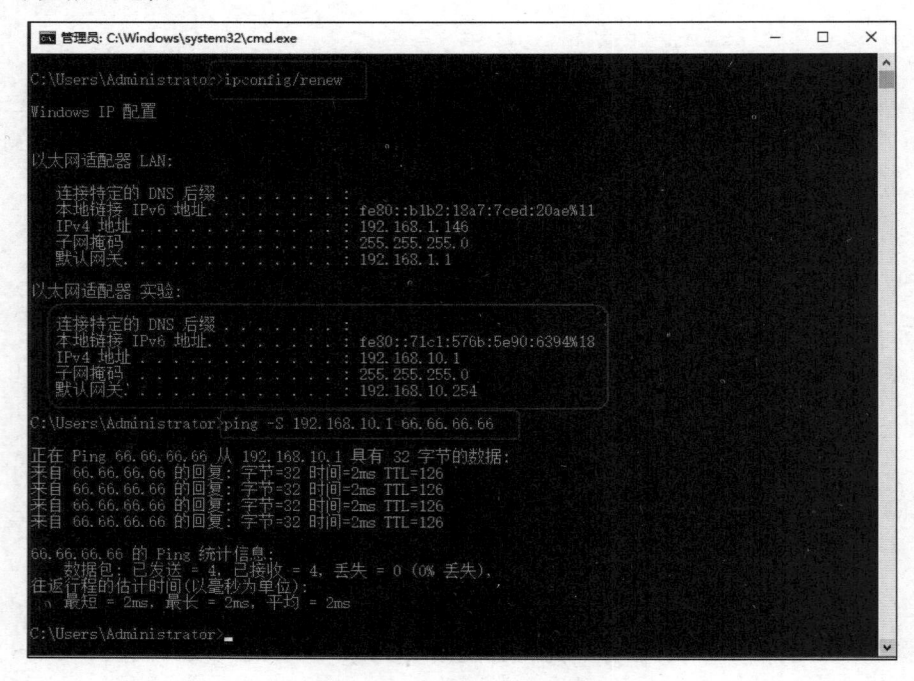

图 13.12　PC1 获取 IP 地址

如图 13.13 所示，PC2 获取 192.168.20.1/24 的 IP 地址，网关为 192.168.20.254，且 PC2 和 PC3 可以相互通信。

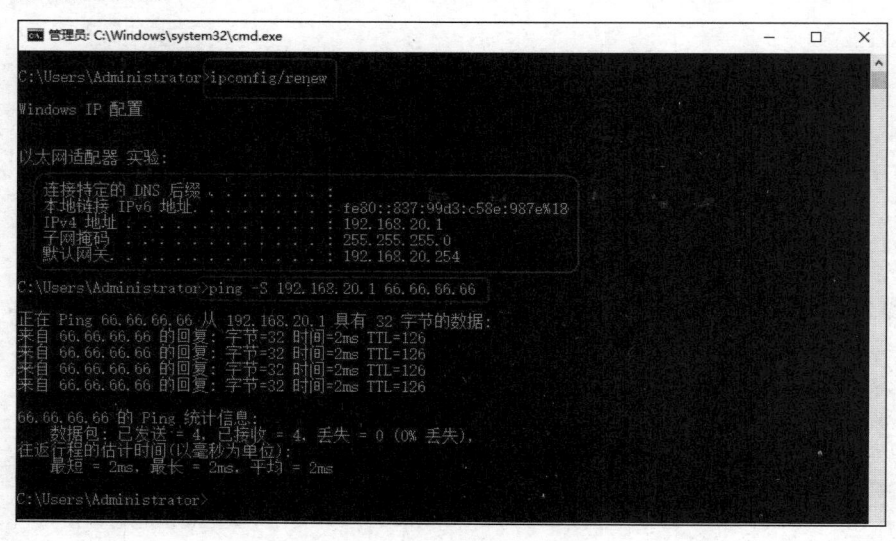

图 13.13　PC2 获取 IP 地址

注意事项

1. DHCP 服务器支持分配端口从 IP 地址所在网段的地址。当端口主 IP 地址对应的地址池中无可分配的地址时，会按照 IP 地址从小到大的顺序依次查找对应的地址池进行分配。

2. 配置全局地址池可动态分配的 IP 地址范围时，请保证该地址范围与 DHCP 服务器端口或 DHCP 中继端口地址的网段一致，以免分配错误的 IP 地址。

13.4 项目拓展

某公司设有员工部、行政部、经理部等部门。公司网络拓扑结构图如图 13.14 所示。PC1 是员工部的主机，属于 VLAN 10。PC2 是行政部的主机，属于 VLAN 20。PC3 是经理部的主机。PC1 与三层交换机 SW3 的 F0/1 端口相连，PC2 与 SW3 的 F0/5 端口相连。SW3 的 F0/24 端口与路由器 R1 的 F0/1 端口相连，R1 的 S3/0 端口和路由器 R2 的 S3/0 端口相连，R1 的 S3/0 端口为 DCE 端。为了提高安全性，R1 的 S3/0 端口和 R2 的 S3/0 端口间开启 CHAP 认证，密码为 654321。PC3 与 R2 的 F0/0 端口相连。SW3、R1 和 R2 间使用 RIPv2。

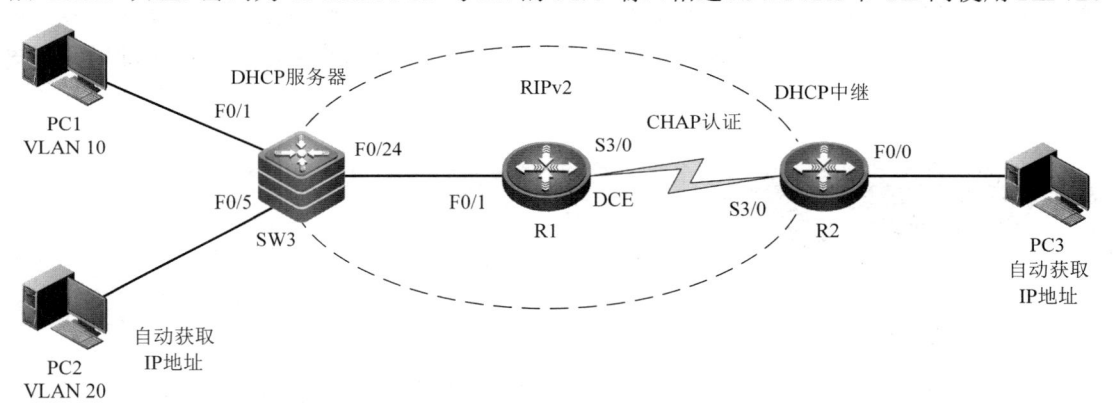

图 13.14 公司网络拓扑结构图

SW3 为 DHCP 服务器，为 PC2 和 PC3 分配 IP 地址，R2 配置 DHCP 中继。若你是公司的网络管理员，请按照要求进行合理设置，使得 PC2 和 PC3 能够自动获取 IP 地址并全网互通。IP 地址规划表如表 13.2 所示。

表 13.2 IP 地址规划表

设备名称	IP 地址	子网掩码	网关
SW3 的 F0/24	172.16.1.1	255.255.255.0	—
SW3 的 SVI 10	192.168.10.254	255.255.255.0	—
SW3 的 SVI 20	192.168.20.254	255.255.255.0	—

续表

设备名称	IP 地址	子网掩码	网关
R1 的 F0/1	172.16.1.2	255.255.255.0	—
R1 的 S3/0	12.1.1.1	255.255.255.252	—
R2 的 S3/0	12.1.1.2	255.255.255.252	—
PC1	192.168.10.10	255.255.255.0	192.168.10.254
PC2	自动获取	自动获取	自动获取
PC3	自动获取	自动获取	自动获取

13.5 项目小结

DHCP 的作用是为内网中的主机自动分配 IP 地址、子网掩码、网关、DNS 地址等，优点是 DHCP 客户端无须配置，网络维护方便。DHCP 中继就是在 DHCP 服务器和 DHCP 客户端间转发 DHCP 数据包。当 DHCP 客户端与 DHCP 服务器不在同一个子网上时，必须由 DHCP 中继代理来转发 DHCP 请求和应答消息。DHCP 中继代理的数据转发与通常的路由转发不同，通常的路由转发是透明传输的，设备一般不会修改 IP 数据包内容。而 DHCP 中继代理收到 DHCP 消息后，先重新生成一个 DHCP 消息，然后转发出去。在 DHCP 客户端看来，DHCP 中继代理就像 DHCP 服务器；在 DHCP 服务器看来，DHCP 中继代理就像 DHCP 客户端。

13.6 思考与练习

（一）选择题

1．DHCP 客户端向 DHCP 服务器发送（　　）报文进行 IP 租约的更新。

　　A．DHCP Offer　　　　　　　　B．DHCP Release

　　C．DHCP Ack　　　　　　　　　D．DHCP Request

2．使用 DHCP 有什么好处？（　　）

　　A．即插即用　　　　　　　　　　B．统一管理

　　C．有效利用 IP 地址资源　　　　　D．以上都是

3．配置一个 DHCP 地址池一般需要配置（　　）。

　　A．分配网段　　　　　　　　　　B．默认网关

　　C．DNS 服务器地址　　　　　　　D．以上都是

4．在三层交换网络中配置完 DHCP 与 DHCP 中继后，发现有些内网客户端始终可以获取 IP 地址，有些则始终不能，可能的原因有（　　）。

A．DHCP 地址池设置错误
B．未开启 DHCP 服务
C．有些客户端未被划入指定 VLAN
D．DHCP 中继设备和 DHCP 服务器路由不可达

5．在路由器上开启 DHCP 服务的正确命令是（　　）。
A．Router(config)# service dhcp
B．Router(config)# dhcp service
C．Router(config-if)# dhcp service
D．Router(config-if)# service dhcp

（二）填空题

1．在 PC 中，可以手动通过_____和_____对 DHCP 获取的地址进行操作。

2．一个复杂的 DHCP 网络系统由_____、_____和_____组成。

3．DHCP 服务器和 DHCP 客户端的信息交互分为_____阶段、_____阶段、_____阶段、_____阶段。

（三）问答题

1．简述 DHCP 的工作原理？

2．使用 DHCP 排除地址有什么作用？

3．DHCP 中继的工作原理是什么？一般在什么情况下使用？

项目 14 网络地址转换实现内外网通信

学习目标

知识目标
- 了解 NAT 的概念。
- 理解 NAT 的工作过程与基本术语。
- 理解 NAT 的实现方式。
- 理解 NAPT 的概念与工作过程。

能力目标
- 掌握 NAT 与 NAPT 的基本配置命令。
- 掌握 NAT 与 NAPT 的配置方法。
- 学会配置 NAT 实现内外网通信。

素质目标
- 培养学生良好的学习态度和学习习惯。
- 培养学生的团队合作精神和解决问题的能力。
- 通过"IPv6:让万物互联成为可能"的思政案例,激发学生对科技创新的兴趣和热情,培养学生追求科技进步、勇于探索未知的精神。

14.1 项目背景

某公司设有员工部、行政部和网管中心等部门，网管中心部署有公司内网服务器，公司内网通过一台路由器与 Internet 相连，已申请到一个公网 IP 地址。为了对外宣传公司的产品，公司内网服务器需要发布到 Internet 上，使 Internet 上的用户都可以访问公司网站。同时，内网主机都可以访问 Internet 上的资源。

本项目的内容是通过在路由器上配置 NAT，以静态转换的方式实现公司内网服务器的对外发布，同时配置 NAPT 实现内网主机访问 Internet。

教学导航

知识重点	1. NAT 的概念。 2. NAT 的工作过程与基本术语。 3. NAT 的实现方式。 4. NAPT 的概念与工作过程
知识难点	1. NAT 与 NAPT 的基本配置命令。 2. NAT 与 NAPT 的配置方法。 3. 学会配置 NAT 实现内外网通信
推荐教学方式	1. 教师通过知识点讲解，使学生了解 NAT 的概念、工作过程与基本术语、实现方式，NAPT 的概念、工作过程及使用场景等。 2. 教师通过课堂操作，演示 NAT 与 NAPT 的配置方法及配置 NAT 实现内外网通信。 3. 学生通过动手实践项目案例和项目拓展，掌握 NAT 与 NAPT 的配置方法及配置 NAT 实现内外网通信等。 4. 采用任务驱动、自主学习、小组探究学习等多种教学方法，让学生通过观察、思考、交流，提高其动手操作能力和团队协作能力
建议学时	4 学时

14.2 项目相关知识

为了实现将内网服务器发布到 Internet 上，内网主机也可以访问 Internet 这样的功能，必须使用 NAT 与 NAPT 技术。为了便于掌握和理解具体的配置操作步骤，需要先了解 NAT 的概念、工作过程与基本术语、实现方式、特点、基本配置命令，NAPT 的工作过程、基本配置命令等知识。

14.2.1 NAT 的概念

随着接入 Internet 的主机数量不断增加，公网 IP 地址资源愈加捉襟见肘。事实上，除了中国教育和科研计算机网（CERNET），一般用户几乎申请不到整段的 C 类公网 IP 地址。在其他 ISP 中，即使是拥有几百台主机的大型内网用户，在申请公网 IP 地址时，所分配到的地址也不过只有几个或十几个。显然，这样少的公网 IP 地址根本无法满足广大用户上网的需求，只能大量地使用私有 IP 地址来组建内网。内网用户上网时需要大量的公网 IP 地址，但公网 IP 地址却十分缺乏，于是就产生了 NAT（Network Address Translation，网络地址转换）技术。

NAT 是一种将大量的私有 IP 地址转化为少量的公有 IP 地址的技术，它被广泛应用于各种类型的 Internet 接入。NAT 不仅缓解了公网 IP 地址不足的问题，而且能够隐藏并保护内部网络的主机，有效地避免来自外部网络的攻击。

私有 IP 地址是指内部网络或主机的 IP 地址，公有 IP 地址是指在 Internet 上全球唯一的 IP 地址。RFC 1918 为私有网络预留出了以下三类 IP 地址。

A 类：10.0.0.0～10.255.255.255。

B 类：172.16.0.0～172.31.255.255。

C 类：192.168.0.0～192.168.255.255。

上述三类地址不会在 Internet 上被分配，因此可以不必向 ISP 或注册中心申请，可以在公司或企业内部自由使用。

NAT 将自动修改 IP 报文的源 IP 地址和目的 IP 地址，IP 地址校验则在 NAT 处理过程中自动完成。有些应用程序将源 IP 地址嵌入 IP 报文的数据部分，所以需要同时对报文进行修改，以匹配 IP 头中已经修改过的源 IP 地址。否则，在报文数据部分嵌入 IP 地址后，有些应用程序就不能正常工作了。

14.2.2 NAT 的工作过程与基本术语

虽然 NAT 可以借助某些代理服务器来实现，但考虑到运算成本和网络性能，很多时候都是在路由器上实现的。下面以一个在路由器上实现的基本 NAT 的工作过程为例来说明 NAT 的工作过程与基本术语。

（1）NAT 路由器处于内部网络和外部网络的连接处，如图 14.1 所示。

（2）当内网主机（192.168.10.10）向外网服务器（220.136.10.28）发送数据包时，该数据包将通过 NAT 路由器。

（3）NAT 路由器查看包头内容，发现该数据包是发往外网的，那么它将数据包中源 IP 地址的私有地址（192.168.10.10）转换成一个公有地址（64.172.92.10），并将该数据包发送到外网服务器，同时在 NAT 路由器的 NAT 表中记录这一映射。

（4）外网服务器收到内网主机发送的数据包，给内网主机应答时目的 IP 地址为

64.172.92.10，到达 NAT 路由器后，NAT 路由器再次查看包头内容，将目的地址转换成内网主机的 IP 地址（192.168.10.10）。

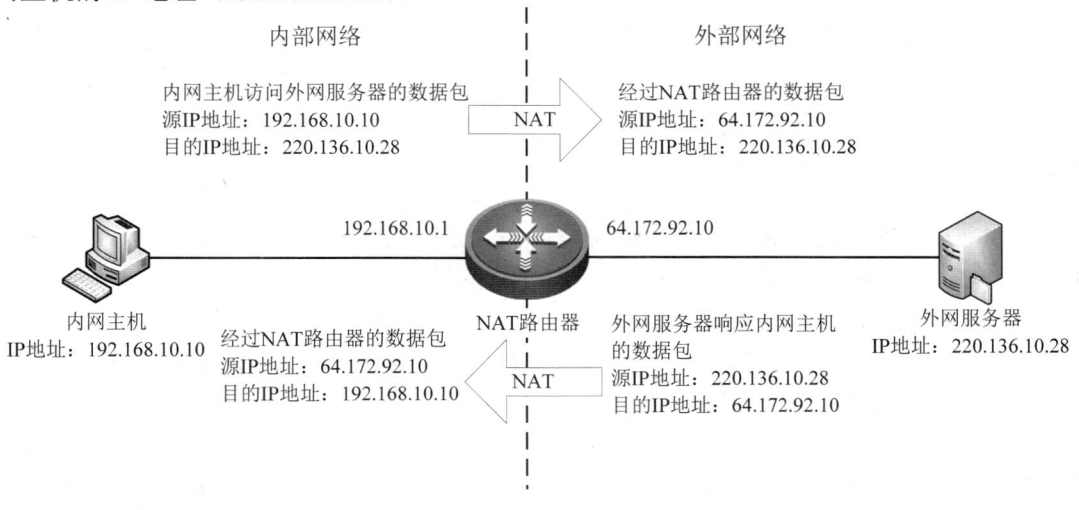

图 14.1　NAT 的工作过程

NAT 对于地址转换中的终端设备是透明的，主机只知道自己的 IP 地址为 192.168.10.10，而不知道 64.172.92.10。服务器只知道主机的 IP 地址为 64.172.92.10，而不知道 192.168.10.10。由此可见，NAT 隐藏了内部的私有网络。

NAT 路由器将转换的映射记录在 NAT 表中。NAT 表中有 4 种地址，分别是内部本地地址（Inside Local Address）、内部全局地址（Inside Global Address）、外部本地地址（Outside Local Address）、外部全局地址（Outside Global Address），其关系示意图如图 14.2 所示。

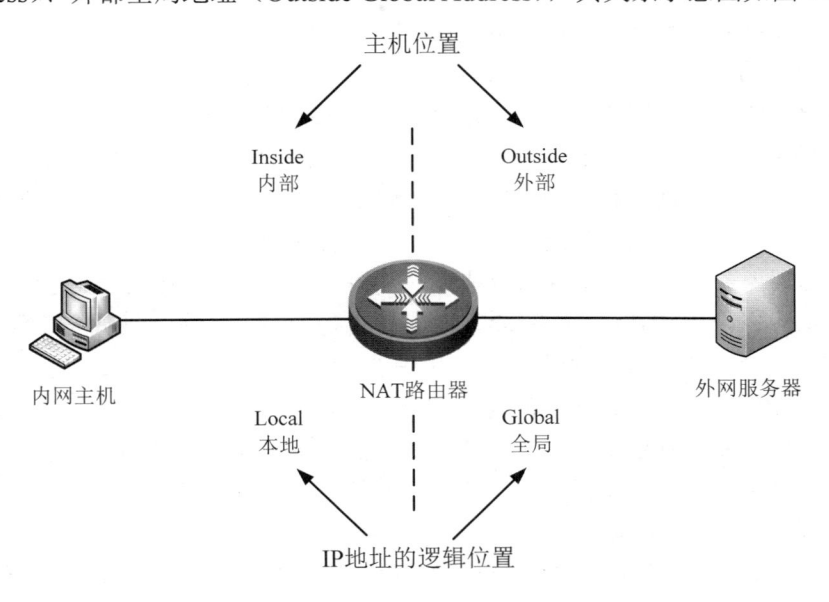

图 14.2　4 种地址的关系示意图

（1）内部本地地址：在内部网络中分配给主机的私有 IP 地址，通常是私有地址。

（2）内部全局地址：一个合法的 IP 地址，用来代替一个或多个私有 IP 地址的公有地址，在 Internet 上是唯一的，一般由 ISP 提供。

（3）外部本地地址：外部网络的主机表现在内部网络的 IP 地址，是从内部可寻址的地址空间中分配的。

（4）外部全局地址：由其所有者给外部网络的主机分配的 IP 地址。

这里通过一个例子来说明 4 种地址的关系。Inside Local 代表自己在家里穿的拖鞋；Inside Global 代表自己上班时穿的皮鞋；Outside Local 代表朋友到家里做客时给朋友准备的拖鞋；Outside Global 代表朋友自己的鞋，无论是拖鞋还是皮鞋。

Inside 代表自己，Outside 代表别人，Local 代表自己家，Global 代表外面。

Inside Local 就是自己在家里活动时穿的拖鞋，这个拖鞋就相当于内部私有 IP 地址，可以看出来这种地址不会穿在别人脚上，而且不会在家里以外的地方穿。Inside Global 就是自己上班时穿的皮鞋，这个皮鞋一定是给自己穿的，但是一定不会在家里穿而是在外面穿。Outside Local 就是别人来家里做客时自己准备的拖鞋，因此不会出现在外面，而且也不会是自己穿。Outside Global 就是别人自己的鞋，无论是拖鞋还是皮鞋，反正不会出现在自己家里，也不会是自己穿。

14.2.3 NAT 的实现方式

NAT 的实现方式有三种，即静态转换（Static Translation）、动态转换（Dynamic Translation）和网络地址端口转换（Network Address Port Translation，NAPT）。

静态转换是指将内部网络的私有 IP 地址转换为公有 IP 地址，私有 IP 地址和公有 IP 地址是固定一对一的关系，某个私有 IP 地址只转换为某个公有 IP 地址。借助于静态转换，可以实现外部网络对内部网络中某些特定设备（如服务器）的访问。

动态转换是指将内部网络的私有 IP 地址转换为公有 IP 地址时，IP 地址是不确定的、随机的，所有被授权访问的私有 IP 地址都可随机转换为任何指定的合法 IP 地址。也就是说，只要指定哪些内部地址可以进行转换及用哪些合法地址作为外部地址，就可以进行动态转换。动态转换可以使用多个合法地址集。当 ISP 提供的合法 IP 地址略少于内部网络的主机数量时，可以采用动态转换。但是动态转换也是一对一转换，只有内部网络同时访问 Internet 的主机数量要少于配置的合法地址集中的 IP 地址数量，才可以使用动态转换。

NAPT 是指改变外出数据包的源地址和源端口并进行端口转换，即端口地址转换。采用 NAPT，内部网络的所有主机均可共享一个合法的外部 IP 地址实现 Internet 的访问，从而可以最大限度地节约 IP 地址资源。同时，可以隐藏内部网络的所有主机，有效避免来自 Internet 的攻击。因此，目前网络中应用最多的就是 NAPT。

通过 NAT 的实现方式可以看出，静态转换的 IP 地址的对应关系是一对一不变的，并没有节约公有 IP 地址，只是隐藏了主机的真实地址，通常用于内网服务器发布到 Internet 上。动态转换虽然在一定程度下节约了公有 IP 地址，但是当内部网络同时访问 Internet 的主机数量多于配置的合法地址集中的 IP 地址数量时就不太适用了。NAPT 可以使内部网络的所有主机共享一个合法的外部 IP 地址，从而最大限度地节约 IP 地址资源，对内部网络的私有 IP 地址数量没有限制。

14.2.4　NAT 的特点

NAT 的优点如下。
（1）对于小型的商业机构，使用 NAT 可以更便宜、更有效率地接入 Internet。
（2）使用 NAT 可以节约宝贵的公有 IP 地址，缓解目前全球公有 IP 地址不足的问题。
（3）因为内部 IP 地址不公开，所以可以保护内部网络的私密性。
（4）使用 NAT 可以方便网络的管理，并大大提高网络的适应性。
当然，NAT 也不是没有缺点的。用于地址转换的处理过程会带来功能和性能上的一些损失，特别是在 IP 报文承担的数据中包含发送 IP 地址信息的情况下，NAT 的缺点如下。
（1）NAT 会使延迟增大，因为要转发每个包头中的 IP 地址，自然会增加包转发延迟。
（2）NAT 可能会使某些需要使用内嵌 IP 地址的应用不能正常工作，因为它隐藏了端到端的 IP 地址。

14.2.5　NAT 的基本配置命令

配置 NAT 功能的路由器需要一个内部端口（Inside）和一个外部端口（Outside）。内部端口连接的网络用户使用的是内网 IP 地址，外部端口连接的网络使用的是公网 IP 地址。要使 NAT 发挥作用，必须在这两个端口上启用 NAT。

微课：NAT 的基本配置命令与示例

1. 指定连接内部端口并配置内网 IP 地址

```
Router(config)# interface type number                //选择端口，进入端口配置模式
Router(config-if)#ip address ip-address netmask      //配置端口内网 IP 地址
Router(config-if)#ip nat inside                      //设置端口属性为内部端口
```

2. 指定连接外部端口并配置公网 IP 地址

```
Router(config)# interface type number                //选择端口，进入端口配置模式
Router(config-if)#ip address ip-address netmask      //配置端口公网 IP 地址
Router(config-if)#ip nat outside                     //设置端口属性为外部端口
```

3. 在内部本地地址和内部全局地址间建立静态转换

```
Router(config)#ip nat inside source static local-ip global-ip
   //inside 代表从内部端口进入的数据包,将源地址进行静态转换,local-ip 代表内部本地地址,global-ip 代表内部全局地址
```

4. 查看 NAT 表中的所有转换条目

```
Router#show ip nat translations                      //查看 NAT 表中的所有转换条目
```

5. 清除 NAT 表中的所有转换条目

```
Router# clear ip nat translation  *                    //清除 NAT 表中的所有转换条目
```

操作示例：如图 14.3 所示，若公司内网有一台 Web 服务器用于发布公司网页，Web 服务器的 IP 地址为 192.168.10.254，公司利用路由器接入 Internet，公司申请的公网 IP 地址为 200.200.200.1/30，通过在内网路由器 R1 上配置 NAT 实现 Internet 主机能够访问公司网页。

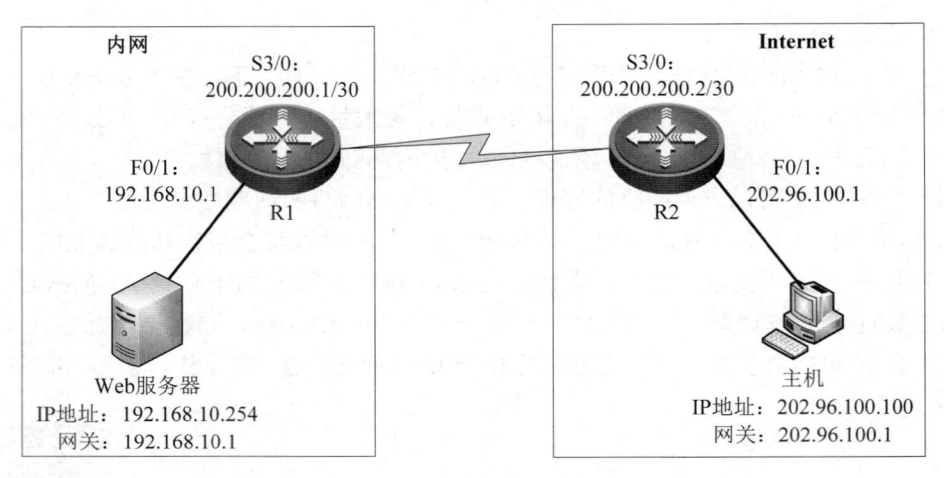

图 14.3 静态转换示例图

分析：若要使 Internet 主机能够访问公司网页，则需要在 R1 上进行静态转换，把 Web 服务器地址 192.168.10.254 静态转换为公司公网 IP 地址 200.200.200.1，使得 Internet 主机通过访问 200.200.200.1 就可以打开 192.168.100.254 上的公司网页。

（1）在 R1 上执行如下命令。

```
Router>enable
Router#config t
Router(config)#hostname R1
R1(config)#interface fastEthernet 0/1
R1(config-if)#ip address 192.168.10.1 255.255.255.0
R1(config-if)#no shutdown
R1(config-if)#ip nat inside         //指定 F0/1 端口为内部端口
R1(config-if)#exit
R1(config)#int serial 3/0
R1(config-if)#ip address 200.200.200.1 255.255.255.252
R1(config-if)#clock rate 64000
R1(config-if)#no shutdown
R1(config-if)#ip nat outside        //指定 S3/0 端口为外部端口
R1(config-if)#exit
R1(config)#ip nat inside source static 192.168.10.254  200.200.200.1
//将内部地址 192.168.10.254 静态转换为 200.200.200.1
R1(config)#ip route 0.0.0.0  0.0.0.0  200.200.200.2
```

//R1 为内网路由器，还需要配置一条默认路由，把内网的所有数据包转发给 Internet 路由器 R2，这里的 IP 地址 200.200.200.2 是 Internet 路由器上与 R1 相连端口的 IP 地址

（2）在 R2 上执行如下命令。

```
Router>enable
Router#config t
Router (config)#hostname R2
R2(config)#interface fastEthernet 0/1
R2(config-if)#ip address 202.96.100.1 255.255.255.0
R2(config-if)#no shutdown
R2(config-if)#exit
R2(config)#int serial 3/0
R2(config-if)#ip address 200.200.200.2 255.255.255.252
R2(config-if)#no shut
R2(config-if)#end
```

配置 Web 服务器的 IP 地址、网关和需要发布的网页；配置 Internet 主机的 IP 地址和网关。Internet 主机通过在浏览器上输入 http://200.200.200.1 可以打开 Web 服务器上发布的网页。

在 R1 上查看 NAT 当前存在的静态转换。

```
R1#show ip nat translations
Pro      Inside global      Inside local       Outside local        Outside global
---      200.200.200.1      192.168.10.254     ---                  ---
Tcp      200.200.200.1:80   192.168.10.254:80  202.96.100.100:1025  202.96.100.100:1025
```

14.2.6　NAPT 的概念与工作过程

NAPT 是人们比较熟悉的一种转换方式，将多个内部地址映射为一个合法的公网地址，但以不同的协议端口号与不同的内部地址相对应，也就是<内部地址+内部端口>与<外部地址+外部端口>间的转换。NAPT 普遍用于接入设备中，它可以将中小型网络隐藏在一个合法 IP 地址后面。NAPT 也被称为"多对一"的 NAT 或 PAT（Port Address Translations，端口地址转换）。

与动态转换不同，NAPT 将内部连接映射到外部网络中的一个单独的 IP 地址上，同时在该地址上加上一个由 NAT 设备选定的 TCP 端口号。NAPT 的主要优势在于能够使用一个全球有效 IP 地址获得通用性，主要缺点在于其通信仅限于 TCP 或 UDP。当所有通信都采用 TCP 或 UDP 时，NAPT 允许一台内网主机访问多台外网主机，并允许多台内网主机访问同一台外网主机，相互之间不会发生冲突。

NAPT 的工作过程如图 14.4 所示，具体如下。

（1）内网主机 PC1 要访问 Internet 上的 WWW 服务器，首先要建立 TCP 连接，假设分配的 TCP 端口号为 2000。PC1 将发送一个 IP 数据包（源 IP 地址为 192.168.10.10:2000，目的 IP 地址为 220.136.10.28:80）。

（2）NAT 路由器查看包头内容，发现该 IP 数据包是发往外网的，NAT 路由器会将 IP

数据包的源 IP 地址转换为 NAT 路由器的公网 IP 地址，同时将源端口转换为 NAT 动态分配的 1 个端口。然后转发到公网。此时 IP 数据包（源 IP 地址为 64.172.92.10:2000，目的 IP 地址为 220.136.10.28:80）已经不含任何私网 IP 地址和端口的信息。NAT 路由器将该 IP 数据包发送到 Internet 上的 WWW 服务器，同时在 NAT 路由器的 NAT 表中记录这一映射。

（3）由于 IP 数据包的源 IP 地址和端口已经被转换成 NAT 路由器的公网 IP 地址和端口，因此 Internet 上的 WWW 服务器将响应的 IP 数据包（源 IP 地址为 220.136.10.28:80，目的 IP 地址为 64.172.92.10:1386）发送到 NAT 路由器。

（4）NAT 路由器会将 IP 数据包的目的 IP 地址转换成私网 IP 地址，同时将目的端口转换为内网主机的端口，然后将 IP 数据包（源 IP 地址为 220.136.10.28:80，目的 IP 地址为 192.168.10.10:2000）转发到 PC1。

（5）如果内网的另一台主机 PC2 也要访问 Internet 上的 WWW 服务器，首先要建立 TCP 连接，假设分配的 TCP 端口号为 1386，PC2 将发送一个 IP 数据包（源 IP 地址为 192.168.10.20:1386，目的 IP 地址为 220.136.10.28:80）。

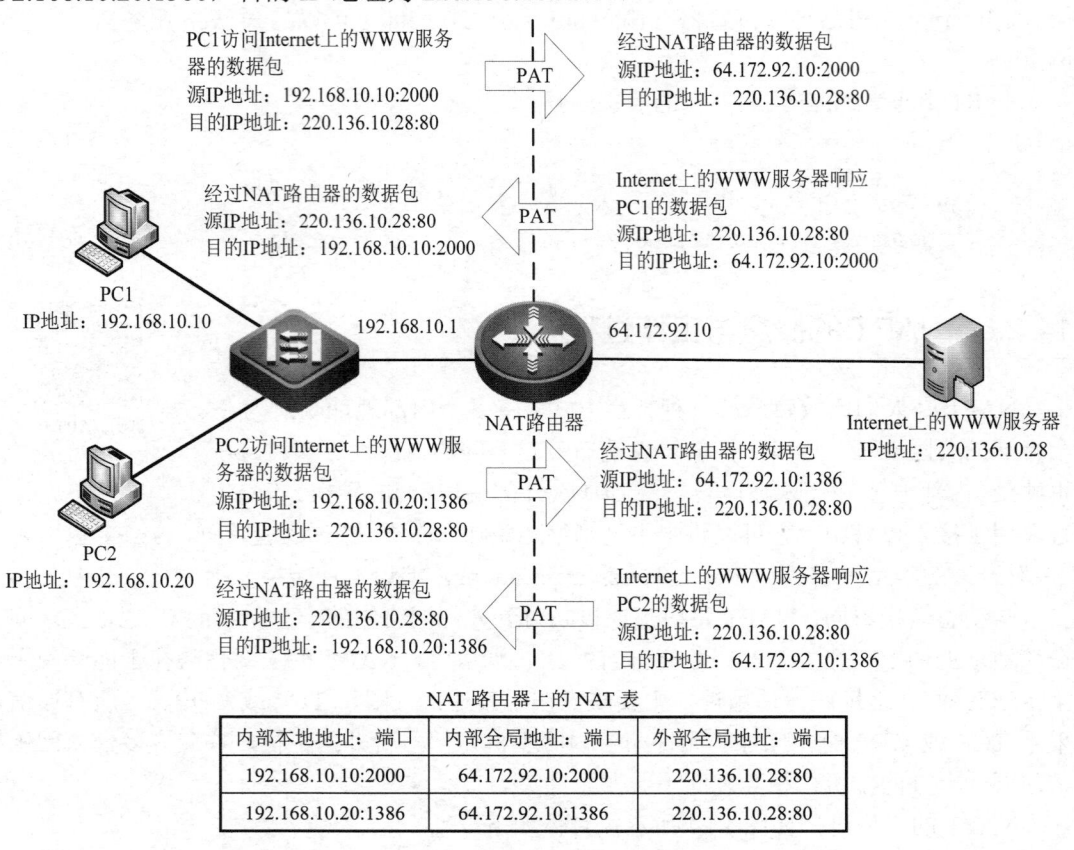

图 14.4　NAPT 的工作过程

对于通信双方，这种 IP 地址和端口的转换是完全透明的，用户感觉不到 NAT 路由器对包头部分进行的转换。NAP 实现了内网多台主机使用同一个外部 IP 地址访问外网的要求，能节约大量公网 IP 地址。

14.2.7 NAPT 的基本配置命令

1. 在端口配置模式下，指定与内部网络相连的内部端口

```
Router(config)# interface type number              //选择端口，进入端口配置模式
Router(config-if)#ip address ip-address netmask    //配置端口 IP 地址
Router(config-if)#ip nat inside                    //设置端口属性为内部端口
```

2. 在端口配置模式下，指定与外部网络相连的外部端口

```
Router(config)# interface type number              //选择端口，进入端口配置模式
Router(config-if)#ip address ip-address netmask    //配置端口 IP 地址
Router(config-if)#ip nat outside                   //设置端口属性为外部端口
```

3. 在全局配置模式下，定义标准 IP ACL，以允许哪些内网地址可以进行地址转换

```
Router(config)#access-list 1-99 permit source source-wildcardmask
  //定义标准 IP ACL，编号范围为 1~99，source 代表允许转换的源地址，source-wildcardmask 代表源地址的通配符掩码
```

4. 在全局配置模式下，定义内网全局地址池

```
Router(config)#ip nat pool pool-name start-ip end-ip netmask netmask
  //pool-name 代表地址池名，start-ip 代表起始的全局 IP 地址，end-ip 代表结束的全局 IP 地址，netmask 代表子网掩码。如果只有一个内网全局 IP 地址，则 start-ip 和 end-ip 可以为同一个 IP 地址
```

5. 在全局配置模式下，在内网地址与内网全局地址间建立 NAPT

```
Router(config)# ip nat inside source list access-list-number pool pool-name overload
  //access-list-number 代表定义的标准 IP ACL 的编号，pool-name 代表地址池名，overload 代表进行 NAPT
```

6. 查看 NAPT 表内容

```
Router#show ip nat translations              //查看 NAPT 表内容
```

7. 清除 NAPT 表内容

```
Router# clear ip nat translation             //清空 NAPT 表内容
```

操作示例：如图 14.5 所示，有多台主机需要访问 Internet 上的 Web 服务器。公司申请的公网 IP 地址为 200.200.200.1/30，现在要求在内网路由器 R1 上配置 NAPT 功能，以实现公司内网主机访问 Internet。

分析：若要使内网多台主机能够访问 Internet 上的 Web 服务器，则需要使用地址转换技术。现在公司只申请到一个公网 IP 地址（200.200.200.1/30）。根据公司的实际情况，可以使用 NAPT 技术实现内网多台主机使用同一个 IP 地址访问 Internet 上的 Web 服务器。

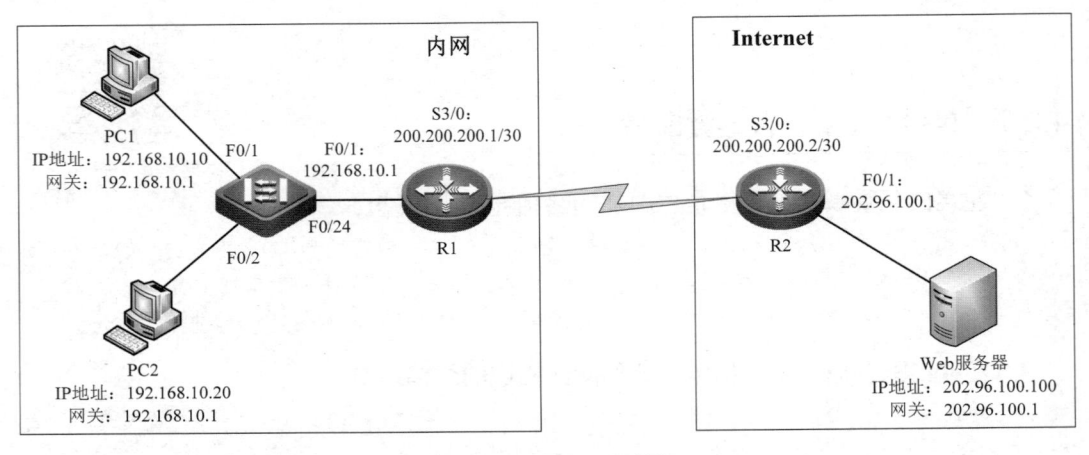

图 14.5　NAPT 示例图

（1）在 R1 上执行如下命令。

```
Router>enable
Router#config t
Router (config)#hostname R1
R1(config)#interface fastEthernet 0/1
R1(config-if)#ip address 192.168.10.1 255.255.255.0
R1(config-if)#no shutdown
R1(config-if)#ip nat inside                //指定 F0/1 端口为内部端口
R1(config-if)#exit
R1(config)#int serial 3/0
R1(config-if)#ip address 200.200.200.1 255.255.255.252
R1(config-if)#clock rate 64000
R1(config-if)#no shutdown
R1(config-if)#ip nat outside               //指定 S3/0 端口为外部端口
R1(config-if)#exit
R1(config)#access-list 1 permit 192.168.10.0 0.0.0.255
```
//定义标准 IP ACL，指定需要转换的内部网段为 192.168.10.0/24，0.0.0.255 为通配符掩码，不是子网掩码
```
R1(config)#ip nat pool sxvtc 200.200.200.1 200.200.200.1 netmask 255.255.255.252
```
//定义用于转换的全局地址，sxvtc 为地址池名。因为公司只有一个 IP 地址 200.200.200.1/30，所以起始地址和结束地址都为 200.200.200.1。注意关键字 netmask 后面是子网掩码，而不是通配符掩码
```
R1(config)# ip nat inside source list 1 pool sxvtc overload
```
//将内部网络 192.168.10.0/24 通过 NAPT 转换为 200.200.200.1。list 1 代表定义的标准 IP ACL，它允许的范围为 192.168.10.0/24。sxvtc 为定义的地址池名，地址池只有一个 IP 地址为 200.200.200.1/30。关键字 overload 一定要写上，表示进行 NAPT。如果不写就会变成动态转换
```
R1(config)#ip route 0.0.0.0 0.0.0.0 200.200.200.2
```
//R1 为内网路由器，还需要配置一条默认路由，把内网所有的数据包转发给 Internet 上的路由器 R2，这里的 IP 地址 200.200.200.2 是 R2 与 R1 相连端口的 IP 地址

（2）在 R2 上执行如下命令。

```
Router>enable
Router#config t
```

```
Router (config)#hostname R2
R2(config)#interface fastEthernet 0/1
R2(config-if)#ip address 202.96.100.1 255.255.255.0
R2(config-if)#no shutdown
R2(config-if)#exit
R2(config)#int serial 3/0
R2(config-if)#ip address 200.200.200.2 255.255.255.252
R2(config-if)#no shut
R2(config-if)#end
```

配置 Internet 上的 Web 服务器的 IP 地址、网关和需要发布的网页；配置内网主机 PC1 和 PC2 上的 IP 地址和网关；PC1 和 PC2 通过在浏览器上输入 http://202.96.100.100 可以打开 Internet 上的 Web 服务器上发布的网页。

```
R1#show ip nat translations      //在 R1 上查看 NAPT 情况
Pro   Inside global          Inside local         Outside local         Outside global
tcp   200.200.200.1:1239     192.168.10.10:1239   202.96.100.100:80     202.96.100.100:80
tcp   200.200.200.1:1292     192.168.10.20:1292   202.96.100.100:80     202.96.100.100:80
```

【科技创新】

IPv6：让万物互联成为可能

在数字化时代，网络已如空气和水一样，成为人们生活中不可或缺的一部分。当我们享受着便捷的在线购物、流畅的高清视频播放及随时随地的社交互动时，或许未曾深思这背后的网络技术正在悄然发生着巨大的变革。从 IPv4 的快速发展，到 IPv6 的使用在全球范围内迅速增加。作为下一代互联网的基础，IPv6 作为数字经济底座，是互联网升级演进的方向和网络技术创新的方向，从数字政府、数字社会、数字经济、数字生态多个方面，支撑数字中国的建设。

IPv6（Internet Protocol Version 6）即互联网协议第六版，是由国际标准组织 IETF（互联网工程任务组）设计的用于替换现行版本 IPv4 的下一代互联网协议，其最大优势是解决了 IPv4 网络地址资源不足的问题（IPv4 共有 43 亿个 IP 地址）。采用 IPv6，理论上可以为地球上的每粒沙子都分配一个 IP 地址，使得万物互联成为可能。

从国内来看，我国是互联网大国，用户规模、网络规模居于世界首位，但由于历史原因，我国互联网地址资源非常短缺（人均只有 0.496 个），随着"互联网+"、物联网和工业互联网等领域的深入发展，地址需求量将会呈现爆发式增长，地址短缺问题会严重影响我国互联网长期可持续发展。

早在 2017 年，中共中央办公厅、国务院办公厅就联合发布了《推进互联网协议第六版（IPv6）规模部署行动计划》，明确了我国 IPv6 发展的总体目标和任务。2021 年，中央网信办启动了 IPv6 试点城市建设，选择了一批具有代表性的城市进行试点，通过政策引导、技术支持、资金扶持等手段，推动 IPv6 在这些城市先行先试。2023 年，工信部启动了 IPv6 大赛，旨在通过竞赛的形式，发现和培育更多的 IPv6 技术人才，激发全社会对 IPv6 的关注和投入。通过这些措施，国家不仅在政策上给予了 IPv6 大力支持，还在技术和人才培养上提供了全方位保障。

　　IPv6 的发展对国家而言具有极其重要的战略意义。从宏观层面来看，IPv6 的广泛应用是我国建设网络强国的重要基础。随着数字经济的蓬勃发展，互联网已经成为推动经济增长、创新发展的关键力量。在各个领域，IPv6 也展现出了广阔的应用前景。在智能制造领域，基于 IPv6 的工业互联网能够实现设备间的高效通信和协同工作，提高生产效率和质量。在智能交通领域，IPv6 可以为车辆、道路设施等提供稳定的网络连接，实现智能驾驶和交通管理的优化。在医疗健康领域，IPv6 能够支持远程医疗、医疗物联网等应用，提升医疗服务的可及性和质量。

　　在国家重点推进 IPv6 规模部署的过程中，我国的互联网应用、网络基础设施、应用基础设施、网络安全等相关产业必将获得快速发展，进而推动我国互联网承载能力和服务水平的显著提升，从而更好地融入国际互联网，共享全球发展成果，有效支撑经济社会的发展。

14.3　项目实施

微课：NAT 功能示例

　　某公司设置了员工部、行政部和网管中心等部门。公司网络拓扑结构图如图 14.6 所示。其中，PC1 属于员工部的主机，连接在三层交换机 SW3 的 F0/1 端口上，PC2 属于行政部的主机，连接在 SW3 的 F0/2 端口上，网管中心的内网 Web 服务器连接在 SW3 的 F0/3 端口上。SW3 上划分了 VLAN，PC1 属于 VLAN 10，PC2 属于 VLAN 20，内网 Web 服务器属于 VLAN 30。SW3 通过 F0/24 端口连接内网路由器 R1 的 F0/1 端口。R1 与外网路由器 R2 通过 S3/0 端口相互连接。R2 的 F0/0 端口连接外网 Web 服务器，F0/1 端口连接外网的测试主机 PC3。

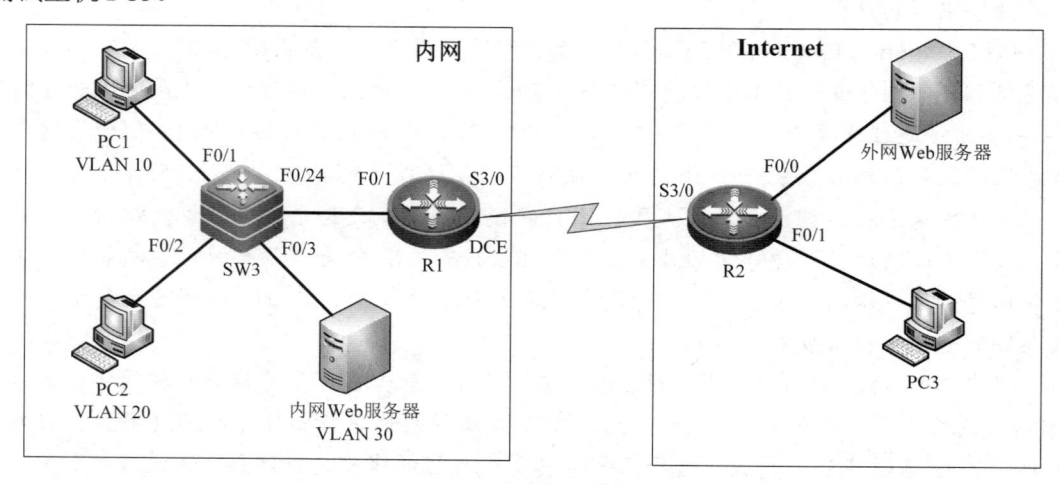

图 14.6　公司网络拓扑结构图

为了对外宣传公司的产品，内网 Web 服务器需要发布到 Internet 上，使 PC3 可以访问公司网站。同时内网主机可以访问外网 Web 服务器。目前，公司只申请到了一个公网 IP 地址。IP 地址规划表如表 14.1 所示。现要求配置路由器的 NAT 和 NAPT 功能来满足公司对网络应用的要求。

表 14.1　IP 地址规划表

设备名称	IP 地址	子网掩码	网关
R1 的 F0/1	192.168.100.1	255.255.255.0	—
R1 的 S3/0	220.166.100.1	255.255.255.252	—
SW3 的 F0/24	192.168.100.2	255.255.255.0	—
SW3 的 SVI VLAN 10	192.168.10.1	255.255.255.0	—
SW3 的 SVI VLAN 20	192.168.20.1	255.255.255.0	—
SW3 的 SVI VLAN 30	192.168.30.1	255.255.255.0	—
R2 的 F0/0	100.100.100.1	255.255.255.0	—
R2 的 F0/1	200.200.200.1	255.255.255.0	—
R2 的 S3/0	220.166.100.2	255.255.255.252	—
PC1	192.168.10.10	255.255.255.0	192.168.10.1
PC2	192.168.20.20	255.255.255.0	192.168.20.1
PC3	200.200.200.200	255.255.255.0	200.200.200.1
内网 Web 服务器	192.168.30.254	255.255.255.0	192.168.30.1
外网 Web 服务器	100.100.100.100	255.255.255.0	100.100.100.1

任务目标

1．在三层交换机 SW3 上创建 VLAN，并将相应的端口加入 VLAN。
2．在三层交换机 SW3 上对 SVI 和 F0/24 端口配置 IP 地址。
3．在内网路由器 R1 和外网路由器 R2 上配置端口 IP 地址。
4．在三层交换机 SW3 上配置一条默认路由，将所有的数据包发送给 R1 的 F0/1 端口。
5．在内网路由器 R1 上配置静态路由和默认路由。
6．在内网路由器 R1 上设置内部端口和外部端口。
7．在内网路由器 R1 上设置静态转换，将内网 Web 服务器发布到 Internet 上。
8．在内网路由器 R1 上设置 NAPT，使内网主机可以访问 Internet。
9．创建内网 Web 服务器和外网 Web 服务器，并制作网页。
10．在 PC1、PC2、PC3、内网 Web 服务器、外网 Web 服务器上配置 IP 地址和网关。
11．在内网主机 PC1 和 PC2 的浏览器中输入 http://100.100.100.100 访问外网 Web 服务器，在外网的测试主机 PC3 的浏览器上输入 http://220.166.100.1 访问内网 Web 服务器。

具体实施步骤

步骤 1：在三层交换机 SW3 上创建 VLAN，并将相应的端口加入 VLAN。

```
Switch>enable
Switch#config t
Switch(config)#hostname SW3
SW3(config)#vlan 10                              //创建 VLAN 10
```

```
SW3(config-vlan)#exit
SW3(config)#vlan 20                                  //创建 VLAN 20
SW3(config-vlan)#exit
SW3(config)#vlan 30                                  //创建 VLAN 30
SW3(config-vlan)#exit
SW3(config)#int f0/1
SW3(config-if)#switchport access vlan 10             //将 F0/1 端口加入 VLAN 10
SW3(config-if)#exit
SW3(config)#int f0/2
SW3(config-if)#switchport access vlan 20             //将 F0/2 端口加入 VLAN 20
SW3(config-if)#exit
SW3(config)#int f0/3
SW3(config-if)#switchport access vlan 30             //将 F0/3 端口加入 VLAN 30
SW3(config-if)#exit
```

步骤 2：在三层交换机 **SW3** 上，对 **SVI** 和 **F0/24** 端口配置 **IP** 地址。

```
SW3(config)#int vlan 10
SW3(config-if)#ip address 192.168.10.1 255.255.255.0
SW3(config-if)#exit
SW3(config)#int vlan 20
SW3(config-if)#ip address 192.168.20.1 255.255.255.0
SW3(config-if)#exit
SW3(config)#int vlan 30
SW3(config-if)#ip address 192.168.30.1 255.255.255.0
SW3(config-if)#exit
SW3(config)#int fastEthernet 0/24
SW3(config-if)#no switchport                         //关闭交换模式
SW3(config-if)#ip address 192.168.100.2 255.255.255.0
SW3(config-if)#no shutdown
SW3(config-if)#end
SW3#show ip int b                                    //查看 SW3 的 IP 地址配置信息
Interface              IP-Address(Pri)      OK?     Status
FastEthernet 0/24      192.168.100.2/24     YES     UP
VLAN 10                192.168.10.1/24      YES     UP
VLAN 20                192.168.20.1/24      YES     UP
VLAN 30                192.168.30.1/24      YES     UP
```

步骤 3：在内网路由器 **R1** 和外网路由器 **R2** 上配置端口 **IP** 地址。

在内网路由器 R1 上执行如下命令。

```
Router>enable
Router#config t
Router(config)#hostname R1
R1(config)#int fastEthernet 0/1
R1(config-if)#ip address 192.168.100.1 255.255.255.0
R1(config-if)#no shutdown                            //开启端口
R1(config-if)#exit
R1(config)#int s3/0
```

```
R1(config-if)#ip address 220.166.100.1 255.255.255.252
R1(config-if)#clock rate 64000                //S3/0 端口为 DCE 端，设置时钟频率
R1(config-if)#no shutdown
R1(config-if)#end
R1#show ip int b                              //查看 R1 上的 IP 地址配置信息
Interface              IP-Address(Pri)        OK?        Status
Serial 3/0             220.166.100.1/30       YES        UP
FastEthernet 0/0       no address             YES        DOWN
FastEthernet 0/1       192.168.100.1/24       YES        UP
```

在外网路由器 R2 上执行如下命令。

```
Router>enable
Router#config t
Router(config)#hostname R2
R2(config)#int s3/0
R2(config-if)#ip address 220.166.100.2 255.255.255.252
R2(config-if)#no shutdown
R2(config-if)#exit
R2(config)#int f0/0
R2(config-if)#ip address 100.100.100.1 255.255.255.0
R2(config-if)#no shutdown
R2(config-if)#exit
R2(config)#int f0/1
R2(config-if)#ip address 200.200.200.1 255.255.255.0
R2(config-if)#no shut
R2(config-if)#end
R2#show ip int b                              //查看 R2 上的 IP 地址配置信息
Interface              IP-Address(Pri)        OK?        Status
Serial 3/0             220.166.100.2/30       YES        UP
Serial 4/0             no address             YES        DOWN
FastEthernet 0/0       100.100.100.1/24       YES        UP
FastEthernet 0/1       200.200.200.1/24       YES        UP
```

步骤 4：在三层交换机 SW3 上配置一条默认路由，将所有的数据包发送到 **R1** 的 **F0/1** 端口上。

```
SW3#config t
SW3(config)#ip route 0.0.0.0 0.0.0.0 192.168.100.1
SW3(config)#exit
SW3#show ip route                             //查看 SW3 的路由表
Codes:  C - connected, S - static, R - RIP B - BGP
        O - OSPF, IA - OSPF inter area
        N1 - OSPF NSSA external type 1, N2 - OSPF NSSA external type 2
        E1 - OSPF external type 1, E2 - OSPF external type 2
        i - IS-IS, su - IS-IS summary, L1 - IS-IS level-1, L2 - IS-IS level-2
        ia - IS-IS inter area, * - candidate default
Gateway of last resort is 192.168.100.1 to network 0.0.0.0
S*      0.0.0.0/0 [1/0] via 192.168.100.1            //路由表中已经有这条默认路由
```

```
C    192.168.10.0/24 is directly connected, VLAN 10
C    192.168.10.1/32 is local host.
C    192.168.20.0/24 is directly connected, VLAN 20
C    192.168.20.1/32 is local host.
C    192.168.30.0/24 is directly connected, VLAN 30
C    192.168.30.1/32 is local host.
C    192.168.100.0/24 is directly connected, FastEthernet 0/24
C    192.168.100.2/32 is local host.
```

步骤 5：在内网路由器 **R1** 上配置静态路由和默认路由。

分析：R1 到达内网 192.168.10.0/24、192.168.20.0/24、192.168.30.0/24 的数据包需要通过 SW3 的 F0/24 端口（192.168.100.2）处理；R1 到达其他网络的数据包默认发送给 R2 的 S3/0 端口处理，所以需要配置静态路由和默认路由。

```
R1#config t
R1(config)#ip route 192.168.10.0 255.255.255.0 192.168.100.2
R1(config)#ip route 192.168.20.0 255.255.255.0 192.168.100.2
R1(config)#ip route 192.168.30.0 255.255.255.0 192.168.100.2
R1(config)#ip route 0.0.0.0 0.0.0.0 220.166.100.2
R1#show ip route                              //查看 R1 的路由表
Codes: C - connected, S - static, R - RIP, B - BGP
       O - OSPF, IA - OSPF inter area
       N1 - OSPF NSSA external type 1, N2 - OSPF NSSA external type 2
       E1 - OSPF external type 1, E2 - OSPF external type 2
       i - IS-IS, su - IS-IS summary, L1 - IS-IS level-1, L2 - IS-IS level-2
       ia - IS-IS inter area, * - candidate default
Gateway of last resort is 220.166.100.2 to network 0.0.0.0
S*   0.0.0.0/0 [1/0] via 220.166.100.2         //路由表中已经有这条默认路由
S    192.168.10.0/24 [1/0] via 192.168.100.2   //路由表有到内网的 3 条静态路由
S    192.168.20.0/24 [1/0] via 192.168.100.2
S    192.168.30.0/24 [1/0] via 192.168.100.2
C    192.168.100.0/24 is directly connected, FastEthernet 0/1
C    192.168.100.1/32 is local host.
C    220.166.100.0/30 is directly connected, Serial 3/0
C    220.166.100.1/32 is local host.
```

步骤 6：在内网路由器 **R1** 上设置内部端口和外部端口。

```
R1#config t
R1(config)#int fastEthernet 0/1
R1(config-if)#ip nat inside                   //指定 R1 的 F0/1 端口为内部端口
R1(config-if)#exit
R1(config)#int s3/0
R1(config-if)#ip nat outside                  //指定 R1 的 S3/0 端口为外部端口
R1(config-if)#exit
```

步骤 7：在内网路由器 **R1** 上设置静态转换，将内网 **Web** 服务器发布到 **Internet** 上。

```
R1(config)# ip nat inside source static 192.168.30.254 220.166.100.1
//将内网 Web 服务器的 IP 地址 192.168.30.254 转换为公司申请到的公网 IP 地址 220.166.100.1
```

步骤 8：在内网路由器 **R1** 上设置 **NAPT**，使内网主机可以访问 **Internet**。

分析：因为内网主机属于两个不同的网段，所以在定义 ACL 时，要把允许的这两个网段都定义出来。由于公司只申请到了一个公网 IP 地址，因此地址池中的起始 IP 地址和结束 IP 地址都是 220.166.100.1。

```
R1(config)#access-list 1 permit 192.168.10.0 0.0.0.255
R1(config)#access-list 1 permit 192.168.20.0 0.0.0.255
R1(config)#ip nat pool sxvtc 220.166.100.1 220.166.100.1 netmask 255.255.255.252
R1(config)#ip nat inside source list 1 pool sxvtc overload
```

步骤 9：创建内网 Web 服务器和外网 Web 服务器，并制作网页。

在 IIS 服务器上创建内网网站，"网站名称"为"lan server"，绑定的"IP 地址"为"192.168.30.254"，如图 14.7 所示。

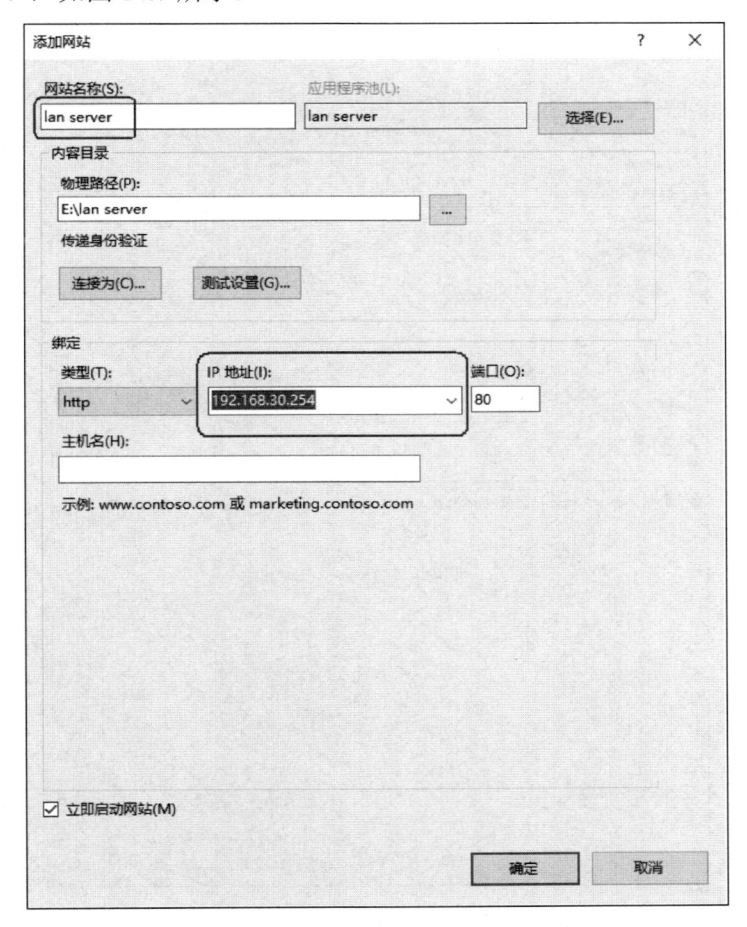

图 14.7　创建内网网站

制作内网 Web 服务器网页，在网站物理路径"E:\lan server"下新建记事本，在记事本中键入如图 14.8 所示的内容，保存并退出后，将文件名称修改为"index.html"。

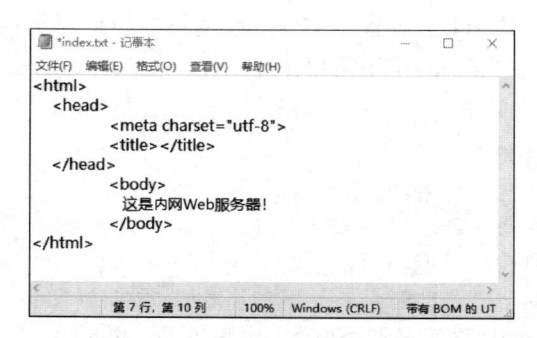

图 14.8 制作内网 Web 服务器网页

在 IIS 服务器上创建外网网站,"网站名称"为"wan server",绑定的"IP 地址"为"100.100.100.100",如图 14.9 所示。

图 14.9 创建外网网站

制作外网 Web 服务器网页,在网站物理路径"E:\wan server"下新建记事本,在记事本中键入如图 14.10 所示的内容,保存并退出后,将文件名称修改为"index.html"。

步骤 10:在内网主机 **PC1**、**PC2**、**PC3**、内网 Web 服务器、外网 Web 服务器上配置 **IP** 地址和网关(见图 14.11~图 14.15)。

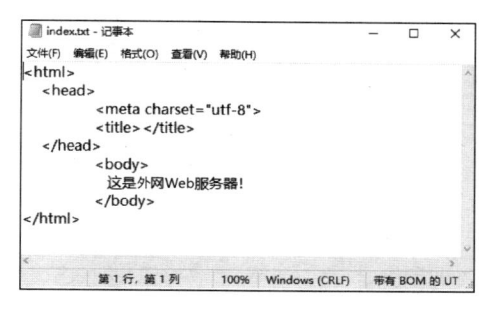

项目 14　网络地址转换实现内外网通信

图 14.10　制作外网 Web 服务器网页

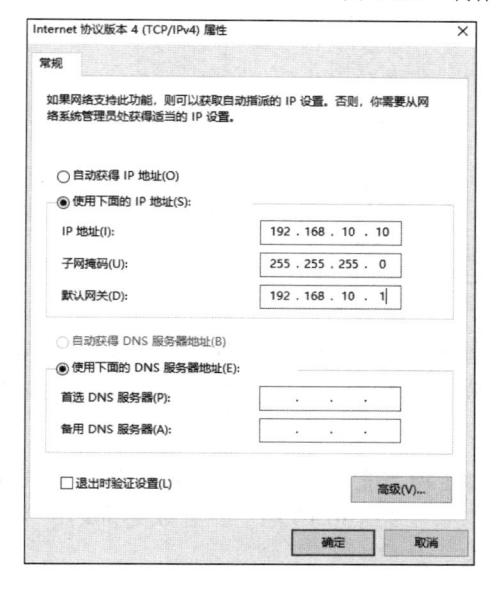

图 14.11　PC1 配置 IP 地址

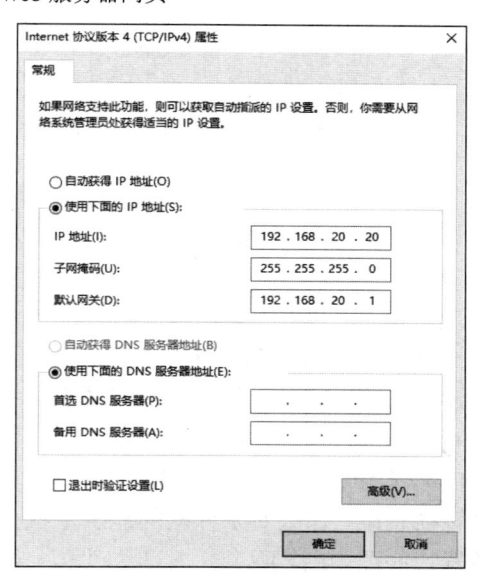

图 14.12　PC2 配置 IP 地址

图 14.13　PC3 配置 IP 地址

图 14.14　内网 Web 服务器配置 IP 地址

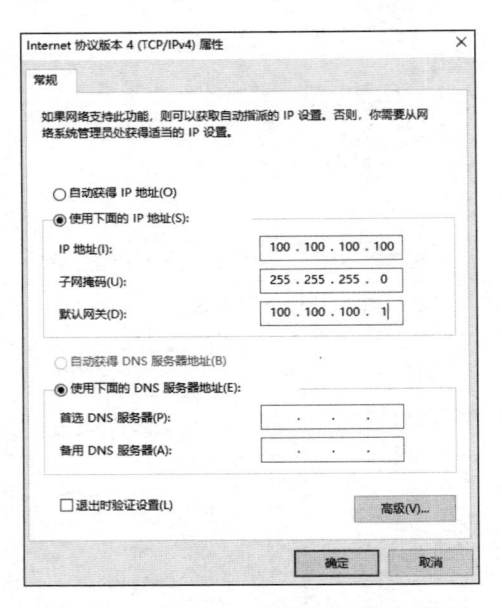

图 14.15　外网 Web 服务器配置 IP 地址

步骤 11：在内网主机 **PC1** 和 **PC2** 的浏览器中输入 **http://100.100.100.100** 访问外网 Web 服务器（见图 **14.16**），在外网的测试主机 **PC3** 的浏览器中输入 **http://220.166.100.1** 访问内网 Web 服务器。

内网 Web 服务器经过 NAT，IP 地址由 192.168.30.254 转换为 220.166.100.1，如果 IP 地址转换正确，那么对于外网的测试主机，只要输入"220.166.100.1"就可以访问内网 Web 服务器，如图 14.17 所示。

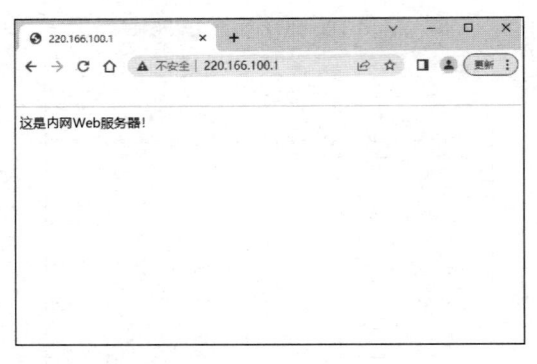

图 14.16　PC1 和 PC2 访问外网 Web 服务器　　图 14.17　PC3 访问内网 Web 服务器

在路由器 R1 上通过 show ip nat translations 命令可以查看 NAT 表。

```
R1#show ip nat translations    //在R1上查看NAT表
Pro    Inside global        Inside local         Outside local        Outside global
tcp    220.166.100.1:1424   192.168.10.10:1424   100.100.100.100:80   100.100.100.100:80
tcp    220.166.100.1:1479   192.168.20.20:1479   100.100.100.100:80   100.100.100.100:80
tcp    220.166.100.1:80     192.168.30.254:80    200.200.200.200:1267 200.200.200.200:1267
```

注意事项

1．不要把内部端口和外部端口弄错。
2．要根据拓扑结构的情况配置静态路由和默认路由。
3．测试时要关闭 Windows 操作系统自带的防火墙。

14.4 项目拓展

某公司设置了员工部、经理部和网管中心等部门。公司网络拓扑结构图如图 14.18 所示。其中，PC1 属于员工部的主机，连接在三层交换机 SW3 的 F0/5 端口上，PC2 属于经理部的主机，连接在 SW3 的 F0/10 端口上，网管中心的内网 Web 服务器连接在 SW3 的 F0/15 端口上。SW3 上划分了 VLAN，PC1 属于 VLAN 100，PC2 属于 VLAN 200，内网 Web 服务器属于 VLAN 300。SW3 通过 F0/1 端口连接内网路由器 R1 的 F0/1 端口。R1 与外网路由器 R2 通过 S3/0 端口相互连接。R2 的 F0/0 端口连接外网 Web 服务器，F0/1 端口连接外网的测试主机 PC3。

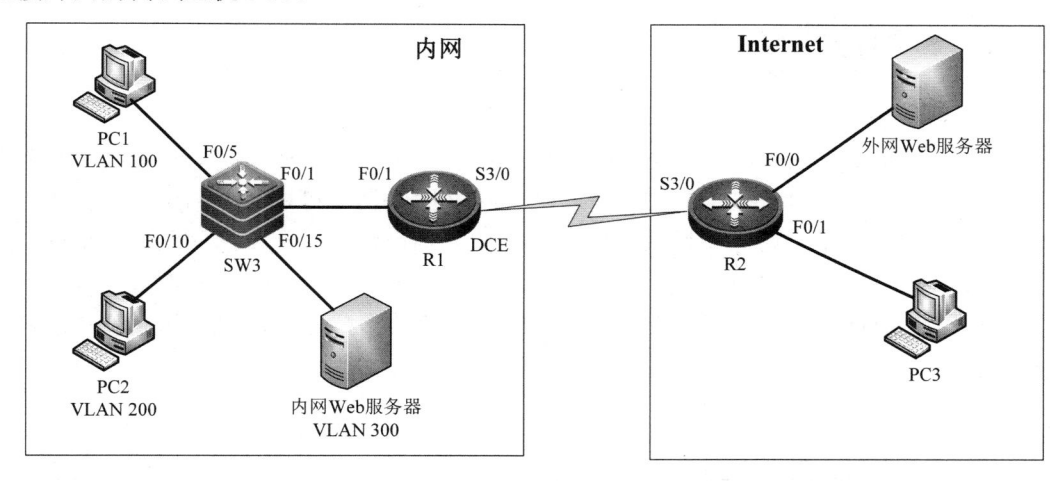

图 14.18 公司网络拓扑结构图

为了提高安全性，R1 的 S3/0 端口和 R2 的 S3/0 端口开启 CHAP 认证，密码为 aabbcc。SW3 配置 DHCP 服务为 PC1 自动分配 IP 地址。SW3 和 R1 使用静态路由和默认路由实现内网的互通。

为了对外宣传公司的产品，公司申请到了一个公网 IP 地址，要求将内网 Web 服务器发布到 Internet 上，使 PC3 可以访问公司网站。配置 NAPT 功能，使得 PC1 和 PC2 可以访问外网 Web 服务器。

在 SW3 上配置扩展 IP ACL，要求 PC1 可以与外网 Web 服务器互通，但是无法访问 Web 服务，而 PC2 既可以与外网 Web 服务器互通，又可以访问 Web 服务。IP 地址规划表如表 14.2 所示。

表 14.2　IP 地址规划表

设备名称	IP 地址	子网掩码	网关
R1 的 F0/1	192.168.1.1	255.255.255.0	—
R1 的 S3/0	66.66.66.1	255.255.255.252	—
SW3 的 F0/1	192.168.1.2	255.255.255.0	—
SW3 的 SVI 100	192.168.10.1	255.255.255.0	—
SW3 的 SVI 200	192.168.20.1	255.255.255.0	—
SW3 的 SVI 300	192.168.30.1	255.255.255.0	—
R2 的 F0/0	77.77.77.1	255.255.255.0	—
R2 的 F0/1	88.88.88.1	255.255.255.0	—
R2 的 S3/0	66.66.66.2	255.255.255.252	—
PC1	自动获取	自动获取	自动获取
PC2	192.168.20.20	255.255.255.0	192.168.20.1
PC3	88.88.88.88	255.255.255.0	88.88.88.1
内网 Web 服务器	192.168.30.254	255.255.255.0	192.168.30.1
外网 Web 服务器	77.77.77.77	255.255.255.0	77.77.77.1

14.5　项目小结

　　静态转换将内部本地地址与内部全局地址进行一对一的转换，且需要指定与哪个合法地址进行转换。如果内网有 WWW 服务器或 FTP 服务器等可以为外网用户提供服务，则这些服务器的 IP 地址必须采用静态转换，以便外网用户可以使用这些服务。NAPT 首先是一种动态转换，但是它可以允许多个内部本地地址公用一个内部合法地址。若只申请到少量公网 IP 地址，但经常同时有多于合法地址数量的用户需要访问外网，则必须使用 NAPT 技术。

14.6　思考与练习

（一）选择题

1．下列哪一项不是私网预留出的三类 IP 地址？（　　）

　　A．192.168.0.0～192.168.255.255

　　B．172.16.0.0～172.31.255.255

　　C．10.0.0.0～10.255.255.255

　　D．1.0.0.0～1.1.255.255

2．内网用户在什么情况下需要配置静态转换？（　　）

　　A．需要向外网提供信息服务的主机

　　B．内部主机数量多于全局 IP 地址数量

　　C．有足够的已注册的公网 IP 地址

　　D．以上都是

3．下列哪项不是 NAT 的实现方式？（　　）

　　A．OSPF 和 BGP 结合　　　　　B．静态转换

　　C．动态转换　　　　　　　　　D．NAPT

4．在配置完 NAPT 后，发现有些内网地址始终可以 ping 通外网，有些则始终不能，可能的原因有（　　）。

　　A．ACL 设置不正确　　　　　　B．NAT 配置没有生效

　　C．NAT 设备性能不足　　　　　D．NAT 的地址池只有一个地址

5．以下哪项不是 NAT/NAPT 带来的好处。（　　）

　　A．解决地址空间不足的问题

　　B．注册 IP 地址网络与公网互联

　　C．私有 IP 地址网络与公网互联

　　D．网络改造中，避免更改地址带来的风险

6．在端口配置模式下，（　　）命令用于设置端口属性为内部端口。

　　A．ip nat outside　　　　　　　B．ip nat outsade

　　C．ip nat inside　　　　　　　　D．ip nat insade

（二）填空题

1．NAT 有_____、_____和_____三种类型。

2．NAT 表中有_____、_____、_____、_____四种地址。

3．NAPT 将_____与_____转换。

4．用_____命令可以查看 NAT 的转换状态。

（三）问答题

1．什么是 NAT？一般在什么情况下使用？

2. 什么是 NAPT？一般在什么情况下使用？

3. 简述 NAT 的优点和缺点。

项目 15

企业网络的构建与调试

学习目标

知识目标

- 了解企业网络构建的基本流程。
- 理解企业网络的基础条件和建设需求。
- 理解企业网络的建设目标。

能力目标

- 掌握企业网络的配置方法及应用。
- 学会对中小型企业网络进行搭建和配置。
- 能够对中小型企业网络进行排错和运维。

素质目标

- 培养学生良好的学习态度和学习习惯。
- 培养学生的团队合作精神和发现问题、解决问题的能力。
- 通过"提升数字素养,点亮智慧生活"的思政案例,引导学生将个人成长与社会发展相结合,培养学生的法治意识、批判性思维、网络文明素养、社会责任感等综合素质。

15.1 项目背景

某企业网络的拓扑结构图如图 15.1 所示。其中，接入层采用二层交换机 SW2_A，汇聚和核心层采用三层交换机 SW3，网络边缘采用内网路由器 R1，用于连接外网路由器 R2，R2 连接二层交换机 SW2_B。

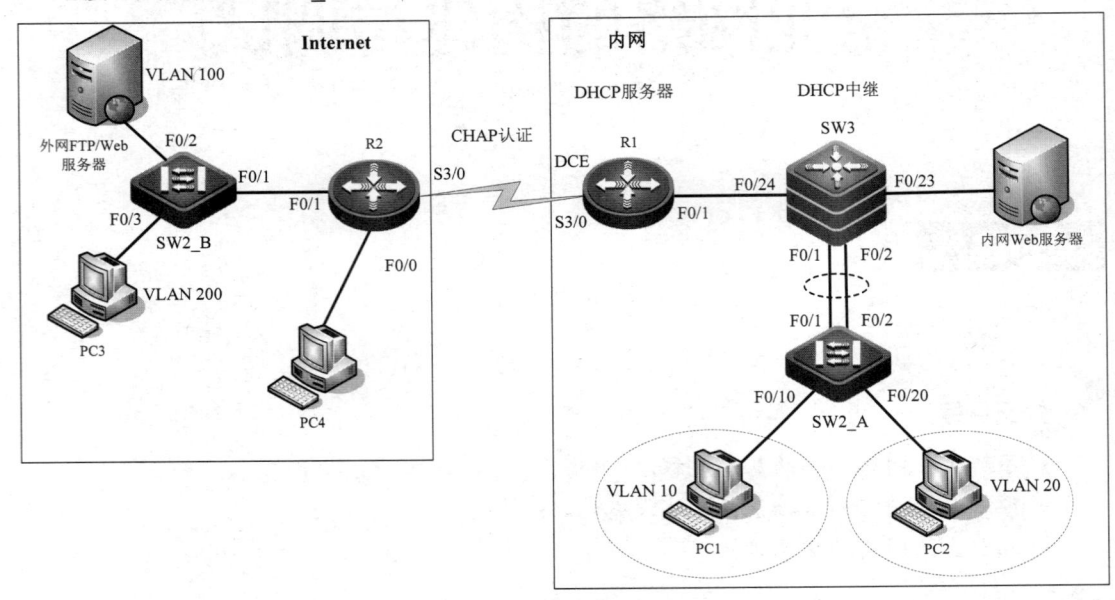

图 15.1 某企业网络的拓扑结构图

为了提高交换机的传输带宽，并实现链路的冗余备份，SW2_A 与 SW3 间使用两条链路相连。PC1 和 SW2_A 的 F0/10 端口相连，PC1 属于 VLAN 10，PC2 和 SW2_A 的 F0/20 端口相连，PC2 属于 VLAN 20。SW3 使用具有三层特性的 F0/24 端口与 R1 的 F0/1 端口相连，SW3 的 F0/23 端口连接内网 Web 服务器。R1 与 R2 使用 S3/0 端口相连，其中 R1 的 S3/0 端口为 DCE 端。R2 的 F0/0 端口连接外网的测试主机 PC4，R2 的 F0/1 端口连接 SW2_B 的 F0/1 端口。SW2_B 的 F0/2 端口连接外网 FTP/Web 服务器，F0/3 端口连接外网的测试主机 PC3。在 R1 上设置 NAT 与 PAT，将内网 Web 服务器发布到 Internet 上，PC1 和 PC2 可以访问外网 FTP/Web 服务器。PC3、PC4 可以访问内网 Web 服务器和外网 FTP/Web 服务器。

对该企业网络的功能要求说明如下。

（1）在 R1 上配置 DHCP 服务器，要求 PC1 能够自动获取 IP 地址。

（2）为了实现网络资源的共享，要求 PC1 和 PC2 能够相互通信。PC1 能够访问外网 FTP/Web 服务器，进行外网网站的浏览、文件的上传和下载，同时可以访问内网 Web 服务器，浏览公司网站。

（3）PC2 可以访问内网 Web 服务器和外网 FTP 服务器，能够进行文件的上传和下载，但是不可以访问外网 Web 服务器。

（4）PC3 和 PC4 既可以访问外网 FTP/Web 服务器，又可以进行文件的上传和下载，还可以访问内网 Web 服务器。

IP 地址规划表如表 15.1 所示。

表 15.1　IP 地址规划表

设备名称	IP 地址	子网掩码	网关
SW3 SVI 10	192.168.10.254	255.255.255.0	—
SW3 SVI 20	192.168.20.254	255.255.255.0	—
SW3 的 F0/23	192.168.30.254	255.255.255.0	—
SW3 的 F0/24	172.16.1.1	255.255.255.0	—
R1 的 F0/1	172.16.1.2	255.255.255.0	—
R1 的 S3/0	66.66.66.1	255.255.255.0	—
R2 的 S3/0	66.66.66.2	255.255.255.0	—
R2 的 F0/1.100	200.96.10.1	255.255.255.0	—
R2 的 F0/1.200	200.96.20.1	255.255.255.0	—
R2 的 F0/0	111.111.111.1	255.255.255.0	—
外网 FTP/Web 服务器	200.96.10.10	255.255.255.0	200.96.10.1
PC3	200.96.20.20	255.255.255.0	200.96.20.1
内网 Web 服务器	192.168.30.30	255.255.255.0	192.168.30.254
PC1	自动获取	自动获取	自动获取
PC2	192.168.20.20	255.255.255.0	192.168.20.254
PC4	111.111.111.111	255.255.255.0	111.111.111.1

任务目标

1．在二层交换机 SW2_A 上创建 VLAN，并将相应端口加入 VLAN。

2．在二层交换机 SW2_A 上创建聚合端口 1，并将 F0/1 和 F0/2 端口加入聚合端口 1。

3．在三层交换机 SW3 上创建聚合端口 1，并将 F0/1 和 F0/2 端口加入聚合端口 1。

4．在三层交换机 SW3 上创建 VLAN，并配置 SVI、F0/23 端口、F0/24 端口的 IP 地址。

5．在内网路由器 R1 上配置端口的 IP 地址和时钟频率。

6．在外网路由器 R2 上配置端口的 IP 地址，并配置单臂路由协议，实现 PC3 可以访问外网 FTP/Web 服务器。

7．在二层交换机 SW2_B 上创建 VLAN，并将相应端口加入 VLAN。

8．为 PC3 和 PC4 配置 IP 地址和网关，并测试 PC3 和 PC4 是否能够相互通信。

9．在三层交换机 SW3 上配置默认路由，将所有数据包发送给 R1 的 F0/1 端口。

10．在内网路由器 R1 上配置静态路由和默认路由。

11．在内网路由器 R1 上开启 DHCP 服务，配置分配 PC1 的网段和网关。

12．在 SW3 上配置 DHCP 中继，使 PC1 能够自动获取 IP 地址。

13．为 PC1 和 PC2 配置 IP 地址和网关，测试 PC1 和 PC2 是否能够相互通信。

14．为 R1 和 R2 配置 CHAP 认证，用户名为对方名称，密码为 123123。

15．在内网路由器 R1 上配置静态转换，将内网 Web 服务器发布到 Internet 上。

16．在内网路由器 R1 上配置 NAPT，使 PC1 和 PC2 可以访问外网 FTP/Web 服务器。

17．在内网路由器 R1 上使用 ACL，不允许 PC2 访问外网 Web 服务器，只允许访问内网 Web 服务器和外网 FTP 服务器。

18．在内网服务器上发布 Web 服务，在外网服务器上发布 FTP/Web 服务。

19．在 PC1 和 PC2 上测试访问内网 Web 服务器和外网 FTP/Web 服务器。

20．在 PC3 和 PC4 上测试访问内网 Web 服务器和外网 FTP/Web 服务器。

15.2 项目实施

具体实施步骤

步骤 1：在二层交换机 **SW2_A** 上创建 **VLAN**，并将相应端口加入 **VLAN**。

```
S2126_01>enable
S2126_01#config t
S2126_01(config)#hostname SW2_A              //将二层交换机命名为 SW2_A
SW2_A(config)#vlan 10
SW2_A(config-vlan)#exit
SW2_A(config)#vlan 20
SW2_A(config-vlan)#exit
SW2_A(config)#interface fastEthernet 0/10
SW2_A(config-if)#switchport access vlan 10   //将 F0/10 端口加入 VLAN 10
SW2_A(config-if)#exit
SW2_A(config)#interface fastEthernet 0/20
SW2_A(config-if)#switchport access vlan 20   //将 F0/20 端口加入 VLAN 20
SW2_A(config-if)#exit
```

步骤 2：在二层交换机 **SW2_A** 上创建聚合端口 **1**，并将 **F0/1** 和 **F0/2** 端口加入聚合端口 **1**。

```
SW2_A(config)#interface aggregatePort 1           //创建聚合端口 1
SW2_A(config-if)#switchport mode trunk            //将聚合端口 1 设置为 Trunk
SW2_A(config-if)#exit
SW2_A(config)#interface range fastEthernet 0/1-2
SW2_A(config-if-range)#port-group 1
//将 F0/1 和 F0/2 端口加入聚合端口 1
SW2_A(config-if-range)#end                        //直接返回特权模式
SW2_A#show vlan                                   //查看 SW2_A 的 VLAN 配置信息
```

```
VLAN   Name                  Status          Ports
---------------------------------------------------------------
  1    default               active          Fa0/1 ,Fa0/2 ,Fa0/3
                                              Fa0/4 ,Fa0/5 ,Fa0/6
                                              Fa0/7 ,Fa0/8 ,Fa0/9
                                              Fa0/11,Fa0/12,Fa0/13
                                              Fa0/14,Fa0/15,Fa0/16
                                              Fa0/17,Fa0/18,Fa0/19
                                              Fa0/21,Fa0/22,Fa0/23
                                              Fa0/24, Ag1
 10    VLAN0010              active          Fa0/10, Ag1
 20    VLAN0020              active          Fa0/20, Ag1
SW2_A#show aggregatePort 1 summary    //在 SW2_A 上查看聚合端口 1 的配置信息
AggregatePort     MaxPorts      SwitchPort     Mode       Ports
---------------------------------------------------------------
    Ag1              8           Enabled       Trunk    Fa0/1 , Fa0/2
```

步骤 3：在三层交换机 **SW3** 上创建聚合端口 **1**，并将 **F0/1** 和 **F0/2** 端口加入聚合端口 **1**。

```
S3760_01>enable
S3760_01#config t
S3760_01(config)#hostname SW3                        //将三层交换机命名为 SW3
SW3(config)#interface aggregateport 1                //创建聚合端口 1
SW3(config-if-AggregatePort 1)#switchport mode trunk
//将聚合端口 1 设置为 Trunk
SW3(config-if-AggregatePort 1)#exit
SW3(config)#interface range f0/1-2
SW3(config-if-range)#port-group 1
//将 F0/1 和 F0/2 端口加入聚合端口 1
SW3(config-if-range)#end
SW3#show aggregatePort 1 summary                     //在 SW3 上查看聚合端口 1 的配置信息
AggregatePort     MaxPorts      SwitchPort     Mode       Ports
---------------------------------------------------------------
    Ag1              8           Enabled       Trunk    Fa0/1 , Fa0/2
```

步骤 4：在三层交换机 **SW3** 上创建 **VLAN**，并配置 **SVI**、**F0/23** 端口、**F0/24** 端口的 **IP** 地址。

```
SW3#config t
SW3(config)#vlan 10
SW3(config-vlan)#exit
SW3(config)#vlan 20
SW3(config-vlan)#exit
SW3(config)#interface vlan 10                        //为 VLAN 10 配置 SVI 的 IP 地址
SW3(config-if-VLAN 10)#ip address 192.168.10.254 255.255.255.0
SW3(config-if-VLAN 10)#exit
SW3(config)#interface vlan 20                        //为 VLAN 20 配置 SVI 的 IP 地址
SW3(config-if-VLAN 20)#ip address 192.168.20.254 255.255.255.0
SW3(config-if-VLAN 20)#exit
```

```
SW3(config)#interface fastEthernet 0/23            //为F0/23端口配置IP地址
SW3(config-if-FastEthernet 0/23)#no switchport     //端口开启路由模式
SW3(config-if-FastEthernet 0/23)#ip address 192.168.30.254 255.255.255.0
SW3(config-if-FastEthernet 0/23)#no shutdown       //激活端口
SW3(config-if-FastEthernet 0/23)#exit
SW3(config)#interface fastEthernet 0/24            //为F0/24端口配置IP地址
SW3(config-if-FastEthernet 0/24)#no switchport     //端口开启路由模式
SW3(config-if-FastEthernet 0/24)#ip address 172.16.1.1 255.255.255.0
SW3(config-if-FastEthernet 0/24)#no shutdown       //激活端口
SW3(config-if-FastEthernet 0/24)#end
SW3#show vlan                                      //查看SW3的VLAN配置信息
VLAN   Name            Status       Ports
--------------------------------------------------------------------------------
1      VLAN0001        STATIC       Fa0/3, Fa0/4, Fa0/5,Fa0/6
                                    Fa0/7, Fa0/8 Fa0/9 Fa0/10
                                    Fa0/11, Fa0/12, Fa0/13, Fa0/14
                                    Fa0/15, Fa0/16, Fa0/17, Fa0/18
                                    Fa0/19, Fa0/20, Fa0/21, Fa0/22
                                    Gi0/25, Gi0/26, Gi0/27, Gi0/28
10     VLAN0010        STATIC       Ag1
20     VLAN0020        STATIC       Ag1
SW3#show ip interface brief                        //查看SW3的IP地址配置信息
Interface              IP-Address(Pri)     OK?     Status
FastEthernet 0/23      192.168.30.254/24   YES     UP
FastEthernet 0/24      172.16.1.1/24       YES     UP
VLAN 10                192.168.10.254/24   YES     UP
VLAN 20                192.168.20.254/24   YES     UP
```

步骤5：在内网路由器 **R1** 上配置端口的 **IP** 地址和时钟频率。

```
Ruijie>enable
Ruijie#config t
Ruijie(config)#hostname R1                         //将内网路由器命名为R1
R1(config)#interface fastEthernet 0/1              //为F0/1端口配置IP地址
R1(config-if-FastEthernet 0/1)#ip address 172.16.1.2 255.255.255.0
R1(config-if-FastEthernet 0/1)#no shutdown         //激活端口
R1(config-if-FastEthernet 0/1)#exit
R1(config)#int serial 3/0                          //为S3/0端口配置IP地址
R1(config-if-Serial 3/0)#ip address 66.66.66.1 255.255.255.0
R1(config-if-Serial 3/0)#clock rate 64000          //在DCE端设置时钟频率
R1(config-if-Serial 3/0)#no shutdown               //激活端口
R1(config-if-Serial 3/0)#end
R1#show ip int b                                   //查看R1的IP地址配置信息
Interface              IP-Address(Pri)     OK?     Status
Serial 3/0             66.66.66.1/24       YES     UP
FastEthernet 0/0       no address          YES     DOWN
FastEthernet 0/1       172.16.1.2/24       YES     UP
```

步骤 6：在外网路由器 **R2** 上配置端口的 **IP** 地址，并配置单臂路由协议，实现外网 **PC3** 访问外网 **FTP/Web** 服务器功能。

```
Ruijie>enable
Ruijie#config t
Ruijie(config)#hostname R2                              //将外网路由器命名为R2
R2(config)#int serial 3/0                               //为S3/0端口配置IP地址
R2(config-if-Serial 3/0)#ip address 66.66.66.2 255.255.255.0
R2(config-if-Serial 3/0)#no shutdown                    //激活端口
R2(config-if-Serial 3/0)#exit
R2(config)#interface fastEthernet 0/0                   //为F0/0端口配置IP地址
R2(config-if-FastEthernet 0/0)#ip address 111.111.111.1 255.255.255.0
R2(config-if-FastEthernet 0/0)#no shutdown              //激活端口
R2(config-if-FastEthernet 0/0)#exit
R2(config)#in fastEthernet 0/1                          //为F0/1端口配置IP地址
R2(config-if-FastEthernet 0/1)#no shutdown              //激活端口
R2(config-if-FastEthernet 0/1)#exit
R2(config)#interface fastEthernet 0/1.100               //创建F0/1.100子接口
R2(config-subif)#encapsulation dot1Q 100
//将子接口封装为802.1q，关联VLAN 100
R2(config-subif)#ip address 200.96.10.1 255.255.255.0
//为F0/1.100子接口配置IP地址
R2(config-subif)#no shutdown
R2(config-subif)#exit
R2(config)#interface fastEthernet 0/1.200               //创建F0/1.200子接口
R2(config-subif)#encapsulation dot1Q 200
//将子接口封装为802.1q，关联VLAN 200
R2(config-subif)#ip address 200.96.20.1 255.255.255.0
//为F0/1.200子接口配置IP地址
R2(config-subif)#no shutdown
R2(config-subif)#end
R2#show ip int b                                        //查看R2的IP地址配置信息
Interface                IP-Address(Pri)     OK?      Status
Serial 3/0               66.66.66.2/24       YES      UP
Serial 4/0               o address           YES      DOWN
FastEthernet 0/0         11.111.111.1/24     YES      UP
FastEthernet 0/1.200     200.96.20.1/24      YES      UP
FastEthernet 0/1.100     200.96.10.1/24      YES      UP
FastEthernet 0/1         no address          YES      DOWN
```

步骤 7：在二层交换机 **SW2_B** 上创建 **VLAN**，并将相应端口加入 **VLAN**。

```
S2126_02>en
S2126_02#config t
S2126_02(config)#hostname SW2_B                         //将二层交换机命名为SW2_B
SW2_B(config)#vlan 100                                  //创建VLAN 100
SW2_B(config-vlan)#exit
SW2_B(config)#vlan 200                                  //创建VLAN 200
```

```
SW2_B(config-vlan)#exit
SW2_B(config)#interface fastEthernet 0/2
SW2_B(config-if)#switchport access vlan 100      //将 F0/2 端口加入 VLAN 100
SW2_B(config-if)#exit
SW2_B(config)#interface fastEthernet 0/3
SW2_B(config-if)#switchport access vlan 200      //将 F0/3 端口加入 VLAN 200
SW2_B(config-if)#exit
SW2_B(config)#interface fastEthernet 0/1
SW2_B(config-if)#switchport mode trunk           //将 F0/1 端口设置为 Trunk
SW2_B(config-if)#end
SW2_B#show vlan                                   //查看 SW2_B 的 VLAN 配置信息
VLAN    Name                Status       Ports
---------------------------------------------------------------------------
1       default             active       Fa0/1 ,Fa0/4 ,Fa0/5
                                         Fa0/6 ,Fa0/7 ,Fa0/8
                                         Fa0/9 ,Fa0/10,Fa0/11
                                         Fa0/12,Fa0/13,Fa0/14
                                         Fa0/15,Fa0/16,Fa0/17
                                         Fa0/18,Fa0/19,Fa0/20
                                         Fa0/21,Fa0/22,Fa0/23
                                         Fa0/24
100     VLAN0100            active       Fa0/1 ,Fa0/2
200     VLAN0200            active       Fa0/1 ,Fa0/3
```

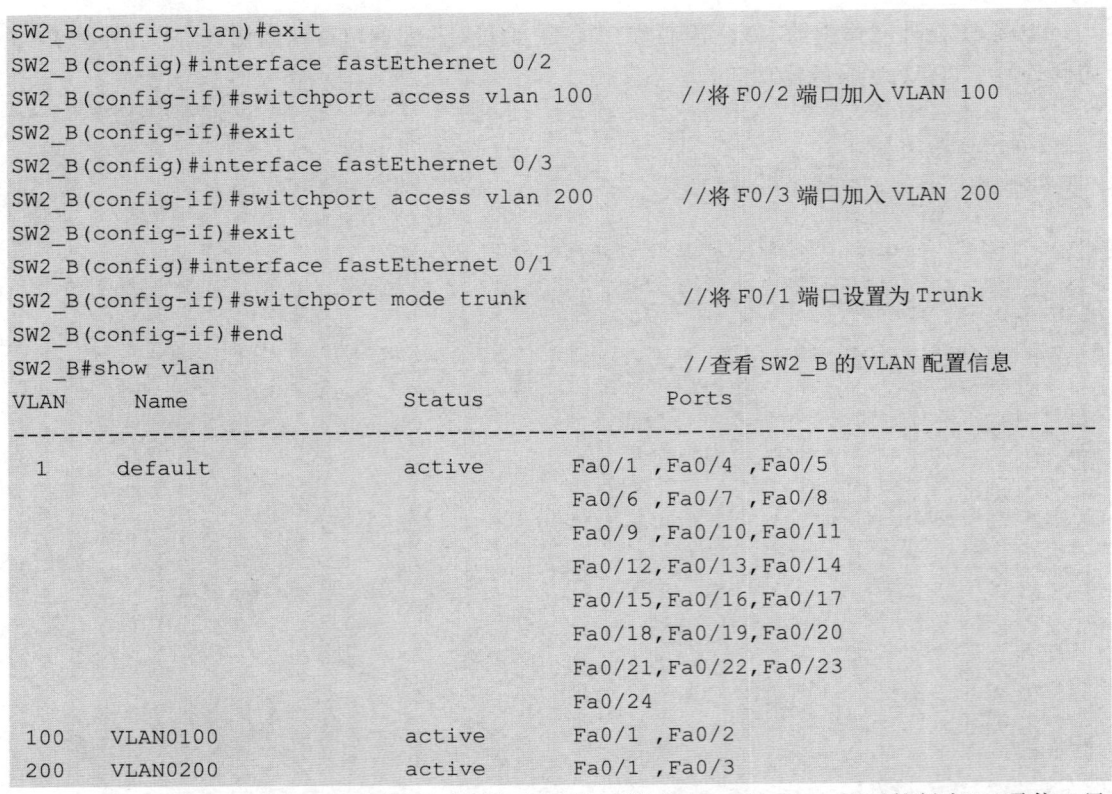

步骤 8：为 **PC3** 和 **PC4** 配置 **IP** 地址和网关，测试 **PC3** 和 **PC4** 是否能够相互通信（见图 **15.2**～图 **15.4**）。

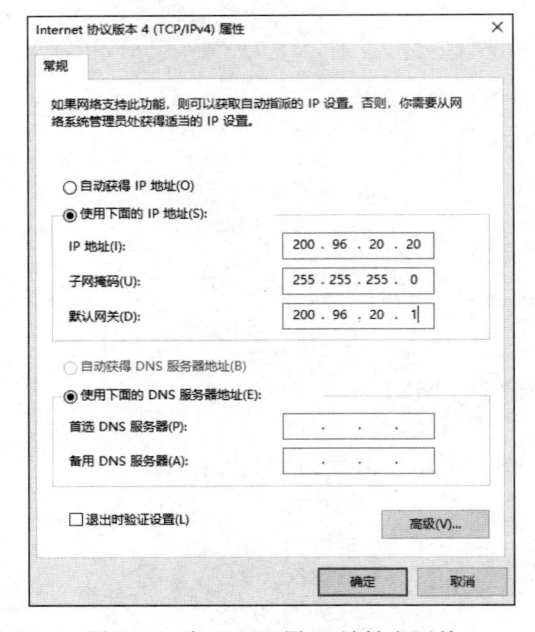

图 15.2　为 PC3 配置 IP 地址和网关

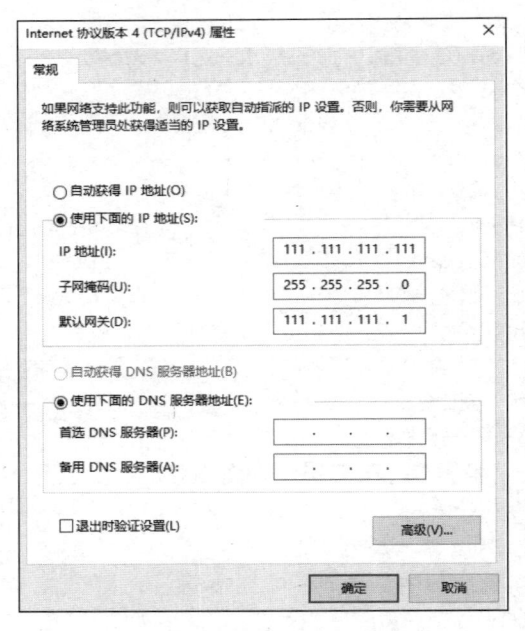

图 15.3　为 PC4 配置 IP 地址和网关

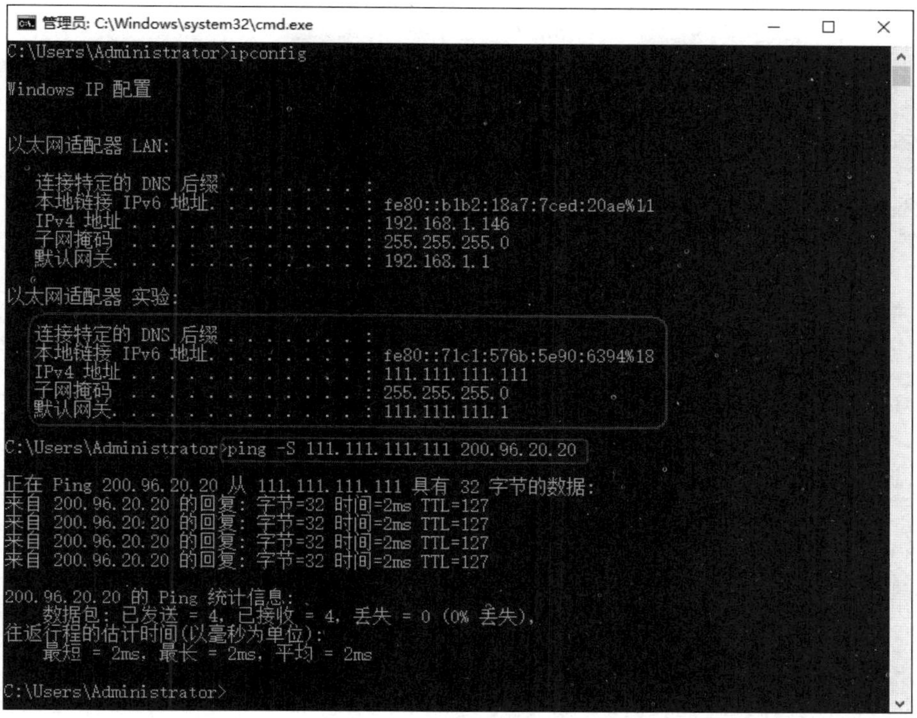

图 15.4　PC3 和 PC4 能够相互通信

步骤 9：在三层交换机 **SW3** 上配置默认路由，将所有数据包发送给 **R1** 的 **F0/1** 端口。

```
SW3#config t
SW3(config)#ip route 0.0.0.0 0.0.0.0 172.16.1.2    //在 SW3 上配置默认路由
SW3(config)#exit
SW3#show ip route                                   //在 SW3 上查看路由信息
Codes: C - connected, S - static, R - RIP, B - BGP
       O - OSPF, IA - OSPF inter area
       N1 - OSPF NSSA external type 1, N2 - OSPF NSSA external type 2
       E1 - OSPF external type 1, E2 - OSPF external type 2
       i - IS-IS, su - IS-IS summary, L1 - IS-IS level-1, L2 - IS-IS level-2
       ia - IS-IS inter area, * - candidate default
Gateway of last resort is 172.16.1.2 to network 0.0.0.0
S*   0.0.0.0/0 [1/0] via 172.16.1.2
C    172.16.1.0/24 is directly connected, FastEthernet 0/24
C    172.16.1.1/32 is local host.
C    192.168.10.0/24 is directly connected, VLAN 10
C    192.168.10.254/32 is local host.
C    192.168.20.0/24 is directly connected, VLAN 20
C    192.168.20.254/32 is local host.
C    192.168.30.0/24 is directly connected, FastEthernet 0/23
C    192.168.30.254/32 is local host.
```

步骤 10：在内网路由器 **R1** 上配置静态路由和默认路由。

```
R1(config)#ip route 192.168.10.0 255.255.255.0 172.16.1.1
R1(config)#ip route 192.168.20.0 255.255.255.0 172.16.1.1
R1(config)#ip route 192.168.30.0 255.255.255.0 172.16.1.1
R1(config)#ip route 0.0.0.0 0.0.0.0 66.66.66.2
//配置默认路由，将数据包发送给 R2 的 S3/0 端口
R1(config)#exit
R1#show ip route                                    //在 R1 上查看路由信息
Codes: C - connected, S - static, R - RIP, B - BGP
       O - OSPF, IA - OSPF inter area
       N1 - OSPF NSSA external type 1, N2 - OSPF NSSA external type 2
       E1 - OSPF external type 1, E2 - OSPF external type 2
       i - IS-IS, su - IS-IS summary, L1 - IS-IS level-1, L2 - IS-IS level-2
       ia - IS-IS inter area, * - candidate default
Gateway of last resort is 66.66.66.2 to network 0.0.0.0
S*   0.0.0.0/0 [1/0] via 66.66.66.2
C    172.16.1.0/24 is directly connected, FastEthernet 0/1
C    172.16.1.2/32 is local host.
C    66.66.66.0/24 is directly connected, Serial 3/0
C    66.66.66.1/32 is local host.
S    192.168.10.0/24 [1/0] via 172.16.1.1
S    192.168.20.0/24 [1/0] via 172.16.1.1
S    192.168.30.0/24 [1/0] via 172.16.1.1
```

步骤 11：在内网路由器 **R1** 上开启 **DHCP** 服务，配置分配给 **PC1** 的网段和网关。

```
R1#conf t
R1(config)#service dhcp                             //R1 开启 DHCP 服务
R1(config)#ip dhcp pool sxvtc                       //创建名为 sxvtc 的 DHCP 地址池
R1(dhcp-config)#network 192.168.10.0 255.255.255.0
//配置分配给 PC1 的网段
R1(dhcp-config)#default-router 192.168.10.254
//配置分配给 PC1 的网关
R1(dhcp-config)#exit
```

步骤 12：在 **SW3** 上配置 **DHCP** 中继，使 **PC1** 能够自动获取 **IP** 地址。

```
SW3#conf t
SW3(config)#service dhcp                            //SW3 配置 DHCP 中继
SW3(config)#int vlan 10                             //进入 SW3 的 SVI 10 配置模式
SW3(config-if-VLAN 10)#ip helper-address 172.16.1.2
//SW3 中继 DHCP 服务器地址
SW3(config-if-VLAN 10)#exit
```

步骤 13：为 **PC1** 和 **PC2** 配置 **IP** 地址和网关，测试 **PC1** 和 **PC2** 是否能够相互通信（见图 15.5 和图 15.6）。

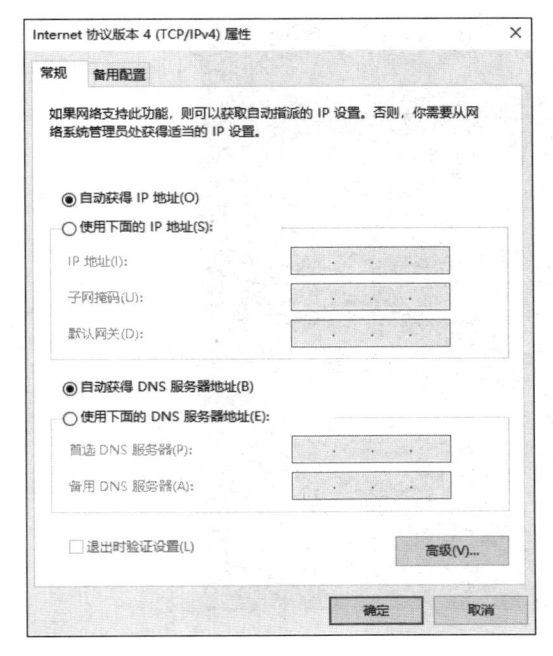

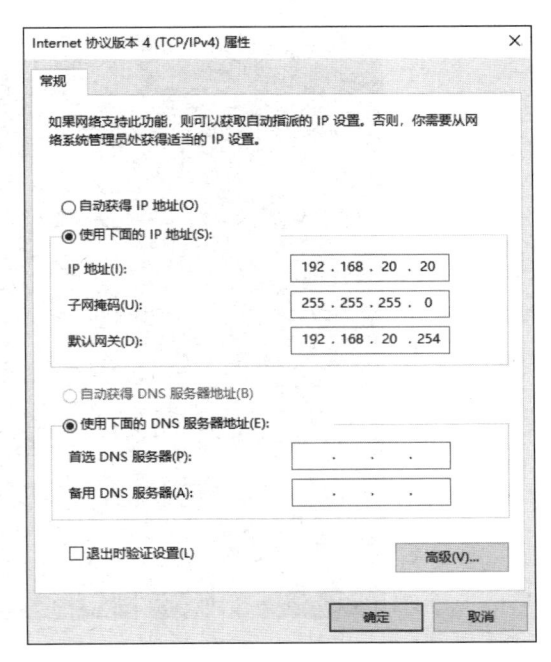

图 15.5　将 PC1 设置为自动获取 IP 地址　　图 15.6　为 PC2 配置 IP 地址和网关

如图 15.7 所示，在 PC1 的命令行中输入"ipconfig/renew"，可以查看到 PC1 获取的 IP 地址为 192.168.10.1，网关为 192.168.10.254。

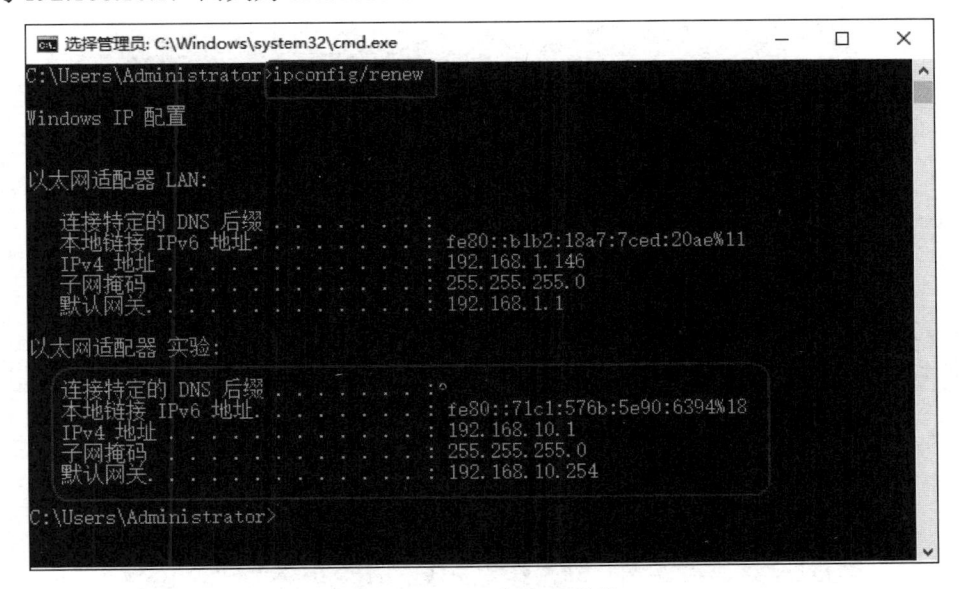

图 15.7　PC1 获取 IP 地址

如图 15.8 所示，在 PC1 的命令行中输入"ipconfig/all"，可以查看到 PC1 获取的 IP 地址、网关和 DHCP 服务器地址（66.66.66.1）。

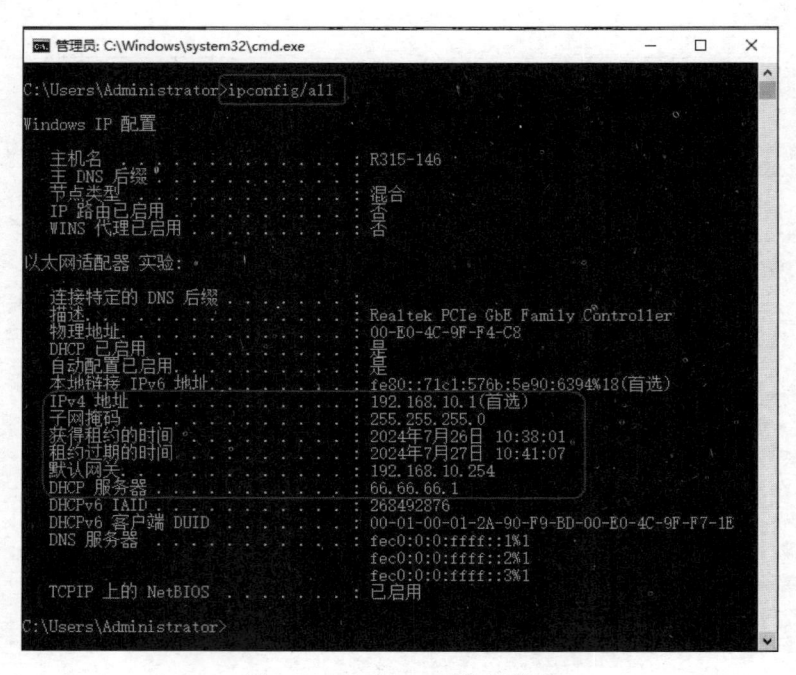

图 15.8　查看 PC1 的地址信息

如图 15.9 所示，在 PC1 的命令行中输入"ping -S 192.168.10.1 192.168.20.20"，可以查看到 PC1 和 PC2 能够相互通信。

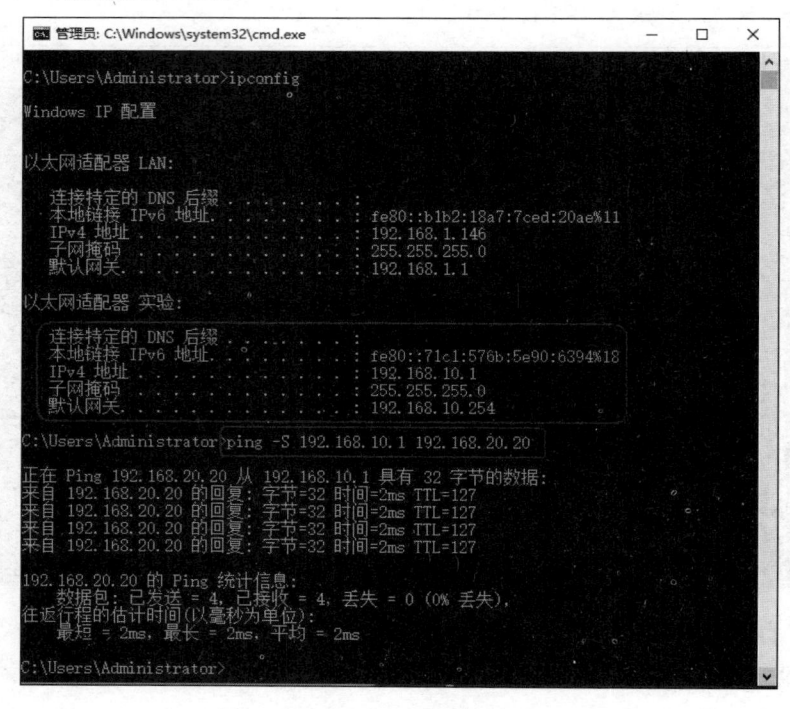

图 15.9　PC1 和 PC2 能够相互通信

步骤 14：为 **R1** 和 **R2** 配置 **CHAP** 认证，用户名为对方名称，密码为 **123123**。

在 R1 上配置如下。

```
R1#config t
R1(config)# int serial 3/0
R1(config-if-Serial 3/0)#encapsulation ppp
//将 R1 的 S3/0 端口类型封装为 PPP 类型
R1(config-if-Serial 3/0)#ppp authentication chap      //R1 开启 CHAP 认证
R2(config-if-Serial 3/0)#exit
R1(config)#username R2 password 123123
//创建验证用户的用户名和密码
```

在 R2 上配置如下。

```
R2#config t
R2(config)#int serial 3/0
R1(config-if-Serial 3/0)#encapsulation ppp
//将 R2 的 S3/0 端口类型封装为 PPP 类型
R1(config-if-Serial 3/0)#ppp authentication chap      //R2 开启 CHAP 认证
R2(config-if-Serial 3/0)#exit
R2(config)#username R1 password 123123
//创建验证用户的用户名和密码
```

步骤 15：在内网路由器 **R1** 上配置静态转换，将内网 Web 服务器发布到 Internet 上。

```
R1(config)#interface fastEthernet 0/1
R1(config-if-FastEthernet 0/1)#ip nat inside
//将 R1 的 F0/1 端口设置为内部端口
R1(config-if-FastEthernet 0/1)#exit
R1(config)#interface serial 3/0
R1(config-if-Serial 3/0)#ip nat outside
//将 R1 的 S3/0 端口设置为外部端口
R1(config-if-Serial 3/0)#exit
R1(config)#ip nat inside source static 192.168.30.30 66.66.66.1
//R1 使用静态转换将内网 Web 服务器发布到 Internet 上
```

步骤 16：在内网路由器 **R1** 上配置 **NAPT**，使 **PC1** 和 **PC2** 可以访问外网 **FTP/Web** 服务器。

```
R1(config)#access-list 1 permit 192.168.10.0 0.0.0.255
//定义 PC1 所在的网段
R1(config)#access-list 1 permit 192.168.20.0 0.0.0.255
//定义 PC2 所在的网段
R1(config)#ip nat pool sxvtc 66.66.66.1 66.66.66.1 netmask 255.255.255.0
//定义 NAPT 后的外网地址池
R1(config)#ip nat inside source list 1 pool sxvtc overload
//使用 NAPT 进行地址转换
R1(config)#end
```

如图 15.10 和图 15.11 所示，在 R1 上配置好 NAPT 后，PC1 和 PC2 能够与 IP 地址为 200.96.10.10 的外网 FTP/Web 服务器相互通信。

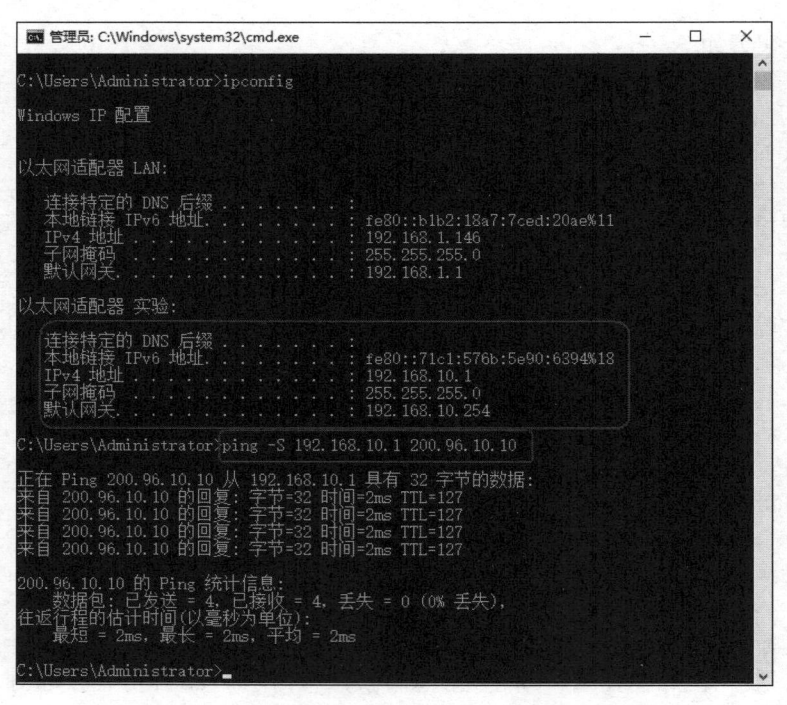

图 15.10　PC1 能够与外网 FTP/Web 服务器相互通信

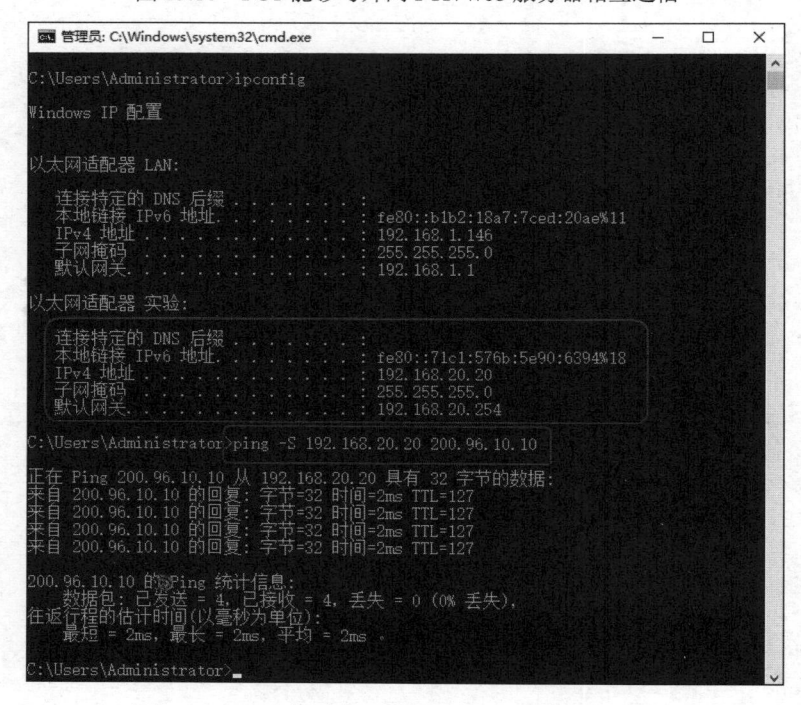

图 15.11　PC2 能够与外网 FTP/Web 服务器相互通信

步骤 17：在内网路由器 **R1** 上使用 **ACL**，不允许 **PC2** 访问外网 **Web** 服务器，只允许访问内网 **Web** 服务器和外网 **FTP** 服务器。

```
R1#config t
R1(config)#access-list 100 deny tcp 192.168.20.0 0.0.0.255 host 200.96.10.10 eq
www
//定义扩展IP ACL，拒绝PC2所在网段访问外网Web服务器
R1(config)#access-list 100 permit ip any any
//允许其他所有IP数据包通过
R1(config)#interface fastEthernet 0/1
R1(config-if-FastEthernet 0/1)#ip access-group 100 in
//在F0/1端口的进方向上绑定
```

步骤18：在内网服务器上发布 **Web** 服务，在外网服务器上发布 **FTP/Web** 服务。

如图 15.12 所示，在 IIS 服务器中创建内网 Web 服务器网站，"物理路径"可以自定义，绑定的"IP 地址"为"192.168.30.30"。

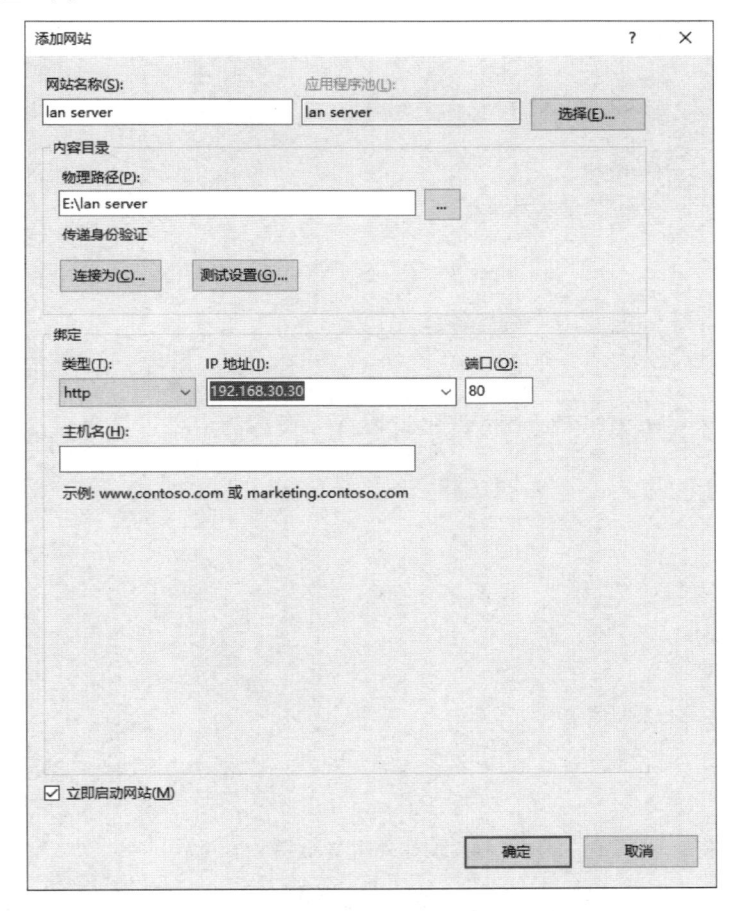

图 15.12　创建内网 Web 服务器网站

在内网 Web 服务器的物理路径下，新建记事本，写入如图 15.13 所示的内容，保存并退出后，将文件名称修改为"index.html"。

如图 15.14 所示，在 IIS 服务器中创建外网 Web 服务器网站，"物理路径"可以自定义，绑定的"IP 地址"为"200.96.10.10"。

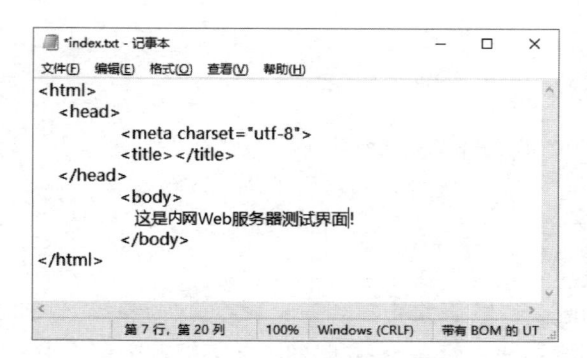

图 15.13　制作内网 Web 服务器测试界面

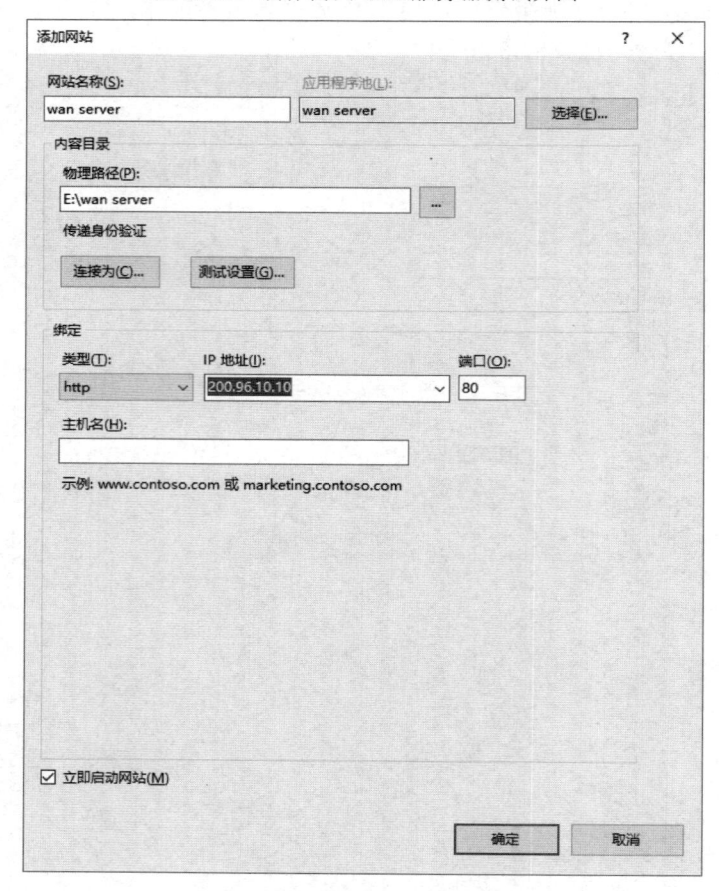

图 15.14　创建外网 Web 服务器网站

在外网 Web 服务器的物理路径下，新建记事本，写入如图 15.15 所示的内容，保存并退出后，将文件名称修改为"index.html"。

如图 15.16 所示，创建外网 FTP 服务器网站，绑定的"IP 地址"为"200.96.10.10"，在"SSL"选区中单击"无 SSL"单选按钮。

如图 15.17 所示，在"身份验证"选区中勾选"匿名""基本"复选框，在"允许访问"下拉列表中选择"所有用户"选项，在"权限"选区中勾选"读取""写入"复选框。

图 15.15　制作外网 Web 服务器测试界面

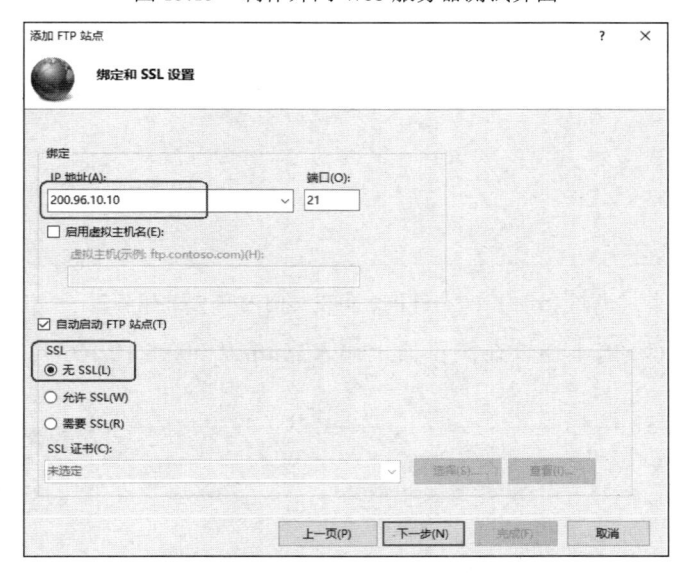

图 15.16　创建外网 FTP 服务器网站

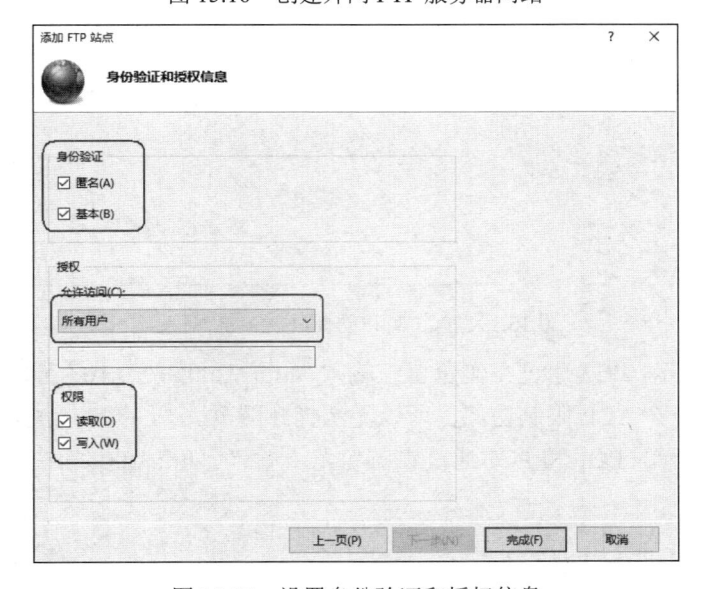

图 15.17　设置身份验证和授权信息

步骤 19：在 **PC1** 和 **PC2** 上测试访问内网 **Web** 服务器和外网 **FTP/Web** 服务器。

如图 15.18 所示，PC1 和 PC2 通过在浏览器上输入"http://192.168.30.30"可以访问内网 Web 服务器。

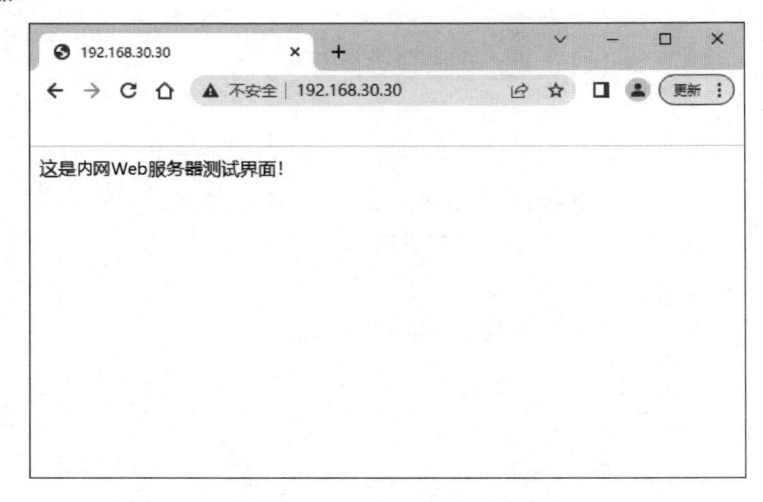

图 15.18　PC1 和 PC2 可以访问内网 Web 服务器

如图 15.19 所示，PC1 通过在浏览器上输入"http://200.96.10.10"可以访问外网 Web 服务器。

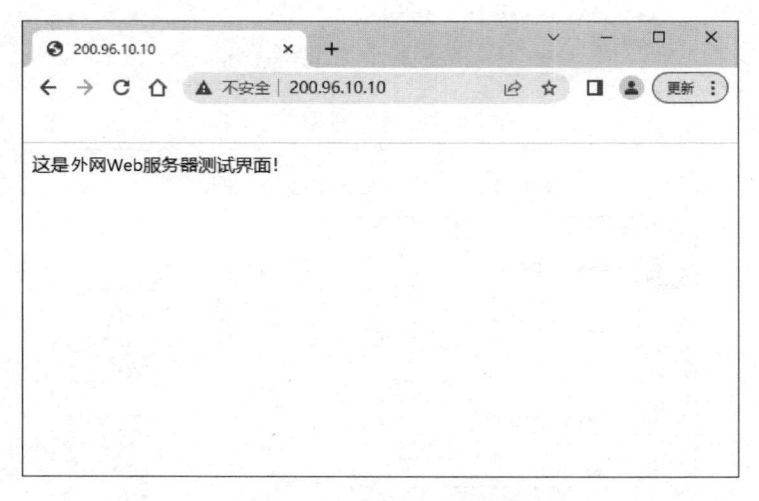

图 15.19　PC1 可以访问外网 Web 服务器

如图 15.20 所示，PC2 通过在浏览器上输入"http://200.96.10.10"可以访问外网 Web 服务器，因为有扩展 IP ACL 限制访问，所以无法打开网页。

如图 15.21 所示，PC1 和 PC2 通过在浏览器上输入"ftp://200.96.10.10"可以访问外网 FTP 服务器。

图 15.20　PC2 可以访问外网 Web 服务器

图 15.21　PC1 和 PC2 可以访问外网 FTP 服务器

步骤 20：在 **PC3** 和 **PC4** 上测试访问内网 **Web** 服务器和外网 **FTP/Web** 服务器。

因为配置了静态转换，内网 Web 服务器的 IP 地址 192.168.30.30 转换为 66.66.66.1，因此 PC3 和 PC4 通过在浏览器上输入"http://66.66.66.1"可以访问内网 Web 服务器，如图 15.22 所示。

如图 15.23 所示，PC3 和 PC4 通过在浏览器上输入"ftp://200.96.10.10"可以访问外网 FTP 服务器。

图 15.22 　PC3 和 PC4 可以访问内网 Web 服务器

图 15.23 　PC3 和 PC4 可以访问外网 FTP 服务器

如图 15.24 所示，PC3 和 PC4 通过在浏览器上输入"http://200.96.10.10"可以访问外网 Web 服务器。

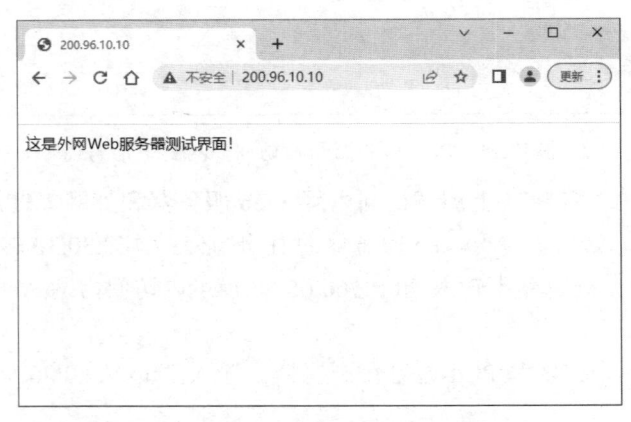

图 15.24 　PC3 和 PC4 可以访问外网 Web 服务器

注意事项

1. 要保证网络设备的物理线路连接正确，设备指示灯亮绿灯。
2. 在配置过程中要查看 IP 地址，确保设备的 IP 地址都配置正确。
3. 配置路由和地址转换，保证各设备的连通性，服务器的 IP 地址绑定正确。
4. 测试时要关闭 Windows 操作系统自带的防火墙。

15.3 项目小结

需求分析是企业网络构建的基础。我们需要充分了解企业的业务特点、网络规模、用户数量、流量模式及未来的扩展需求，从而为企业量身定制一个符合实际需求的网络架构。

规划设计和设备选型。在明确企业的需求后，我们需要根据这些需求来规划网络拓扑结构、划分 VLAN、配置路由策略，选择合适的交换机、路由器、防火墙等网络设备。

设备选型完成后，进入安装部署阶段。在这个阶段，我们需要严格按照设计方案进行设备的安装和配置，确保每个细节都符合规范要求。同时，我们需要关注设备的兼容性、稳定性和性能表现，以便后续的调试优化阶段能够顺利进行。

调试优化是企业网络构建的关键阶段。在这个阶段，我们需要对网络进行全面的测试和分析，找出可能存在的问题和瓶颈，并进行针对性的优化和改进。这需要我们具备丰富的调试经验和敏锐的洞察力，以便能够快速定位问题、解决问题。同时，我们需要关注网络的安全性，通过配置防火墙、入侵检测系统等安全设备来保障企业网络的安全运行。

总之，企业网络的构建与调试是一项复杂而艰巨的任务，需要我们具备扎实的网络知识、丰富的实践经验和敏锐的市场洞察力。同时，我们需要注重与企业的沟通协作，关注网络的稳定性和安全性，以及持续优化改进等方面的工作，以确保企业网络能够稳定、安全、高效地运行。

【职业素养】

> **提升数字素养，点亮智慧生活**

从线下到线上，从实体到虚拟，从生产生活到国家治理，日新月异的数字技术发展成果处处可见、人人可及、时时可感，人类社会正在信息革命的时代浪潮中加速向网络化、智能化的数字生活大步前行。习近平总书记指出："要提高全民全社会数字素养和技能，夯实我国数字经济发展社会基础。"新征程上，要深入贯彻落实习近平总书记重要论述精神，顺应数字经济时代全面开启、数字社会建设步伐不断加快的时代潮流，不断提高全民数字素养与技能，让广大人民群众共享数字红利。

数字素养与技能内涵广泛，主要是指人们在数字时代学习工作生活需要具备的信息获取和处理能力、数字交流能力、数字内容创造能力、数字安全意识、数字化问题解决能力等一系列素养和技能。当前，全民数字素养与技能日益成为国际竞争力和软实力的重要指标之一。

全球主要国家和地区都把提升国民数字素养与技能作为谋求竞争新优势的战略方向，纷纷出台战略规划，开展面向国民的数字技能培训，提升人口整体素质水平。新时代以来，我国群体间数字鸿沟不断缩小，数字无障碍环境建设稳步推进，复合型数字人才建设取得较大成效，全民数字素养与技能的提升为数字中国、人才强国建设提供了有力支撑。

近年来一系列有针对性的政策持续不断出台。2021年10月，中央网络安全和信息化委员会印发《提升全民数字素养与技能行动纲要》，提出实施全民数字素养与技能提升行动。同年12月，《"十四五"国家信息化规划》发布，将"全民数字素养与技能提升行动"作为十大优先行动之首。此后，几乎每年都会下发当年度"提升工作"的目标和任务。政策的快速响应、有的放矢，为全民数字素养与技能水平线的抬升，提供了方向和扎实保障。

随着数字资源供给日益丰富、数字应用场景不断扩展、数字发展环境愈发优化、全民数字意识能力不断提升，全民数字素养与技能提升之路越走越宽广，数字文明之光必将点亮更多人的生活。作为新时代的大学生，我们应不断提升自己的数字素养和技能，为未来的挑战做好准备。

附录 A

Packet Tracer 模拟器的使用方法

一、Packet Tracer 模拟器的介绍

Packet Tracer 是思科公司发布的一个辅助学习工具,为学习网络技术的初学者去设计、配置、排除网络故障提供了网络模拟环境。使用者可以在 Packet Tracer 的图形用户界面上直接使用拖曳方法建立网络拓扑结构图,可以在网络设备中进行配置,同时提供数据包在网络中行进的详细处理过程,观察网络实时运行情况。

二、Packet Tracer 模拟器的安装与设置

(1)双击程序安装包 Packet Tracer 6.0.exe,打开安装界面 1,如图 A.1 所示。单击"Next"按钮进入安装界面 2,如图 A.2 所示。

图 A.1 Packet Tracer 6.0 安装界面 1

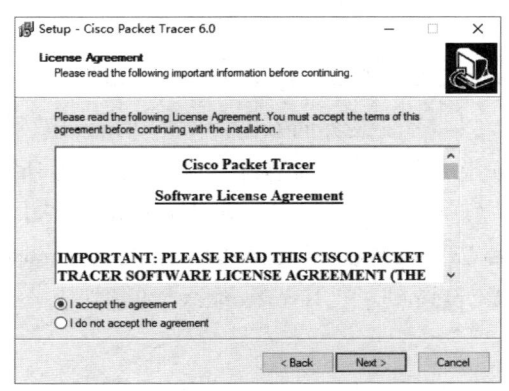

图 A.2 Packet Tracer 6.0 安装界面 2

（2）在安装界面 2 中先单击"I accept the agreement"单选按钮，然后单击"Next"按钮，进入安装界面 3，如图 A.3 所示。如果需要更改安装路径，则可以在安装界面 3 中单击"Browse"按钮，一般选择默认安装。单击"Next"按钮，进入安装界面 4，如图 A.4 所示。

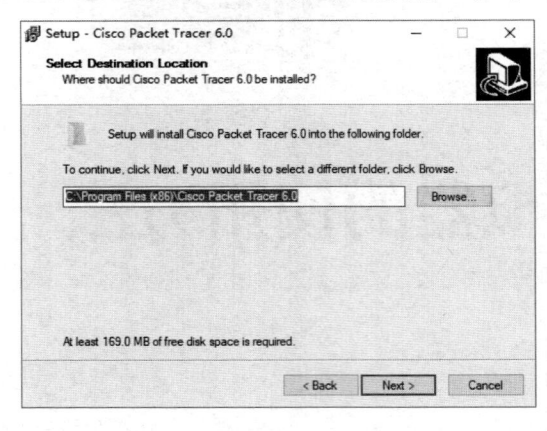

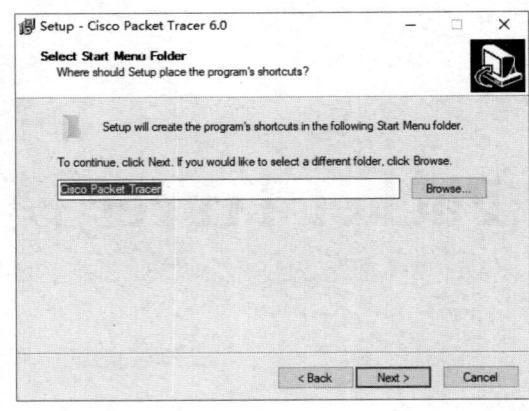

图 A.3　Packet Tracer 6.0 安装界面 3　　　　图 A.4　Packet Tracer 6.0 安装界面 4

（3）如果需要选择不同的文件夹，则在安装界面 4 中单击"Browse"按钮。若不需要，则直接单击"Next"按钮，进入安装界面 5，如图 A.5 所示。根据个人需要，在安装界面 5 中，勾选"Create a desktop icon"和"Create a Quick Launch icon"复选框，单击"Next"按钮，进入安装界面 6，如图 A.6 所示。

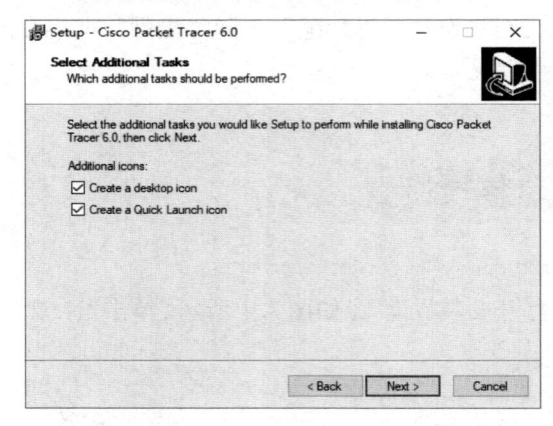

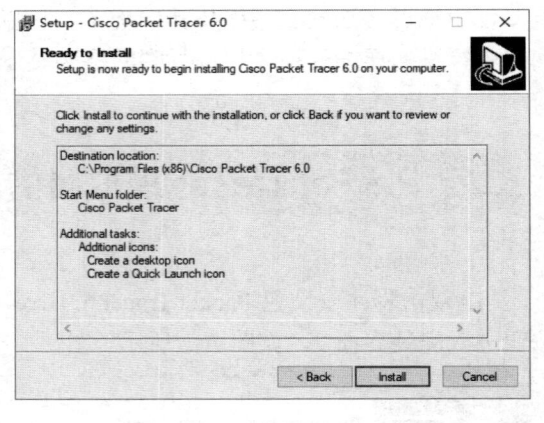

图 A.5　Packet Tracer 6.0 安装界面 5　　　　图 A.6　Packet Tracer 6.0 安装界面 6

（4）在安装界面 6 中，单击"Install"按钮，进入安装界面 7，如图 A.7 所示，等待进度条走完后，进入安装界面 8，如图 A.8 所示，单击"Finish"按钮完成安装。

（5）软件设置。汉化软件将 Chinese.ptl 文件复制到安装目录下的 languages 中，文件位置为 C:\Program Files (x86)\Cisco Packet Tracer 6.0\languages，打开软件，如图 A.9 所示。执行"Options"→"Preferences"命令，如图 A.10 所示。

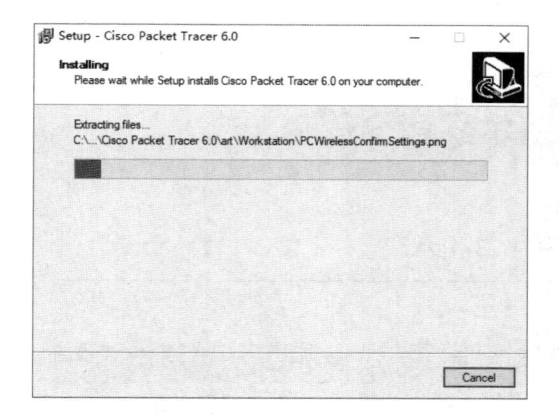

图 A.7　Packet Tracer 6.0 安装界面 7 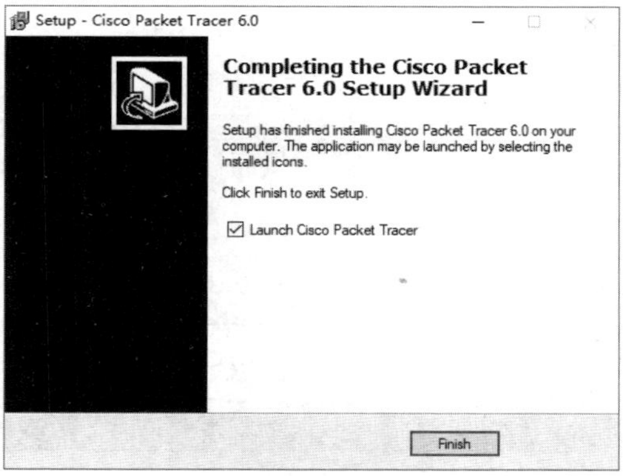　　　　图 A.8　Packet Tracer 6.0 安装界面 8

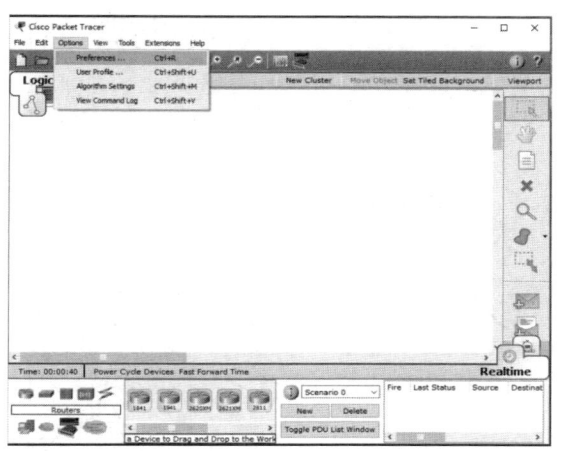

图 A.9　Packet Tracer 6.0 运行界面 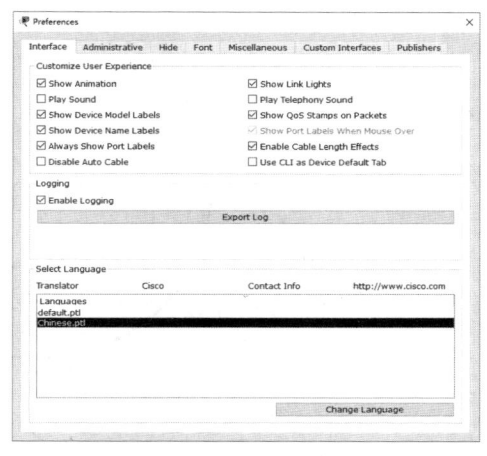　　　　图 A.10　Packet Tracer 6.0 汉化设置界面

（6）勾选"Always Show Port Labels"复选框，选中"Chinese.ptl"单击"Change Language"按钮，重启软件完成汉化，如图 A.11 所示。如果觉得字体太小，则可以通过设置来调整，如图 A.12 所示。

图 A.11　Packet Tracer 6.0 汉化后界面 　　　　图 A.12　Packet Tracer 6.0 字体设置界面

三、Packet Tracer 模拟器的基本界面与使用

（1）打开 Packet Tracer 6.0 基本界面，如图 A.13 所示。

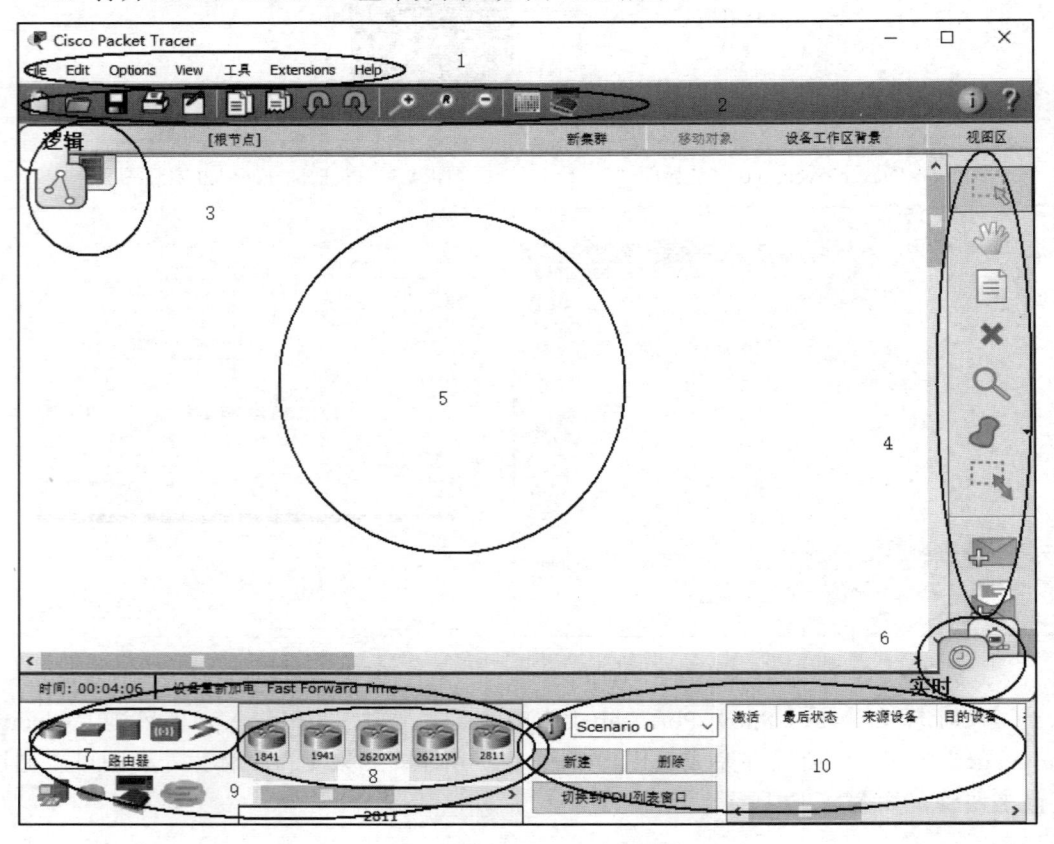

图 A.13　Packet Tracer 6.0 基本界面

Packet Tracer 6.0 基本界面的介绍如表 A.1 所示。

表 A.1　Packet Tracer 6.0 基本界面的介绍

1	菜单栏	此栏中有文件、选项和帮助按钮，我们在此可以找到一些基本的命令如打开、保存、打印和选项设置，还可以访问活动向导
2	主工具栏	此栏提供了文件按钮中命令的快捷方式，我们还可以单击右边的网络信息按钮，为当前网络添加说明信息
3	逻辑/物理工作区转换栏	我们可以通过此栏中的按钮完成逻辑工作区和物理工作区的转换
4	常用工具栏	此栏提供了常用的工作区工具，包括选择、整体移动、备注、删除、查看、添加简单数据包和添加复杂数据包等
5	工作区	在此区域中我们可以创建网络拓扑结构，监视模拟过程，查看各种信息和统计数据

续表

6	实时/模拟转换栏	我们可以通过此栏中的按钮完成实时模式和模拟模式的转换
7	网络设备库	此库包括设备类型库和特定设备库
8	设备类型库	此库包含不同类型的设备如路由器、交换机、HUB、无线设备、连线、终端设备和网云等
9	特定设备库	此库包含不同设备类型中不同型号的设备,它随着设备类型库的选择级联显示
10	用户数据包窗口	此窗口用于管理用户添加的数据包

(2)添加设备,为设备选择所需模块并且选用合适的线型互连设备。在工作区中添加一个 2620 XM 路由器。在设备类型库中选择 2620 XM 路由器,在工作区中单击一下鼠标就可以把 2620 XM 路由器添加到工作区中。用同样的方式可以再添加一个 2950-24 交换机和两台 PC,如图 A.14 所示。

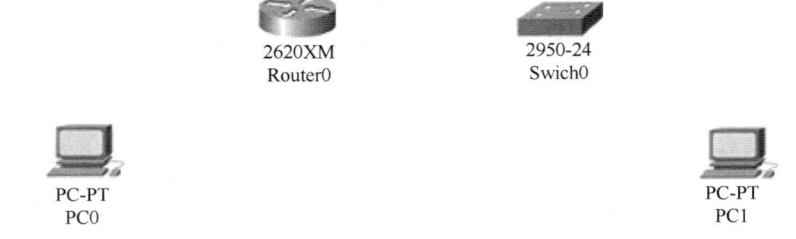

图 A.14 添加设备

(3)选取合适的线型将设备连接起来,可以根据设备间的不同端口选择特定的线型,如果只是想快速地创建网络拓扑结构而不考虑线型选择,可以选择自动连线,如图 A.15 所示。

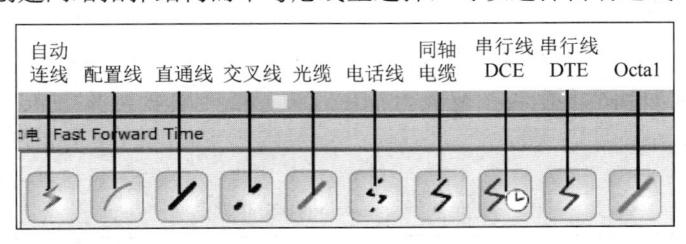

图 A.15 线型介绍

(4)在正常连接 Router0 和 PC0 后,会看到两个设备处都会出现一个小红点,再次连接 Router0 和 Switch 0,发现路由器没有出现小红点,如图 A.16 所示。

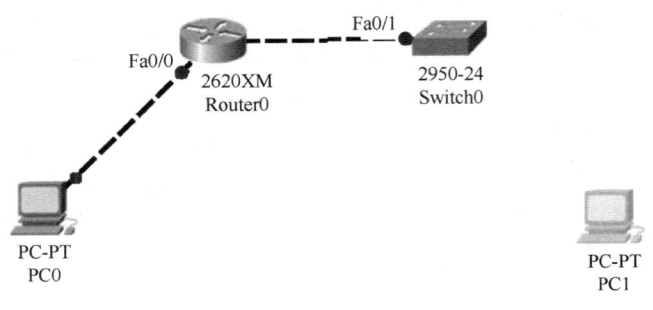

图 A.16 连接设备

出错的原因是路由器上没有合适的端口，如图 A.17 所示。默认的 2620 XM 路由器有 3 个端口，刚才连接 PC0 时已经被占去 ETHERNET 0/0 端口，Console 端口和 AUX 端口不能直接连接交换机，所以才会出错，因此在连接设备前要添加所需的模块，添加模块时需要关闭电源。

图 A.17　Cisco2620 XM 的接口面板

为 Router 0 添加 NM-4E 模块，将模块添加到空缺处即可，删除模块时将模块拖回到原处即可。模块化的特点增强了思科设备的可扩展性，如图 A.18 所示。

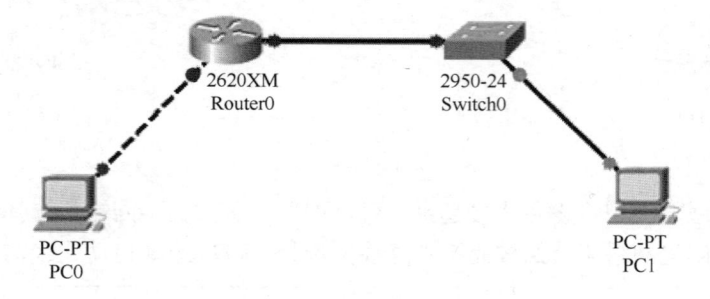

图 A.18　连接网络设备

线缆两端有不同颜色的圆点，其含义如表 A.2 所示，线缆两端圆点的不同颜色有助于进行连通性的故障排除。

表 A.2　线缆两端圆点的含义

圆点的颜色	含义
亮绿色	物理连接准备就绪，还没有 Line Protocol Status 的指示
闪烁的绿色	连接激活
红色	物理连接不通，没有信号
黄色	交换机端口处于"阻塞"状态

（5）配置不同的网络设备。如图 A.19 所示，在 Router0 上单击打开设备配置对话框。"物理"选项卡用于添加端口模块，各模块的详细信息可以参考帮助文件。

如图 A.20 所示，"配置"选项卡提供了简单配置路由器的图形化界面。在这里可以配置全局信息、路由信息和端口信息。当进行某项配置时，下面会显示相应的命令。这是 Packer Tracer 6.0 中的快速配置方式，主要用于简单配置。

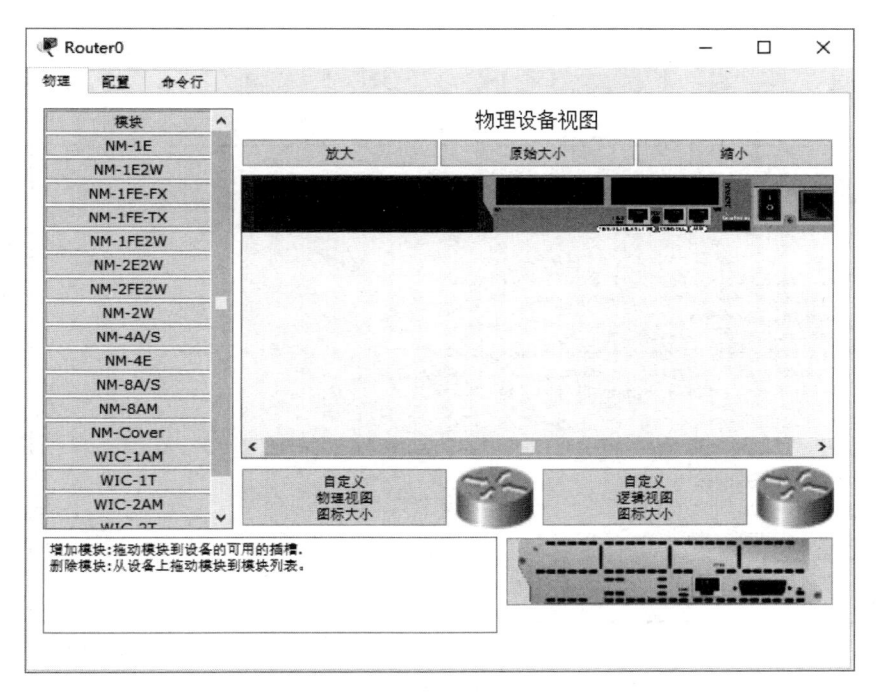

图 A.19　Router0 的"物理"选项卡

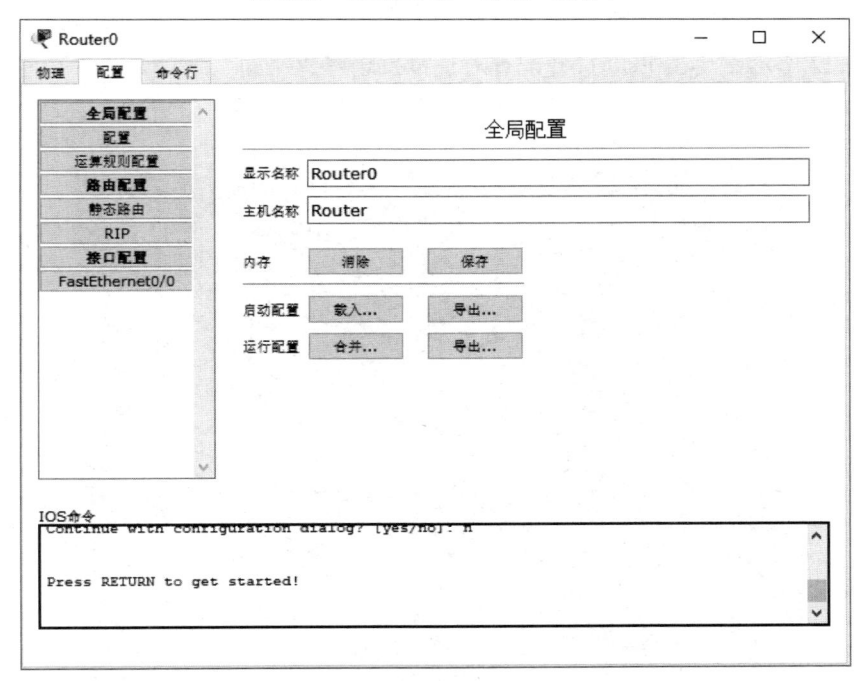

图 A.20　Router0 的"配置"选项卡

如图 A.21 所示,"命令行"选项卡则是在命令行模式下对 Router0 进行配置,这种模式和实际路由器的配置命令行相似,通常我们用这种方式来配置网络设备。

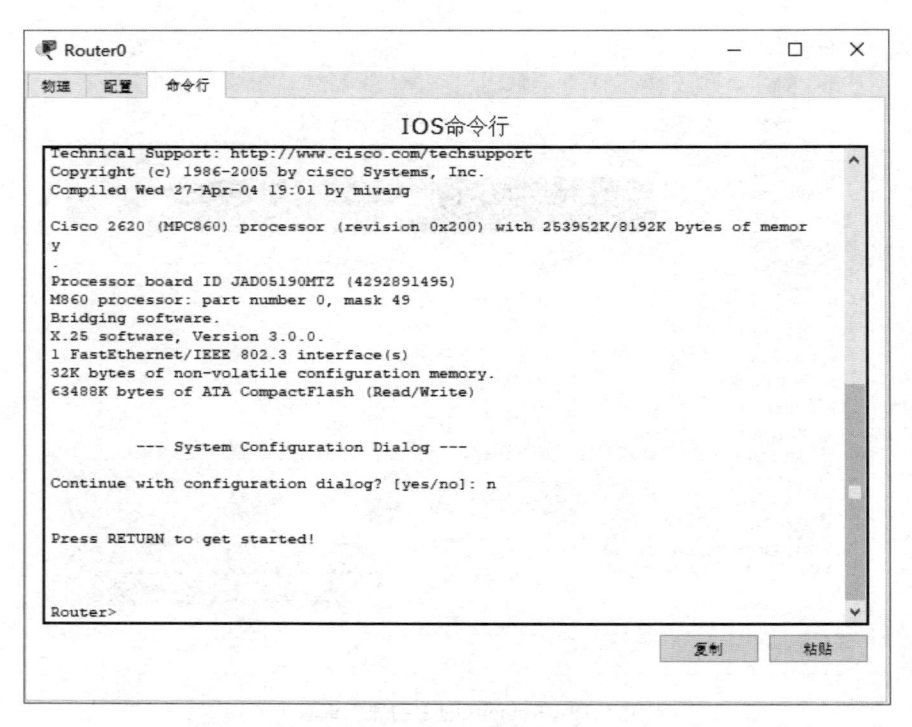

图 A.21　Router0 的"命令行"选项卡

如图 A.22 所示，单击 PC0 打开配置对话框，选择"桌面"选项卡。

图 A.22　PC0 的"桌面"选项卡

如配置 IP 地址和默认网关为 192.168.1.1、255.255.255.0、192.168.1.2。可以在"桌面"选项卡的"IP 地址配置"选区完成 IP 地址和默认网关的配置，如图 A.23 所示。

图 A.23　配置 IP 地址和默认网关

这里简要介绍了使用 Packet Tracer 6.0 时进行的基本操作。更为详细的介绍,大家可以在帮助文件中找到。

参考文献

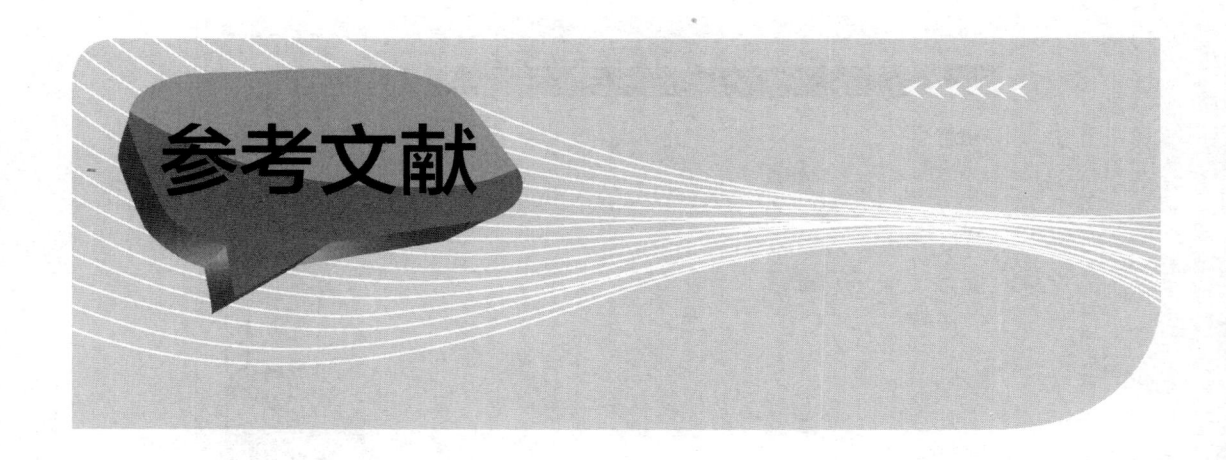

[1] 史振华. 网络设备配置实训教程[M]. 浙江：浙江大学出版社，2019.
[2] 史振华. H3C 高级路由与交换技术[M]. 北京：电子工业出版社，2021.
[3] 汪双顶，史振华. 多层交换技术实践篇[M]. 北京：人民邮电出版社，2019.
[4] 谢希仁. 计算机网络[M]. 8 版. 北京：电子工业出版社，2021.
[5] TODD LAMMLE. CCNA 学习指南[M]. 7 版. 北京：人民邮电出版社，2012.
[6] RICHARD STEVENS. TCP/IP 详解[M]. 北京：机械工业出版社，2019.

反侵权盗版声明

电子工业出版社依法对本作品享有专有出版权。任何未经权利人书面许可，复制、销售或通过信息网络传播本作品的行为；歪曲、篡改、剽窃本作品的行为，均违反《中华人民共和国著作权法》，其行为人应承担相应的民事责任和行政责任，构成犯罪的，将被依法追究刑事责任。

为了维护市场秩序，保护权利人的合法权益，我社将依法查处和打击侵权盗版的单位和个人。欢迎社会各界人士积极举报侵权盗版行为，本社将奖励举报有功人员，并保证举报人的信息不被泄露。

举报电话：（010）88254396；（010）88258888
传　　真：（010）88254397
E-mail：dbqq@phei.com.cn
通信地址：北京市万寿路173信箱
　　　　　电子工业出版社总编办公室
邮　　编：100036